Babyboomer in Unternehmen

Meike Terstiege

Babyboomer in Unternehmen

Eine wertvolle Ressource für die Zukunft der Arbeitswelt

1. Auflage

Haufe Group
Freiburg · München · Stuttgart

Bibliografische Information der Deutschen Nationalbibliothek

Die Deutsche Nationalbibliothek verzeichnet diese Publikation in der Deutschen Nationalbibliografie; detaillierte bibliografische Daten sind im Internet über http://dnb.dnb.de/ abrufbar.

Print: ISBN 978-3-648-17970-3 Bestell-Nr. 14186-0001
ePub: ISBN 978-3-648-17971-0 Bestell-Nr. 14186-0100
ePDF: ISBN 978-3-648-17972-7 Bestell-Nr. 14186-0150

Meike Terstiege
Babyboomer in Unternehmen
1. Auflage, November 2024

Munzinger Str. 9, 79111 Freiburg
www.haufe.de | info@haufe.de

Bildnachweis (Cover): KI-generiert mit Midjourney

Produktmanagement: Dr. Bernhard Landkammer
Lektorat: Juliane Sowah

Inhaltsverzeichnis

VORWORT. Generation VORWÄRTS. Statt Generation ABSTELLGLEIS.

Die Boomer kommen. Und zwar gewaltig: Millionen von ihnen befinden sich demnächst im Rentenalter. Sie liebäugeln mit dem Ruhestand oder Vorruhestand, freuen sich auf den nächsten Lebensabschnitt – oder fremdeln mit ihm. Manche von ihnen haben Pläne, manche sind planlos. Einige können es kaum erwarten, diese neue Lebensphase als »Rentner:in« zu beginnen, einige sind mit diesem Lebensabschnitt schlichtweg überfordert. Eines ist ihnen jedoch gemein: Das nahende (und teils drohende) »Abstellgleis« ist für alle eine Herausforderung.

Und die Boomer gehen. Sie verlassen in Massen und Millionen den Arbeitsmarkt, nehmen ihre Kompetenz und Expertise mit – und lassen viele Arbeitgeber mit einem Weniger an Wissen, Kunden- und Netzwerkkontakten teils hilflos, teils ratlos zurück. Der nahende (und drohende) Weggang der Boomer stellt (fast) alle Arbeitgeber vor Probleme.

Ohnehin stellt der Fachkräftemangel die deutsche Wirtschaft vor enorme Herausforderungen. Aktuell (06/2024) entgehen ihr allein durch mehr als 500.000 nicht adäquat besetzte Stellen ca. 49 Milliarden Euro. Denn fehlende Fachkräfte führen dazu, dass nichts mehr oder zumindest (zu) wenig geht. Der Mangel an Fachkräften und qualifizierten Arbeitskräften aufgrund des demografischen Wandels ist tatsächlich eine der größten Wachstumsbremsen der deutschen Wirtschaft.

Doch dem demografischen Wandel stehen Arbeitgeber und Wirtschaft nicht ohne Antwort oder Lösungen gegenüber. Denn: Nicht jeder Babyboomer freut sich zwangsläufig auf die Rente und auf das Ende des Arbeitslebens. Tatsächlich würden nicht wenige Senior:innen gern weiterhin ihre jahrzehntelange Erfahrung und ihr tiefgehendes Wissen ins Arbeitsleben einbringen. Nicht wenige Babyboomer stünden daher weiterhin als (erfahrene) Arbeitnehmer:innen zur Verfügung.

Die Babyboomer stellen vor diesem Hintergrund zugleich eine Problematik und eine Chance für Arbeitgeber dar. Sie sind eine Herausforderung, wenn Arbeitgeber nicht auf ihre älteren Mitarbeiter:innen zugehen, die Motivierten unter ihnen identifizieren und rechtzeitig ansprechen – denn dann sind die Boomer in absehbarer Zeit einfach weg vom Arbeitsmarkt. Und sie sind eine Chance, wenn Arbeitgeber rechtzeitig das Potenzial ihrer älteren Mitarbeiter:innen erkennen und diese HR-Zielgruppe strategisch angehen – denn dann sind die Boomer eine echte Antwort auf den Fachkräftemangel.

Dabei muss die Zielgruppe der Babyboomer wohlwollend-kritisch und zugleich sensibel-empathisch betrachtet und angegangen werden. Denn nicht jede:r »Rentner:in in spe« fremdelt mit dem Ausstieg aus dem Arbeitsleben und nicht jede:r »seniorige« Mitarbeiter:in hat Angst vor potenziellen »Pappa-ante-portas«-Szenarien. Ein Teil dieser Senior:innen kann es kaum abwarten, diese neue Lebensphase einzuläuten, freut sich (zu Recht) auf das Rentnerdasein und plant bereits frühzeitig bis ungeduldig den sogenannten Unruhestand.

Der andere, nicht zu unterschätzende Teil an älteren Arbeitnehmer:innen jedoch möchte nicht ans Aufhören denken, will oder kann nicht ohne Arbeit. Zum einen, weil ihre Arbeit ihnen Spaß macht und Erfüllung bringt, sie jung hält und ihren Horizont erweitert, sie die Kolleg:innen und das Umfeld schätzen. Zum anderen, weil sie sich in großen Teilen über die berufliche Tätigkeit definieren – und ohne Arbeit wenig bis teils gar nichts mit sich anzufangen wissen.

In dieser Arbeitswelt wird es für Arbeitgeber immer wichtiger, die Chancen zu erkennen, die ältere Mitarbeiter:innen jetzt und in Zukunft bieten – und diese Chancen zu ergreifen. Denn erfahrene Arbeitnehmer:innen trugen und tragen insbesondere mit ihrer Erfahrung, ihrem Fachwissen, ihren Kontakten und ihrer hohen Arbeitsmoral maßgeblich zum Erfolg von Unternehmen bei. Senior Talents haben sich längst zu einem strategischen Erfolgsfaktor von Unternehmen und der HR-Planung entwickelt.

Ziel dieses Buches ist es daher, Strategien und Instrumente aufzuzeigen, wie Personalverantwortliche das Potenzial älterer Mitarbeiter:innen identifizieren, fördern und für sich nutzen können: durch das arbeitgeberseitige Motivieren erfahrener Mitarbeiter:innen, im Unternehmen zu bleiben und sich mit ihren Fähigkeiten weiter einzubringen (RETENTION), sowie durch das Reaktivieren ehemaliger älterer Mitarbeiter:innen und das Zurückholen in das Erwerbsleben am Anfang ihres Rentnerlebens (REACTIVATION).

Das Motivieren und Reaktivieren sogenannter Senior Experts und Senior Professionals bietet Unternehmen eine unique Möglichkeit, nicht nur dem Fachkräftemangel zu begegnen, sondern eine Kultur des altersunabhängigen Wertschätzens, des generationenübergreifenden Arbeitens und Austausches sowie des gegenseitigen Lernens zu fördern.

Nutzen wir die Vorteile einer altersunabhängigen Zusammenarbeit und entdecken wir das – noch längst nicht ausgeschöpfte – Potenzial, das ältere Mitarbeiter:innen für Wirtschaft und Gesellschaft darstellen. Denn: Viele Erfahrene verstehen sich als Generation VORWÄRTS, als Generation JETZT ERST RECHT – und noch lange nicht als Generation ABSTELLGLEIS.

1 INTRO. Aus GREY wird GOLD.

Der aktuelle und zukünftige Mangel an Fachkräften ist eine Realität, die die Wirtschaft Deutschlands maßgeblich beeinflusst – und vor allem in Zukunft nachhaltig beeinflussen wird. Arbeitgebern bleibt daher nur übrig, sich auf sinnvolle und praktikable Lösungen dieses Problems zu konzentrieren, das ihren Unternehmenserfolg beeinträchtigen kann und auch wird. Durch die Aktivierung und Qualifizierung von Frauen, Migrant:innen und insbesondere der Babyboomer-Generation als »Grey Gold« auf dem Arbeitsmarkt kann diese Hürde des wirtschaftlichen Unternehmenserfolgs allerdings in großen Teilen überwunden werden.

HINTERGRUND. Golden Human Resources.
Die Generation der Babyboomer, die nicht nur langsam, sondern vor allem absehbar und sicher das Rentenalter erreicht, birgt beim Meistern des Fachkräftemangels ein enormes Potenzial für den Arbeitsmarkt und für Arbeitgeber. Bei den Babyboomern handelt es sich größtenteils um erfahrene und kompetente Arbeitnehmer:innen, deren Wissen, Netzwerke und Motivation für Unternehmen von großem Wert sind. Um ihr Potenzial zu nutzen und die Babyboomer als Antwort auf den Fachkräftemangel zu aktivieren, gilt es daher seitens HR und Management, Know-how über und Verständnis für ältere Mitarbeiter:innen aufzubauen, um »Weiterarbeitsanreize« zu schaffen und innovative Methoden der generationenübergreifenden und altersunabhängigen Zusammenarbeit zu entwickeln. Vor allem aber sollten Arbeitgeber die Bereitschaft älterer Mitarbeiter:innen zu einem längeren Arbeitsleben im Rahmen eines strategischen HR-Ansatzes frühzeitig evaluieren und entsprechend würdigen.

HÜRDEN. Golden Human Resources.
Eine der größten Aufgaben für HR und Management besteht erfahrungsgemäß darin, das Wissen und die Erfahrung der Senior-Level-Mitarbeiter:innen auch nach deren Eintritt ins offizielle Rentenalter im Unternehmen zu halten, zu nutzen und an jüngere Mitarbeiter:innen weitergeben zu lassen. Denn dies erfordert in erster Linie eine komplett neue Ausrichtung der Personalpolitik und Unternehmenskultur sowie eine Flexibilisierung der Arbeitsprozesse, -strukturen und -hierarchien. Die Tatsache, dass viele Babyboomer gern freiwillig länger arbeiten möchten, ist zwar ein vielversprechendes Signal. Aber nicht alle Junior- und Mid-Level-Mitarbeiter:innen wollen die Karriereleiter erklimmen und stören sich gelegentlich an den älteren Kolleg:innen oder Vorgesetzten, die den Weg nach oben zu versperren scheinen, »den Weg nicht freimachen« oder auf alten Prozessen beharren und damit Innovationen im Weg stehen. So sind nicht wenige Jüngere irritiert bis verärgert, wenn erfahrene Kolleg:innen nicht nur aus finanziellen Gründen, sondern auch aus dem Wunsch heraus, weiterhin einen Beitrag zu leisten und ihre Expertise zu teilen, »länger als nötig« im Unternehmen verbleiben.

HERAUSFORDERUNGEN. Golden Human Resources.

HR-Verantwortliche stehen daher nicht nur vor der Aufgabe, die Älteren trotz Rentenalters zum »Weiterarbeiten« zu motivieren, sondern auch die Jüngeren vom »Mitarbeiten« mit den Älteren zu überzeugen. HR und Management muss es gelingen, die Balance zwischen der Motivation und Bindung erfahrener Mitarbeiter:innen und der Förderung jüngerer Talente zu finden. Dabei dürfen zum einen jüngere Mitarbeiter:innen nicht durch eine Dominanz älterer Kolleg:innen abgeschreckt oder behindert werden, sondern müssen aktiv in ihrer Entwicklung unterstützt werden. Zum anderen dürfen ältere Mitarbeiter:innen durch aufstrebende jüngere Kolleg:innen nicht zur Seite gedrängt oder ins Abseits gestellt werden, was häufig insbesondere bei der Anwendung neuer beziehungsweise digitaler Technologien oder bei Innovationsprojekten zu beobachten ist.

ZIELE. Golden Human Resources.

Das vielversprechende Ziel von Personalverantwortlichen und Personalentscheider:innen ist daher einerseits, die Erfahrung und Kompetenz der Babyboomer zu nutzen – mittels RETENTION, dem Binden und Halten älterer Mitarbeiter:innen in Unternehmen, und REACTIVATION, dem (Zurück-)Gewinnen älterer Mitarbeiter:innen für Unternehmen – und andererseits die älteren und jüngeren Generationen an Mitarbeiter:innen, insbesondere die Generation Y als Millenials, gemeinsam in generationenübergreifende Arbeitsstrukturen und Teams zu integrieren. Denn die Kombination der Vorteile des Erfahrungsschatzes der älteren und des frischen Blicks der jüngeren Arbeitnehmergenerationen kann die Innovationskraft von Unternehmen nachhaltig stärken – und stellt somit einen unverzichtbaren Wettbewerbsvorteil dar, dessen Hürden in Abbildung 1 dargestellt sind.

Abb. 1: Babyboomer – HR & Recruiting

1.1 WIRTSCHAFTSSTANDORT. Deutschland.

Die Hürden des Wirtschaftsstandorts Deutschland im Zuge des Fachkräftemangels zeigen sich längst auf dem deutschen Arbeitsmarkt. Dieser entwickelt sich immer deutlicher von einem Arbeitgeber- zu einem Arbeitnehmermarkt. Vorbei sind die Zeiten, in welchen Arbeitgeber unter den für sie geeignetsten und besten Bewerber:innen wählen konnten, nur die Qualifiziertesten einstellten und sich im Recruiting-Prozess unbegrenzt Zeit lassen konnten. Heute müssen Unternehmen umdenken. Sie müssen neue Wege gehen, damit es ihnen gelingt, einen der wichtigsten Erfolgsfaktoren – qualifizierte Mitarbeiter:innen – für sich zu gewinnen und an sich binden zu können. Der Mangel an qualifizierten Mitarbeiter:innen ist als wirtschaftliche Wachstumsbremse im Zuge dessen auch in den Medien, in der Politik und in der Gesellschaft zu einem allgegenwärtigen und viel diskutierten Thema geworden. Denn: Von den Folgen des demografischen Wandels sind nicht nur die Unternehmen aller Größen und Branchen betroffen, sondern wir alle (Handelsblatt Research Institute & Roland Berger 2023).

ARBEITSKRÄFTE. Deutschlands Arbeitnehmer:innen verändern sich.

Die Arbeitnehmerschaft in Deutschland wird demzufolge nicht nur älter, sondern auch kleiner. Der demografische Wandel zeigt deutlich, dass die deutsche Gesellschaft und der deutsche Arbeitsmarkt nicht allein durch immer mehr Ältere gekennzeichnet sind, sondern bereits seit Langem zu wenig Vielfalt hinsichtlich einer heterogenen Arbeitnehmerschaft zeigen und an zu geringen Geburtenraten kranken.

Deutschlands Arbeitskräfte werden weniger.

Deutschland hatte 2022 mit mehr als 84 Millionen Einwohner:innen zwar einen neuen Bevölkerungsrekord erreicht. Doch das darf nicht darüber hinwegtäuschen, dass Deutschland einen demografischen Wandel durchläuft: Die Zahl der Menschen schrumpft deutlich, die Bevölkerungsstruktur verändert sich drastisch in Richtung einer stark überalternden Gesellschaft. Dies wiederum wird langfristig spürbare Auswirkungen auf den Arbeitsmarkt und damit auf die deutsche Wirtschaft haben. (Handelsblatt Research Institute & Roland Berger 2023).

Deutschlands Arbeitskräfte werden älter.

Deutschland wird seit Jahren immer älter, die Lebenserwartung der Deutschen steigt weiter und weiter. Laut Statistischem Bundesamt wird bis Mitte der 2030er-Jahre fast jede:r Dritte, der oder die sich derzeit im erwerbsfähigen Alter befindet, das Renteneintrittsalter erreichen. Die Babyboomer setzen sich zur Ruhe, es fehlt an beruflichem Nachwuchs. Damit verschiebt sich das statistische Verhältnis der Generationen untereinander – mit drastischen Folgen für den deutschen Arbeitsmarkt (Handelsblatt Research Institute & Roland Berger 2023).

Deutschlands Arbeitskräfte sind (zu) wenig weiblich und vielfältig.

Zwar ist die Erwerbstätigenquote von Frauen in den letzten Jahren deutlich gestiegen, doch die Aktivierung der »weiblichen Reserve« kompensiert die Auswirkungen des demografischen Wandels auf den Arbeitsmarkt nur wenig. Weitere Entlastung könnten die Zuwanderung qualifizierter Fachkräfte oder die Qualifizierung von Migrant:innen bringen, jedoch werden die ca. 400.000 Zuwanderer, die Deutschland jährlich bräuchte, um den demografischen Wandel auszugleichen, dauerhaft nur schwer zu erreichen sein (Handelsblatt Research Institute & Roland Berger 2023).

ARBEITSMARKT. Arbeitgeber verändern sich.

Im Zuge des demografischen Wandels und des Fachkräftemangels zeigen sich deutliche Verschiebungen auf dem Arbeitsmarkt. Gewohnte Machtverhältnisse zwischen Arbeitgebern und Arbeitnehmer:innen verschieben sich nicht nur deutlich, sondern teils drastisch. Veraltete Strukturen werden aufgerissen, Prozesse neu gedacht.

Deutschlands neuer Arbeitnehmermarkt.

Der (demografische) Wandel und der Fachkräftemangel haben nicht nur Auswirkungen auf einzelne Unternehmen, sie haben auch gesamtwirtschaftliche Konsequenzen. Wenn (gut ausgebildete) Arbeitskräfte rar sind, führt dies zu höheren Löhnen und zu steigenden Arbeitskosten. Tatsächlich zeigt sich daher im Verhältnis von Beschäftigten und Arbeitgebern eine Machtverschiebung. Heute geht es immer mehr darum, Mitarbeiter:innen zu gewinnen und zu binden, als sie in strikten Auswahlprozessen »auszusieben«. Die harten Assessment-Center der 1990er-Jahre, bei denen Kandidat:innen unter anderem mittels Stressinterviews und konkurrenzzentrierter Gruppenübungen selektiert wurden, haben längst ausgedient. Der »War for Talents«, früher ein Phänomen bei der Gewinnung sogenannter High Potentials, ist längst zum »Kampf um Köpfe« und zum Alltag von HR-Abteilungen geworden. Dieser Kampf um Köpfe, bei dem es allein um das Besetzen unbesetzter Stellen geht – und nicht mehr um das Finden und Binden der besten Talente –, bestimmt immer mehr das Recruiting vieler Unternehmen. Die HR-Aufgaben werden somit größer, zumal beispielsweise die neu in den Arbeitsmarkt eintretende Generation Z und die in den Startlöchern stehende Generation ALPHA teils völlig andere Werte und Vorstellungen haben als die Babyboomer oder Best Ager der Generation X, für die harte Arbeit und Leistungsethos häufig im Lebensmittelpunkt standen – massive Überstunden eingeschlossen (Handelsblatt Research Institute & Roland Berger 2023).

Deutschlands Unternehmen forcieren HR-Themen.

Deutschland befindet sich als Wirtschaftsstandort somit in einem Wandel, der von verschiedenen Faktoren beeinflusst wird. Einer der wichtigsten Einflussfaktoren ist dabei das neue Kräfteverhältnis auf dem Arbeitsmarkt, das den Arbeitnehmer:innen deutlich mehr Möglichkeiten gibt, ihre beruflichen Vorstellungen durchzusetzen. Denn neben dem Gehalt spielen für viele Arbeitnehmer:innen heute unter anderem auch die Flexibilität von Arbeitszeit und Arbeitsort (die sogenannte Arbeitszeit- und Arbeitsortsouveränität) eine entscheidende Rolle bei der Wahl ihres Arbeitgebers. Studien verdeutlichen, dass (altersunabhängig) vielen Fach- und Führungskräften nicht nur ein adäquates Einkommen wichtig ist, sondern auch weitere Aufstiegschancen, Möglichkeiten zur Weiterentwicklung und Weiterbildung, eine positive Unternehmenskultur und sinnvolle berufliche Aufgaben (Handelsblatt Research Institute & Roland Berger 2023).

Deutschlands Arbeitsprozesse werden automatisiert.

Als eine der Antworten auf den Fachkräftemangel und auf der Suche nach mehr Effizienz rückt die Automatisierung zahlreicher Unternehmensbereiche und -aufgaben zunehmend in den Fokus des Managements von Unternehmen. Automatisierte Prozesse helfen, die Effizienz zu steigern, vor allem jedoch den Mangel an Fachkräften und das Ausscheiden erfahrener Mitarbeiter:innen auszugleichen. Durch die Auslagerung von Routinetätigkeiten an beispielsweise Maschinen und KI-unterstützte Software oder durch die Automatisierung standardisierter Prozesse können sich die vorhandenen beziehungsweise verbleibenden Fachkräfte auf anspruchsvollere, wertschöpfendere und komplexere Aufgaben konzentrieren. Das Gros an Routine- und Standardaufgaben muss in vielen Branchen dank Automatisierung und KI nicht mehr durch »echte« Mitarbeiter:innen erledigt werden (Handelsblatt Research Institute & Roland Berger 2023).

Deutschlands Talente werden aus- und weitergebildeter.

Der Einsatz neuer Technologien erfordert jedoch eine weitere Qualifikation aller Arbeitskräfte, insbesondere wenn es an (qualifizierten) Fachkräften mangelt. Durch das Re- und Upskilling (d. h. das Aneignen neuer Fähigkeiten beziehungsweise den Ausbau vorhandener Fähigkeiten) von Mitarbeiter:innen können Unternehmen sicherstellen, dass die Beschäftigten den Anforderungen der digitalen und KI-geprägten Arbeitswelt gewachsen sind. Neben der Qualifikation von Arbeitskräften ist auch das Erhalten des vorhandenen Wissens älterer Mitarbeiter:innen entscheidend für die Sicherung der unternehmensinternen Produktivität und des Unternehmenserfolgs. Unternehmen sollten daher Strategien für ein langfristiges Wissensmanagement implementieren und dabei ältere Mitarbeiter:innen unter anderem als Mentor:innen oder Coaches für jüngere Generationen einsetzen. (Handelsblatt Research Institute & Roland Berger 2023)

Deutschlands Sozialsystem wird herausgefordert.

Der demografische Wandel stellt auch die Sozialversicherungen vor Probleme, da die Anzahl der Erwerbstätigen sinkt und die Zahl der Ruheständler steigt. Dies kann zu einem (deutlichen) Anstieg der Beiträge und einem Rückgang des Sicherungsniveaus führen. Eine Erhöhung der Beschäftigung und das Binden älterer Mitarbeiter:innen an Unternehmen könnte daher nicht nur den Mangel an Arbeitskräften ausgleichen, sondern auch die Finanzierbarkeit der sozialen Sicherungssysteme in Deutschland stärken. (Handelsblatt Research Institute & Roland Berger 2023)

Deutschlands Unternehmen werden effizienter.

Angesichts des Fachkräftemangels ist es für die Arbeitgeber in Deutschland ebenfalls von zunehmender Bedeutung, die Wertschöpfung pro Arbeitsstunde zu maximieren. Die Weltwirtschaft hat bereits seit der Industrialisierung wiederholt vergleichbare Phasen einer Beschleunigung der Produktivitätssteigerung erlebt, die vorrangig auf technologischen Innovationen basiert. Die aktuellen Leittechnologien wie Robotik, künstliche Intelligenz (KI) oder Cloud-Computing haben dabei das Potenzial, Unternehmen erhebliche Produktivitätssprünge zu ermöglichen. Im Dienstleistungsbereich unterstützen digitale Tools beispielsweise bei der Datenerfassung, der Bearbeitung von Kundenanfragen und der Planung standardisierter Prozesse, unter anderem durch eine Bandbreite von einfach aufgebauten Algorithmen bis zu fortschrittlich generativen KI-Systemen. In der industriellen Fertigung übernehmen Roboter unterschiedliche Transport- und Montageaufgaben, wodurch gleichzeitig neue Qualitätsstandards und schnellere Fertigungsprozesse in Unternehmen etabliert werden. In sogenannten Smart Factories überwachen und steuern menschliche Fachkräfte einen weitgehend automatisierten Produktionsprozess – während durch »Predictive Maintenance« (d. h. vorbeugende beziehungsweise vorausschauende Instandhaltung) die Ausfallwahrscheinlichkeit von Produktionssystemen reduziert und die Anzahl manueller Eingriffe verringert werden können, was wiederum die Wertschöpfung steigert. Die potenziellen Produktivitätszuwächse bewegen sich in der Regel im niedrigen zweistelligen Prozentbereich. Unternehmen sollten diese neuen Technologien daher nicht nur als eine Art Lückenfüller für nicht vorhandenes Personal betrachten, sondern vielmehr als Chance im Sinne eines erheblichen Produktivitäts-, Wachstums- und Innovationspotenzials. Idealerweise gehen dabei demografischer und technologischer Wandel Hand in Hand, sodass jüngere und ältere Arbeitskräfte, die durch Automatisierungsprozesse und -instrumente entlastet werden, stattdessen anspruchsvollere Aufgaben übernehmen können (Handelsblatt Research Institute & Roland Berger 2023).

Deutschlands Arbeitnehmer:innen werden (noch) fitter.

Die Sicherung der Produktivität von Unternehmen in Deutschland erfordert das Erlernen neuer Fähigkeiten durch ältere Mitarbeiter:innen. Gleichwohl wird Weiterbildung seitens vieler Arbeitgeber bislang überwiegend allein bei jüngeren Arbeitnehmer:innen gefördert und genehmigt. Ebenso wichtig ist das Bewahren des wertvollen, oft eher impliziten Fachwissens, das ältere Mitarbeiter:innen über ihre langjährige Berufserfahrung erworben haben. Hierbei sind die Konzeption und das Implementieren einer Wissensmanagementstrategie und unter anderem der Einsatz älterer Mitarbeiter:innen als Coaches für jüngere Kolleg:innen von Bedeutung. Dies führt laut Studien sowohl für die am Coaching-Programm teilnehmenden Mitarbeiter:innen als auch für deren Arbeitgeber zu einer Win-win-Situation, da fortlaufende Erfolgserlebnisse und ein schrittweiser Übergang in den Ruhestand die (mentale und/oder physische) Gesundheit älterer Mitarbeiter:innen schützen und sogar das Sterberisiko potenziell senken können. Besonders bewährt haben sich sogenannte Tandem-Programme, die junge und ältere Mitarbeiter:innen zusammenbringen. Diese fördern die Zusammenarbeit über Generationen hinweg und generieren einen Mehrwert für beide Seiten. Derartige Programme sollten jedoch unbedingt individuell auf die Bedürfnisse der Arbeitnehmer:innen sowie auf die Bedürfnisse und Strukturen des Arbeitgebers zugeschnitten sein, um einen maximalen Nutzen zu erzielen. Zudem ist es wichtig, im Rahmen dieser Programme die verschiedenen Generationen sowie ihre jeweiligen Kulturen aufeinander abzustimmen und diese zu integrieren – schließlich haben die unterschiedlichen Gruppen der Generation Z, Generation X oder die Babyboomer zum Teil sehr unterschiedliche Vorstellungen und Bedürfnisse. Ein institutionalisierter unternehmensinterner Kulturdialog mit Vertreter:innen aller Altersgruppen kann dabei helfen, gemeinsam Herausforderungen zu identifizieren und zu bewältigen sowie eine identitätsstiftende Unternehmenskultur zu entwickeln. Um die Auswirkungen des demografischen Wandels abzumildern, ist es außerdem ratsam, den vorhandenen Pool an älteren Fachkräften sinnvoller einzusetzen und das bestehende Personal zu halten, insbesondere in Branchen mit einem hohen Bedarf an Fachkräften. Dafür bieten sich Unternehmen die folgenden Strategien (Handelsblatt Research Institute & Roland Berger 2023).

Deutschlands Ältere werden wertgeschätzt.

Retention. Das Binden vorhandener Mitarbeiter:innen an ein Unternehmen ist eine der vielversprechendsten Strategien, um als Arbeitgeber seine Arbeitskräfte und deren Kompetenzen langfristig zu halten. Der Faktor Wertschätzung gegenüber älteren Mitarbeiter:innen spielt hierbei erfahrungsgemäß eine entscheidende Rolle. Die Aufmerksamkeit von Personalabteilungen sollte daher nicht allein darauf gerichtet sein, wie man talentierte neue Mitarbeiter:innen gewinnen kann, sondern ebenfalls auf eine klare Strategie, wie man erfahrene Mitarbeiter:innen als Expert:innen und Talente halten kann, wie man diese motiviert und sich als Arbeitgeber engagieren kann. Denn der Weggang erfahrener Mitarbeiter:innen darf weder zu einem Verlust von Wissen noch zum Verringern (im-)materieller Vermögenswerte führen.

Deutschlands Unternehmen werden zu Marken.

Employer Branding. Das Personalmarketing-Thema »Employer Branding« ist branchenübergreifend für alle Unternehmen, unabhängig von Unternehmensgröße und Mitarbeiteranzahl, von Bedeutung. Durch dieses Instrument gelingt es Unternehmen, sich als attraktiver Arbeitgeber in den Wettbewerb um hoch qualifizierte Talente einzubringen sowie um zukünftige Fach- und Führungskräfte, die aktuell verfügbar sind, zukünftig auf den Arbeitsmarkt drängen oder nach Deutschland einwandern. Unternehmen sollten daher eine klar vom Wettbewerb abgegrenzte Arbeitgebermarke entwickeln und ihre sogenannte Employer Value Proposition (EVP) – als Nutzenversprechen eines Arbeitgebers an seine Mitarbeiter:innen – deutlich herausstellen. Sie sollten erklären können, inwiefern das Unternehmen als Arbeitgeber dazu beiträgt, eine attraktive Zukunft zu gestalten. Mittels einer gezielten Personalmarketingstrategie und einer überzeugenden EVP können selbst weniger bekannte Unternehmen qualifizierte Talente für sich gewinnen.

Deutschlands Arbeitswelt wird agil(er).

New Work. Das Gehalt ist zweifellos ein wichtiges Kriterium für erfahrene Mitarbeiter:innen – doch bei Weitem nicht der einzige oder entscheidende Faktor für oder gegen einen Arbeitgeber beziehungsweise ein längeres Engagement im Job. Unternehmen, die auch ihren älteren Mitarbeiter:innen flexible Arbeitsmöglichkeiten bieten sowie auf deren verschiedene Lebensmodelle und -phasen Rücksicht nehmen, erzielen in der Regel langfristig positive HR-Ergebnisse. Vor diesem Hintergrund ist das New-Work-Konzept (das die Elemente Freiheit, Eigenständigkeit, Sinnhaftigkeit und Inklusion in der Arbeitswelt in den Fokus setzt) mittlerweile unverzichtbar und erfordert dementsprechend die unternehmensinterne Entwicklung von Programmen, die auf die Bedürfnisse sogenannter Senior High Performer zugeschnitten sind – jenen erfahrenen Mitarbeiter:innen, die sich engagieren und trotz des Erreichens eines beruflichen Senior Levels in ihrer Karriere vorankommen möchten. Unternehmen können angesichts der vielfältigen und unterschiedlichen Arbeitnehmerbedürfnisse längst nicht mehr davon ausgehen, dass ein einheitliches Arbeits- und Karrieremodell für alle Mitarbeiter:innen geeignet ist. Arbeitgeber sollten daher die grundsätzliche Leistungsbereitschaft ihrer älteren Mitarbeiter:innen anerkennen und auf deren individuelle Lebensumstände eingehen, anstatt sich allein auf traditionelle Anreize (wie größerer Dienstwagen oder mehr Urlaubstage) zu verlassen (siehe Kapitel 1.3).

Deutschlands Arbeitnehmer:innen Sinn geben.

Purpose. Ein entscheidender Faktor im Wettbewerb um Fach- und Führungskräfte ist die Fähigkeit von Unternehmen, eine klare Antwort auf die Frage nach dem Sinn von Arbeit und der beruflichen Tätigkeit ihrer Mitarbeiter:innen zu geben – ein Thema, das auch immer mehr ältere Arbeitnehmer:innen antreibt. Denn unabhängig vom Alter streben viele Arbeitnehmer:innen danach, mit ihrer Arbeit eine Art von höherem Zweck zu erfüllen. Dieses Bedürfnis, der sogenannte Purpose, also die Frage nach dem Sinn der Arbeit, muss seitens Arbeitgebern konkret beantwortet und durch eine verbindliche Unternehmenskultur täglich mit Leben gefüllt werden. Vom CEO bis hin zu allen Mitarbeiter:innen verschiedener Hierarchiestufen muss entsprechend der Purpose-Bestimmung gegebenenfalls ein grundlegender Kulturwandel eingeleitet und aktiv umgesetzt werden. Spezielle HR-Change-Programme können dabei helfen, diesen Kulturwandel voranzutreiben und wichtige strategische Initiativen zu priorisieren und umzusetzen. Denn Mitarbeiter:innen erkennen schnell, ob ihr Arbeitgeber es mit dem Purpose und dem Kulturwandel ernst meint – oder eben nicht.

Deutschlands Arbeitgeber werden flexibler.

Quereinsteiger:innen. Um Fachkräfte zu rekrutieren, können Unternehmen auch ältere Mitarbeiter:innen einstellen, die auf den ersten Blick nicht direkt oder nur bedingt in das Anforderungs- und Tätigkeitsprofil passen – wie Quereinsteiger:innen aus anderen Branchen (bspw. Versicherungsexpert:innen, die später in der Finanzbranche arbeiten) und Tätigkeitsfeldern (bspw. Marketingprofis, die in den Vertrieb wechseln und vice versa) oder Personen, die über einen bestimmten Zeitraum weniger oder nicht gearbeitet haben (bspw. aufgrund von Mutter-/Vaterschaft oder der Pflege Angehöriger). Dies mag im ersten Schritt zwar zusätzliche HR-Kosten und einen zeitlichen Mehraufwand für Einarbeitung, Aus- und Fortbildung mit sich bringen, jedoch überwiegen mittel- bis langfristig die Vorteile dieser Maßnahmen.

Deutschlands HR werden vielfältig(er).

Internationalisierung. Das gezielte Rekrutieren (älterer) qualifizierter Fachkräfte aus dem Ausland stellt eine weitere effektive HR-Strategie dar, um Arbeitskräfte für sich zu gewinnen und kann beispielsweise durch die Teilnahme an Jobmessen im In- und Ausland erreicht werden. Die Möglichkeiten international ausgerichteter Stellenausschreibungen werden von Unternehmen bislang allerdings häufig vernachlässigt, obwohl sie mittlerweile eine bedeutende Rolle bei der Gewinnung qualifizierten Fachpersonals spielen können. Aufgrund des zunehmenden Übergangs zu Remote- und Homeoffice-Arbeitsmodellen, bei denen der Arbeitsort ohnehin keine entscheidende Rolle mehr spielt, gestaltet sich der Aufbau einer internationalen Belegschaft heutzutage (zumindest theoretisch) meistens deutlich einfacher als noch vor wenigen Jahren.

Deutschlands Arbeit wechselt ins (Home-)Office.

Hybrides Arbeiten. Trotz der zahlreichen Vorteile der neuen Arbeitswelt im Rahmen des New-Work-Ansatzes bleibt der sogenannte Online Empathy Gap im Homeoffice bestehen, der zu Erschöpfung, Vereinsamung und Selbstausbeutung von Arbeitnehmer:innen führen kann – was gerade ältere Arbeitnehmer:innen im Remote-Modus überdurchschnittlich stark betreffen kann. Daher sollten Remote-Arbeitsmodelle um Live-Elemente wie gemeinsame Bürotage oder Veranstaltungen ergänzt und so zu hybriden Modellen weiterentwickelt werden, damit die Qualität der Zusammenarbeit und die Innovationskraft des Arbeitgebers nicht darunter leiden. Hierbei könnte in Zukunft beispielsweise das Metaversum zusätzliche Unterstützung bieten, denn bei dessen Implementierung zeigen viele Arbeitgeber und Arbeitnehmer:innen eine positive Resonanz auf diese neue Form flexibler Arbeitsmöglichkeiten im digitalen Raum. Gleichzeitig eröffnen Hybridangebote Arbeitgebern die Möglichkeit zur bereits genannten HR-Internationalisierung, das heißt dem Erweitern des geografischen Radius bei der Mitarbeitersuche (Handelsblatt Research Institute 2023).

TRANSFORMATION. Arbeit und Arbeiten verändern sich.

In den kommenden Jahren stehen Politik und Wirtschaft vor großen Herausforderungen: Ängste vor Verlusten hinsichtlich unter anderem Wohlstand und Sicherheit prägen den politischen, wirtschaftlichen und gesellschaftlichen Diskurs und behindern so in Teilen den (positiven) Blick in die Zukunft. Um die Transformation in dieser Zeitenwende erfolgreich zu bewältigen, sind die folgenden Transformationsschwerpunkte von Bedeutung (Handelsblatt Research Institute), die auch in Abbildung 2 zusammengefasst sind.

Transformationsschwerpunkt. Stärken.

Deutschland bleibt innerhalb Europas (vorerst) weiterhin ein Land der Stabilität sowie des Wohlstands und verfügt weiterhin über viele Ressourcen. Mit einer Bevölkerung von 84 Millionen Menschen, deren arbeitsfähiger Teil im Durchschnitt gut beziehungsweise überdurchschnittlich ausgebildet ist, sowie einer Vielzahl von Weltmarktführern im mittelständischen Bereich (sog. Hidden Champions) verfügt Deutschland über eine mehr als solide Basis, die es ermöglicht, sich immer wieder schnell und kompetent an veränderte Rahmenbedingungen anzupassen. Darüber hinaus verfügt der Staat größtenteils über die finanziellen Mittel, die beispielsweise für dringend benötigte Innovations- und Infrastrukturprojekte genutzt werden können.

Transformationsschwerpunkt. Aufbruchstimmung.

Deutschland wurde 1999 und 2023 erneut vom Wirtschaftsmagazin The Economist als der »kranke Mann Europas« bezeichnet (Otte 2023). Die Agenda 2010 brachte daraufhin Strukturreformen mit sich, die zu einem Jahrzehnt kontinuierlichen Wachstums führten. Obwohl die aktuellen Rahmenbedingungen anders sind und beispielsweise eine vielfältigere und kleinteiligere Parteienlandschaft große Veränderungen erschwert, bleibt die Notwendigkeit eines klaren Kurses für Deutschland bestehen.

Deutschland benötigt daher dringend ein attraktives Zielbild, beispielsweise das eines Technologieführers, das möglichst viele Menschen ansprechen und auch als Vorbild beziehungsweise als Modell für andere Länder dienen kann.

Transformationsschwerpunkt. Bildung.

In einer zunehmend vernetzten und teils auf Export ausgerichteten Weltwirtschaft zählt Deutschland zu den Ländern, die von der Globalisierung bislang profitierten. Allerdings schöpfen nicht alle Gesellschaftsschichten gleichermaßen aus den erzielten Wohlstandszuwächsen. Bildung bildet weiterhin das Fundament für beruflichen Erfolg in einem globalen Kontext, besonders angesichts der Tatsache, dass andere Nationen, vor allem China und Indien, mittels starker Bildungsoffensiven rasante Fortschritte machen und Deutschlands Position herausfordern. Um Deutschlands ökonomische Zukunft zu sichern, ist es daher von kritischer Bedeutung, die Bildungslücken, insbesondere in den naturwissenschaftlichen und technischen Disziplinen (den sogenannten MINT-Fächern), zu schließen, Bildungsmöglichkeiten fairer und unabhängig vom gesellschaftlichen Hintergrund zu verteilen (mit dem Schwerpunkt Chancengleichheit) und den Standort Deutschland als Zentrum für Forschung und Wissenschaft weiter zu stärken.

Transformationsschwerpunkt. Innovation.

Deutschlands wirtschaftliche Kompetenz wurzelt traditionell in eher etablierten Industriezweigen mit jahrzehntelanger Erfahrung und Expertise. Im Gegensatz dazu werden moderne Märkte wie digitale Plattformen, KI-Technologien, Halbleiterentwicklung und -produktion sowie Elektromobilität bisher vorrangig von Konzernen aktuell aus den USA und China dominiert. Auch das für deutsche Neugründungen notwendige Risikokapital stammt überwiegend nicht aus deutschen, sondern aus US-amerikanischen Quellen. Daher sollten die politischen und wirtschaftlichen Entscheidungsträger durch entsprechende Regulierungen und Förderungen optimale(re) Bedingungen für Entrepreneur:innen und Innovationen schaffen. Gleichzeitig müssen sich deutsche Unternehmen der Aufgabe stellen, nicht nur die Digitalisierung, sondern ab sofort auch die KI strategisch zu nutzen, um im globalen Wettbewerb bestehen zu können.

Transformationsschwerpunkt. Risikoaffinität.

Die deutsche (Unternehmens-)Kultur ist vorrangig geprägt durch Risikominimierung beziehungsweise Risikoaaversion. Bei deutschen Unternehmen wird Sorgfalt über Geschwindigkeit und Sicherheit über Innovation gestellt. Diese risikoscheue Kultur, Einstellung und Arbeitsweise stellen in einem globalen Markt, der zunehmend durch Schnelligkeit und Anpassungsfähigkeit sowie Innovationsfreude und -führerschaft geprägt ist, ein äußerst kritisches Kriterium für die deutsche Wirtschaft dar (Handelsblatt Research Institute 2023).

TRANSFORMATIONSSCHWERPUNKTE.

STABILITÄT.	AUFBRUCH-STIMMUNG.	BILDUNG.	RISIKOAFFINITÄT.	INNOVATION.
Wohlstand	Strukturreformen	Export	Risikominimierung	Entrepreneurship
Bildung	Zielbilder	Stabilisierung	Risikoaversität	Etablierte Industrien
Hidden Champions	Vorbildfunktion	M.I.N.T.	Flexibilität	Elektromobilität
Finanzen	Leitbild	Chancengleichheit	Tempo	Digitalisierung & KI

Abb. 2: Transformationsschwerpunkte als Chance für den Wirtschaftsstandort Deutschland

1.2 ARBEITSMARKT. Arbeitnehmermarkt. Fachkräftemangel.

Mehr und mehr Ältere bleiben im Job. Und noch mehr würden weiterarbeiten – wenn ihr Potenzial von Arbeitgebern erkannt und geschätzt würde. Bereits jetzt entscheidet sich ein wachsender Anteil älterer Arbeitnehmer:innen dafür, über das offizielle Rentenalter hinaus beruflich aktiv zu bleiben und sich mit ihrer Erfahrung einzubringen. Die demografische Verschiebung hin zu einer demografisch bedingten älteren Belegschaft stellt Unternehmen und HR-Expert:innen vor neue Anforderungen im Umgang mit dem Fachkräftemangel und nicht allein mit der langfristigen Personalplanung, bietet aber zugleich auch Chancen, dem Fachkräftemangel mit konkreten Lösungsansätzen zu begegnen.

HINTERGRUND. Fachkräftemangel.

Der Mangel an Fachkräften ist überall spürbar und betrifft nicht nur spezialisierte Fachleute, sondern alle Arten und Niveaus von Arbeitskräften. Die Ursachen hierfür sind vielfältig. Obwohl viele Unternehmen vorrangig fehlende (geeignete) Bewerber:innen als Grund nennen, wird ebenso auf betriebliche Faktoren hingewiesen, die den unternehmensspezifischen Mangel an Fachkräften bedingen, beispielsweise unattraktive Gehälter beziehungsweise Löhne oder starre Arbeitszeiten. Um dem Fachkräftemangel entgegenzuwirken, ergreifen bislang noch zu wenige Unternehmen zielgruppenorientierte Maßnahmen, um die Gehälter und Arbeitszeiten und -bedingungen verlockender sowie unter anderem auch die Arbeit und das Arbeitsleben familienfreundlicher zu gestalten. Denn dadurch könnten im Rekrutierungsprozess bisher eher vernachlässigte HR-Zielgruppen, beispielsweise gut ausgebildete Frauen, die aufgrund mangelnder Kinderbetreuungsmöglichkeiten nicht (in Vollzeit) arbeiten können, oder erfahrene Arbeitnehmer:innen, die eventuell dem hohen Arbeitsdruck beziehungsweise -tempo oder den technologischen Neuerungen weniger gewachsen sind, durch angepasste Arbeitsbedingungen leichter in den Arbeitsmarkt integriert werden (Ahlers & Quispe Villalobos 2022).

ENTWICKLUNG. Fachkräftemangel.

Ein entscheidender Stellhebel beim Thema Fachkräftemangel ist die Diskussion um das Renteneintrittsalter. Politiker:innen wie Wirtschaftsexpert:innen plädieren dafür, dieses weiter anzuheben. Bislang liegt die gesetzliche Altersgrenze über 66 Jahre und soll bis 2031 auf 67 Jahre erhöht werden. Zusätzlich wird über die Abschaffung der »Rente mit 63« diskutiert, die es Versicherten nach 45 Beitragsjahren ermöglicht, ohne Abschläge in Rente zu gehen. Denn eine beträchtliche Anzahl derer, die sich für einen früheren Ruhestand entscheiden, sind gesund, verdien(t)en gut und könnten sich weiterhin produktiv in den Arbeitsmarkt einbringen. Die Anzahl der Menschen, die entweder am Ende ihrer Erwerbskarriere oder zu Beginn des Renteneintrittsalters trotzdem weiterarbeiten, ist in den letzten Jahren bereits deutlich angestiegen. Ältere Arbeitnehmer:innen in Deutschland sind heute weitaus häufiger berufstätig als noch vor einigen Jahren (Preuß 2024).

Die Gründe für das längerfristige berufliche Engagement älterer Arbeitnehmer:innen sind vielfältig. Rentner:innen haben verbesserte Möglichkeiten, neben ihrer Rente zu arbeiten, ohne dass dies ihre Rentenzahlungen beeinträchtigt. Zudem spielen gesundheitliche Aspekte eine Rolle, da viele Ältere heute länger gesund, fit sowie arbeitsfähig und daher bereit sind, länger im Berufsleben zu bleiben. Einige Rentner:innen arbeiten aber auch länger, weil sie müssen, da sie eine relativ kleine Rente erhalten und daher ein zusätzliches Einkommen benötigen, um ihren gewohnten Lebensstandard zu halten oder um ihre finanziellen Verpflichtungen zu erfüllen (Preuß 2024).

STATUS QUO. Fachkräftemangel.

Die Auswirkungen des Fachkräftemangels lassen sich größtenteils bereits im Alltag beobachten, sei es angesichts verkürzter Öffnungszeiten in Shops, in denen Verkäufer:innen eine lange Schlange von Kund:innen allein bedienen müssen, bei der langen Wartezeit auf Handwerker:innen, beim Warten auf Baustoffmaterialien für den Hausbau oder in Arztpraxen, wenn das Fachpersonal an seine Grenzen kommt. In Zahlen lässt sich der Fachkräftemangel beispielsweise anhand der jährlichen Analyse der Bundesagentur für Arbeit konkret darstellen: Im Jahr 2022 herrschte bereits in jedem sechsten Beruf ein Fachkräftemangel. Das Problem zeigt sich längst in allen Branchen, wobei es einige besonders betrifft (Abbildung 3). Besonders ausgeprägt ist der Fachkräftemangel laut Auswertungen des Instituts der Deutschen Wirtschaft im sozialen Bereich, in der Bauelektrik, der Sanitär-, Heizungs- und Klimatechnik sowie in allen Bereichen der Informatik. Eine Prognose des Instituts deutet darauf hin, dass bis 2035 sieben Millionen Arbeitskräfte fehlen. Gegensteuern könnten Unternehmen unter anderem durch das Halten älterer Arbeitnehmer:innen im Job, die Förderung der beruflichen Entwicklung von Frauen und das Engagement von Zuwanderern (Brunner 2023).

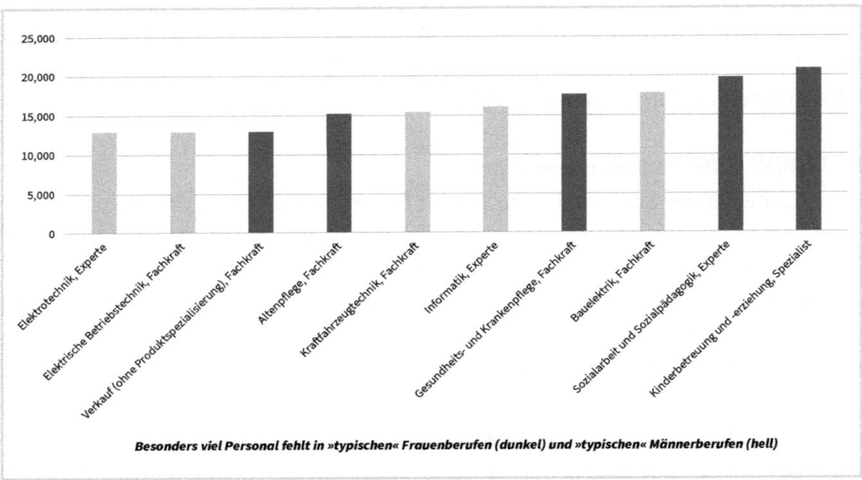

Abb. 3: Fachkräftemangel in Deutschland (in Anlehnung an Risius & Orange 2024)

DETAILS. Fachkräftemangel.

Laut dem Fachkräftereport der Deutschen Industrie- und Handelskammer (DIHK) bleiben in Deutschland aktuell etwa zwei Millionen Arbeitsplätze unbesetzt, was einem verlorenen Wertschöpfungspotenzial von fast 100 Milliarden Euro entspricht. Dieser Mangel an qualifiziertem Personal stellt nicht nur eine wachsende Problematik dar, sondern wird auch als akutes Hemmnis für die wirtschaftliche Entwicklung des Landes betrachtet – insbesondere in der Industrie und im Baugewerbe sind die Engpässe bei der Stellenbesetzung gravierend. Laut dem Report sind 58 % der Unternehmen in diesen Branchen von Personalengpässen betroffen. Bei den Investitionsgüterproduzenten, Herstellern elektrischer Ausrüstungen, Fahrzeug- und Maschinenbauern sind es sogar 65 % und mehr. Die Probleme bei der Besetzung von Ausbildungsplätzen sind bei fast der Hälfte der Unternehmen zu sehen (Olk & Specht 2023).

Aber auch bei Akademiker:innen gestaltet sich die Stellenvergabe schwierig. Jedes dritte Unternehmen mit Personalengpässen kann offene Positionen für Akademiker:innen nicht besetzen. Der Fachkräftemangel hat sich längst zu einem allgemeinen Arbeitskräftemangel entwickelt, der von Akademiker:innen bis zu Lkw-Fahrer:innen reicht, was unter anderem die pünktliche Belieferung von Handel und Industrie gefährdet. Größere Unternehmen leiden dabei noch stärker unter dem Fachkräftemangel als kleinere: In drei von vier Unternehmen mit mindestens 200 Beschäftigten bleiben Stellen unbesetzt, weil keine geeigneten Bewerber:innen gefunden werden. Der Fachkräftemangel kann sich aber auch negativ auf Herausforderungen wie die Energiewende, die Digitalisierung und den Ausbau der Infrastruktur auswirken. Er beeinträchtigt nicht nur die Wertschöpfung, sondern belastet auch die öffentlichen Haushalte und könnte zu einer verstärkten Produktionsverlagerung ins Ausland führen (Olk & Specht 2023).

Im Hinblick auf Lösungsansätze für den Fachkräftemangel haben Unternehmen unterschiedliche Ansätze, beispielsweise den Abbau bürokratischer Hürden, was dazu beitragen würde, das ohnehin knappe Fachpersonal und unterbesetzte Teams wieder verstärkt für ihre eigentlichen Aufgaben einsetzen zu können. Auch eine verbesserte Kinderbetreuung und flexiblere Optionen beim Renteneintritt könnten dazu beitragen, die aktuellen HR-Aufgaben zu bewältigen. Zudem erkennen viele Unternehmen bislang ungenutztes Fach- und Arbeitskräftepotenzial, sodass für eine verstärkte Qualifizierung und Vermittlung von Arbeitslosen plädiert wird. Der Ausbau der Kinderbetreuung sowie der digitalen Infrastruktur, die berufliche Integration von Migrant:innen, die Qualifizierung ungenutzten Fachpotenzials und eine höhere Flexibilität beim Renteneintritt stellen somit aus Unternehmenssicht mögliche Lösungswege für den Fachkräftemangel dar (Olk & Specht 2023).

Ausgiebig diskutiert im Zusammenhang mit dem Lösungsansatz »Kinderbetreuung« wird auch das noch ungenutzte Erwerbspotenzial von Frauen, die überdurchschnittlich und oft gegen deren Willen beziehungsweise Ambitionen häufig in Teilzeit arbeiten. Durch eine moderate Erhöhung der Arbeitszeit von in Teilzeit arbeitenden Frauen um beispielsweise durchschnittlich zwei Stunden pro Woche könnten laut DIHK etwa 500.000 zusätzliche Vollzeitstellen geschaffen beziehungsweise besetzt werden. Ebenso wichtig für das Rekrutieren neuer Arbeitnehmer:innen ist eine hohe Lebensqualität am Arbeitsort, das heißt eine funktionierende Infrastruktur für Alltag, Beruf und Freizeit – unter anderem das Vorhandensein öffentlicher Verkehrsmittel, nahe gelegener Schulen und Kitas, Krankenhäuser und Arztpraxen sowie Einkaufsmöglichkeiten oder Postämter (Olk & Specht 2023).

FOLGEN. Fachkräftemangel.

Die Konsequenzen des Fachkräftemangels machen sich bereits auf verschiedenen Ebenen bemerkbar, aber ihre volle Tragweite ist noch längst nicht absehbar. Wie stark sie letztendlich ausfallen werden, hängt davon ab, inwiefern es gelingt, dieses Problem in naher Zukunft anzugehen. In Branchen wie dem Handwerk führt der Personalmangel bereits jetzt zu Wartezeiten und Verzögerungen zwischen Auftragserteilung und Fertigstellung von Projekten. Dies betrifft vor allem die öffentliche Infrastruktur, wie etwa die Sanierungs- und Modernisierungsstaus bei Verkehrswegen und öffentlichen Gebäuden oder die verzögerte Wohnungsbauoffensive des Bundes (Regniet 2023).

Die steigende Arbeitsbelastung von Fachkräften in sogenannten Mangelberufen führt zudem in den meisten Branchen zu einem enormen Arbeitsdruck und Stress, was sich beispielsweise in Überstunden und einer überdurchschnittlichen Unzufriedenheit am Arbeitsplatz äußert. Wenn diese Unzufriedenheit zu groß wird, verlassen Mitarbeiter:innen möglicherweise nicht nur den jeweiligen Arbeitgeber, sondern sogar die Branche, was das Besetzen der ohnehin schon unterbesetzten Berufe vor noch größere Probleme stellt. Auch das Thema »Auswandern« setzen immer mehr Arbeitnehmer:innen auf ihre berufliche Agenda (Regniet 2023).

Ein weiteres Problem sind mögliche Versorgungsengpässe, die auftreten können, wenn der Personalmangel sich verschärfen sollte, denn in einigen Branchen sind Produktion und Dienstleistungen entscheidend für die Grundversorgung und das gesellschaftliche Zusammenleben. Dies betrifft nicht nur den Gesundheitssektor, sondern unter anderem auch Lieferketten in den Bereichen Lebensmittel und Nahrungsmittel, Industrie und Dienstleistungen, die ohne ausreichende Anzahl von Berufskraftfahrer:innen gefährdet sind (Regniet 2023).

All dem zufolge ist die Wettbewerbsfähigkeit Deutschlands gefährdet – aufgrund von Verzögerungen bei Produktion und Dienstleistungen, fehlender Ressourcen und steigender Arbeitskosten, die nötig sind, um neues Personal zu gewinnen oder vorhandenes Personal zu halten. Im internationalen Wettbewerb, insbesondere mit Ländern wie China oder Indien, könnten deutsche Produkte aufgrund des Fachkräftemangels nicht nur langsamer hergestellt werden, sondern auch teurer in der Produktion sein. Dies kann langfristig zu einem Verlust der Wettbewerbsfähigkeit Deutschlands, zu Insolvenzen von Unternehmen oder dem Abwandern einiger Branchen ins Ausland führen (Regniet 2023).

STRATEGIEN. Fachkräftemangel.

Ausländische Arbeitnehmer:innen.

Das Anwerben von Fachkräften aus dem Ausland ist derzeit ein zentraler und teils hitzig diskutierter Ansatz zur Schließung der Fachkräftelücke in der EU – auch in Deutschland wird auf diese Maßnahme gesetzt (siehe Kapitel 1.5). Politiker:innen und Arbeitsmarktexpert:innen vertreten zunehmend die Meinung, dass der deutsche Arbeitsmarkt künftig nicht mehr ohne Zuwanderung auskommen kann. Die derzeitige Anzahl qualifizierter Arbeitsmigrant:innen reicht jedoch bei Weitem nicht aus. Aktuell können EU-Ausländer:innen aufgrund der Arbeitnehmerfreizügigkeit und Bürger:innen aus Nicht-EU-Ländern über das Fachkräfteeinwanderungsgesetz in Deutschland arbeiten, Akademiker:innen aus Nicht-EU-Ländern können außerdem die sogenannte Blue Card erhalten. Die Bundesregierung plant, diesen Prozess weiter zu vereinfachen und ein Chancen-Aufenthaltsrecht einzuführen. Diese Idee der Arbeitsmigration ist jedoch eher umstritten (Regniet 2023).

Qualifizierung und Umschulung.

Teil der Lösung der Arbeitskraftproblematik könnte die Qualifizierung von Menschen ohne Arbeit und Berufsausbildung sein. Gelingt das, könnte sich die Lage auf dem Arbeitsmarkt vorübergehend entspannen. Umschulungsmaßnahmen von Arbeitslosen, die in ihren Ausbildungsberufen keine adäquate Beschäftigung mehr finden, spielen ebenfalls eine große Rolle (Regniet 2023).

Lohn- und Gehaltserhöhungen.

Um dem Fachkräftemangel entgegenzuwirken und die Abwanderung von Arbeitnehmer:innen aus Mangelberufen zu verhindern, stellt die Erhöhung von Gehältern und Löhnen gegebenenfalls eine Erfolg versprechende, wenn auch kostspielige Maßnahme dar. Durch höhere Löhne soll die Attraktivität dieser Berufe gesteigert werden, was beispielsweise im öffentlichen Gesundheitswesen bereits aktiv angegangen wird, angesichts des Fachkräftemangels dürften die Gehälter in den kommenden Jahren steigen. In anderen Branchen, die ebenfalls dringend Personal benötigen, sind die Gehälter, die Bewerber:innen erwarten können, sogar noch deutlich höher (Regniet 2023).

Flexibilisierung der Arbeit.

Um den Einstieg in Mangelberufe attraktiver zu gestalten und Fachkräfte langfristig in den jeweiligen Berufsfeldern zu halten, setzen Arbeitgeber nicht nur auf eine Erhöhung von Gehältern, sondern auch auf die Verbesserung der beruflichen Rahmenbedingungen, beispielsweise durch flexible Arbeitszeiten. Diese Flexibilität bezieht sich auf den Beginn und das Ende der Arbeitszeit sowie potenziell auf die Einführung einer Vier-Tage-Woche, die derzeit von einigen Arbeitgebern getestet wird. Dabei können Beschäftigte ihre Arbeitszeiten individuell gestalten, um entweder an vier Tagen länger oder an fünf Tagen kürzer zu arbeiten, wobei die Vergütung gleich bleibt. In anderen Branchen hat sich insbesondere seit Beginn der Coronapandemie gezeigt, dass viele Tätigkeiten auch erfolgreich ortsunabhängig geleistet werden können. Homeoffice und Remote Work sind daher mittlerweile in vielen Unternehmen gängige Praxis. Dies ermöglicht flexiblere Arbeitsmodelle und eröffnet zugleich neue Arbeitsmärkte, insbesondere im IT-Bereich, wo Unternehmen zunehmend auf Arbeitskräfte im Ausland setzen. Diese Fachkräfte sollen für deutsche Konzerne von ihrem Heimatland aus arbeiten können (Regniet 2023).

Produktivitätsförderung im Personalbereich.

Um die Passgenauigkeit von Stellenanforderungen und die Kompetenzen der Mitarbeiter:innen zu verbessern sowie die Potenziale der Beschäftigten stärker zu aktivieren und zu nutzen, sollten Fluktuationsmöglichkeiten am Arbeitsmarkt geschaffen werden. Denn Fluktuation fördert die Produktivität, da sie die Ressourcenallokation am Arbeitsmarkt verbessert. Zudem lohnt sich das Fördern der Anpassungs- und Innovationsfähigkeit als Treiber des Produktivitätswachstums, unter anderem durch eine Fehlerkultur, die zum Ausprobieren von Neuem anregt, eigenverantwortliches Arbeiten und Entscheiden sowie das Einbinden von Ideen aus der Belegschaft in wichtige Entscheidungen. Dabei kommt der Mitarbeiterführung durch die operativen Führungskräfte eine wesentliche Rolle zu, denn die Steigerung der Leistungsbereitschaft der Mitarbeiter:innen und die Steuerung des Personaleinsatzes liegt in ihrer Verantwortung (Speck 2022).

Fachkräftegewinnung durch gezielte Rekrutierung.

Der zunehmend wettbewerbsintensive Arbeitnehmermarkt erfordert innovative und vor allem proaktive Rekrutierungsstrategien. Der erste Schritt besteht darin, dass Unternehmen die neuen Gegebenheiten des Arbeitnehmer(!)marktes erkennen und von sich aus aktiv auf Talente zugehen. Eine zentrale Rolle spielt die Gestaltung von Stellenausschreibungen. Diese sollten gezielt strategisch wichtige Kandidat:innen ansprechen und die Vorteile des Unternehmens als Arbeitgeber deutlich hervorheben. Zudem ist eine gründliche Überprüfung und gegebenenfalls Optimierung des gesamten Bewerbungsprozesses unerlässlich. Da qualifizierte Fachkräfte mittlerweile häufig mehrere Jobangebote erhalten, muss der Rekrutierungsprozess effizient, niedrigschwellig und bewerberfreundlich gestaltet sein. Es ist demzufolge ratsam, nur die unbedingt notwendigen Anforderungen und Qualifikationen in der Stellenausschreibung zu formulieren, um die Anzahl der Bewerbungen zu maximieren. Ein schneller, schlanker und einfacher Bewerbungsprozess ist ebenfalls entscheidend. Zu Beginn sollten lediglich grundlegende Informationen und eine Kontaktmöglichkeit wie E-Mail-Adresse und Telefonnummer abgefragt werden. Videointerviews bieten eine effektive Möglichkeit, den Prozess zu optimieren und gleichzeitig Bewerber:innen mit einer weiten Anreise nicht abzuschrecken. Mitarbeiterempfehlungen sind ein weiterer Schlüssel zum Erfolg, denn die eigenen Mitarbeiter:innen kennen die Unternehmenskultur und können einschätzen, welche Bewerber:innen gut ins Team passen. Durch ein internes Empfehlungsprogramm, bei dem Mitarbeiter:innen über offene Stellen informiert und im Erfolgsfall belohnt werden, können Unternehmen zudem Talente auf kosteneffiziente Weise für sich gewinnen. Dies reduziert das Risiko von Fehlbesetzungen und steigert die Zufriedenheit und Bindung der Belegschaft. Durch die Implementierung dieser Maßnahmen können Unternehmen ihre Rekrutierungsstrategie effektiver gestalten und sich im Wettbewerb um die besten Talente erfolgreich behaupten (Völger 2023).

Fachkräftesicherung durch gezielte Ausbildung.

Die interne Ausbildung von Fachkräften durch gezielte Entwicklung von Auszubildenden stellt eine nachhaltige Strategie im Kampf gegen den Fachkräftemangel dar. Ein entscheidender Vorteil dieser Methode ist die Möglichkeit, junge Talente spezifisch nach den Anforderungen des Unternehmens auszubilden. Um Berufseinsteiger:innen langfristig an ein Unternehmen zu binden, sind mehrere Faktoren von Bedeutung. Die Ausbilder:innen sollten eine vielseitige Rolle einnehmen, indem sie als Lernbegleiter:innen, Coaches und Mentor:innen agieren. Dabei ist es wichtig, auf Augenhöhe mit den Auszubildenden zu arbeiten, selbst gesteuertes Lernen zu fördern und ihnen relativ früh Verantwortung zu übertragen. Die Einbindung von Auszubildenden in die Festlegung von Zielen und die Vergabe anspruchsvoller Aufgaben kann ihre Motivation steigern sowie ihre Identifikation mit dem Unternehmen stärken. Wertschätzung und respektvolle Kommunikation sind essenziell. Gesten der Anerkennung, ein persönliches Interesse seitens Ausbilder:in beziehungsweise Arbeitgeber, gemeinsame Aktivitäten sowie ein ehrliches Lob stärken die Arbeitsmotivation jüngerer Mitarbeiter:innen. Regelmäßiges und konstruktives Feedback ist dabei von ebenso großer Bedeutung für jüngere Talente wie verkürzte Probezeiten, Übernahmeangebote, Weiterbildungsmaßnahmen, Karriereentwicklungsmöglichkeiten und gegebenenfalls die Chance auf Auslandseinsätze (Völger 2023).

Nutzung von Quereinsteiger-Potenzialen.

Quereinsteiger:innen bringen häufig ein breites Spektrum an Potenzialen mit. Meistens zeichnen sie sich durch eine ausgeprägte Motivation aus, setzen neue Impulse und betrachten Unternehmensprozesse unvoreingenommen. Zudem sind Quereinsteiger:innen in der Regel flexibel und aufgeschlossen gegenüber neuen Herausforderungen im Job, denn in solchen dynamischen Umgebungen sind Mitarbeiter:innen gefragt, die sich schnell an sich verändernde Situationen anpassen können und kontinuierlich (dazu-)lernen. Ein weiterer Vorteil von Quereinsteiger:innen ist, dass sie oft nicht dieselbe Einarbeitung wie traditionelle Berufseinsteiger:innen benötigen. Viele verfügen bereits über einen akademischen Abschluss oder eine abgeschlossene Berufsausbildung sowie relevante Kenntnisse. Dadurch können Unternehmen erhebliche Kosten einsparen. Um Quereinsteiger:innen effizient zu integrieren, sind gezielte Schulungsmaßnahmen und Coaching-Programme empfehlenswert. Unternehmen sollten strategische Integrationspläne entwickeln, um Quereinsteiger:innen in ihre neuen Rollen einzuführen und ihnen die erforderlichen Kenntnisse und Fähigkeiten zu vermitteln. Durch die strategische Einbindung können Unternehmen ihre Innovationskraft stärken und flexibel auf Marktveränderungen reagieren. Diese Mitarbeiter:innen bieten nicht nur neue Perspektiven, sondern auch die Fähigkeit, sich schnell und effektiv in neue Aufgabenbereiche einzuarbeiten (Völger 2023).

Förderung weiblicher Fachkräfte. Stärkung von Diversität.

Frauen stellen ein erhebliches Potenzial für den Arbeitsmarkt dar. Trotz oft ähnlicher oder teils besserer Qualifikationen im Vergleich zu ihren männlichen Kollegen sind sie häufig in Berufen tätig, die nicht ihrem formalen Bildungsstand entsprechen. Daher ist es für Unternehmen von Bedeutung, regelmäßig zu überprüfen, ob ihre Mitarbeiterinnen Positionen einnehmen, die ihren Fähigkeiten und Qualifikationen gerecht werden und gezielt Maßnahmen zu ergreifen, um ihre Förderung zu unterstützen. Um Frauen zu ermutigen, auch in männerdominierten Berufen, Tätigkeitsbereichen und Hierarchiestufen Fuß zu fassen, sollten Unternehmen verschiedene Maßnahmen in Betracht ziehen. Dazu gehören die Einführung flexibler Arbeitszeitmodelle, die Einrichtung von Firmenkindergärten sowie die Verbesserung der Infrastruktur zur Pflege von Angehörigen. Diese Maßnahmen tragen dazu bei, die Vereinbarkeit von Beruf und Familie zu verbessern und Frauen in ihrer beruflichen Entwicklung zu unterstützen. Um darüber hinaus den Anteil von Frauen in Führungspositionen zu erhöhen, sind innovative Modelle wie Teilzeitführung besonders geeignet. Diese Modelle ermöglichen es Frauen, ihr volles Potenzial auch im Management zu entfalten. Teilzeitführung kann dazu beitragen, die Hürden für Frauen zu senken, Führungsrollen zu übernehmen und so die Diversität im Management zu erhöhen. Das aktive Fördern von Vielfalt und Diversität bietet die Möglichkeit, eine breitere Palette von Fachkräften anzuziehen und von deren unterschiedlichen Perspektiven zu profitieren. Menschen mit Behinderungen verfügen beispielsweise oft über ausreichende bis überdurchschnittlich fachliche Qualifikationen und können eine wertvolle Bereicherung für das Unternehmen darstellen, die sie beispielsweise beim Vorhandensein barrierefreier Arbeitsplätze zeigen können. Das aktive Fördern von Frauen beziehungsweise von Chancengleichheit, das Implementieren flexibler Arbeitsmodelle und das Schaffen einer inklusiven Arbeitsumgebung tragen zum wirtschaftlichen Erfolg eines Unternehmens bei (Völger 2023).

Vereinbarkeit von Familie und Beruf.

Die Regierung setzt im Zuge der Förderung von Frauen darauf, die Vereinbarkeit von Familie und Beruf zu verbessern, um zusätzliche Arbeitskräfte im Kampf gegen den Fachkräftemangel zu gewinnen. Ein Ziel ist die Vereinfachung der Zugangsvoraussetzungen für Frauen, die sich um den Haushalt kümmern oder sich der Kindererziehung widmen (siehe Kapitel 1.4). Das Arbeitszeitvolumen in Deutschland ist nach wie vor so strukturiert, dass Männer in Vollzeit arbeiten, Frauen hingegen überdurchschnittlich oft unfreiwillig in Teilzeit. Wenn die Frauenerwerbstätigkeit nur um 10% erhöht würde, stünden ca. 700.000 zusätzliche, bereits qualifizierte Fachkräfte zur Verfügung (Regniet 2023).

Familienfreundlichkeit im Arbeitsumfeld.

Eine entscheidende Maßnahme zur Gewinnung und Bindung von Fachkräften besteht in der Implementierung familienfreundlicher Arbeitsbedingungen. Dazu gehören die Förderung von Homeoffice-Optionen und die Schaffung eines wertschätzenden Arbeitsumfelds für Mütter und Väter. Das Ziel dieser Maßnahmen ist es, den Mitarbeiter:innen ein zufriedenes und ausgewogenes Arbeitsleben zu ermöglichen, das sich gut mit ihren privaten Verpflichtungen vereinbaren lässt (Völger 2023).

Erkennen familienfreundlicher Arbeitsmodelle.

Unternehmen, die in familienfreundliche Maßnahmen investieren, profitieren auf vielfältige Weise. Arbeitgeber, die Familienfreundlichkeit fördern, verzeichnen in der Regel eine geringere Fluktuation ihrer Mitarbeiter:innen im Vergleich zu Unternehmen, die diesen Aspekt vernachlässigen. Die Attraktivität eines Unternehmens steigt mit der Flexibilität und Offenheit seiner Arbeitsbedingungen, was wiederum zu einer besseren Ausschöpfung des ungenutzten Potenzials im Bewerbungsprozess führt (Völger 2023).

Fördern der Familienfreundlichkeit.

Die Möglichkeit, von zu Hause aus zu arbeiten, unterstützt die Vereinbarkeit von Beruf und Familie und erhöht die Zufriedenheit der Mitarbeiter:innen. Durch flexible Arbeitszeitmodelle können berufliche und private Verpflichtungen besser in Einklang gebracht werden, was sich positiv auf die Work-Life-Balance auswirkt. Die Schaffung familienfreundlicher Arbeitsbedingungen ist daher ein wesentlicher Bestandteil moderner Personalstrategien. Personalentscheider:innen sollten diese Maßnahmen gezielt umsetzen, um die Attraktivität des Unternehmens zu steigern und langfristig qualifizierte Fachkräfte zu binden. Ein flexibles, wertschätzendes und familienfreundliches Arbeitsumfeld ist nicht nur ein Wettbewerbsvorteil, sondern auch ein wesentlicher Beitrag zur Mitarbeiterzufriedenheit und -bindung (Völger 2023).

FAZIT. Erste Antworten auf den Fachkräftemangel.

Im Anpassen von Strukturen zeigen sich erste Reaktionen von Wirtschaft und Politik, um dem Fachkräftemangel (zumindest ansatzweise) die Stirn zu bieten.

ARBEIT. Unternehmen & Arbeitnehmer:innen.

- **Arbeitszeit und Arbeitsort anpassen.** Flexibilität bei Arbeitszeiten und -orten, um den Bedürfnissen von insbesondere Eltern und älteren Arbeitnehmer:innen gerecht zu werden.
- **Individuelle Veränderungsbereitschaft steigern.** Die Bereitschaft zur individuellen Veränderung und Anpassung an neue Anforderungen seitens Arbeitnehmer:innen steigern.
- **Berufsorientierung und Weiterbildung fördern.** Spezifischere Berufsorientierung und mehr Weiterbildung im Laufe des Berufslebens sowie ein deutlicher Ausbau von Teilqualifikationen.
- **Flexiblere Löhne einführen.** Löhne, die sich an Marktknappheiten anpassen können, sowohl nach oben als auch nach unten.

STRUKTUREN. Wirtschaft & Gesellschaft.

- **Mobilität fördern.** Die Mobilität(saffinität) von Auszubildenden, Beschäftigten und Arbeitslosen im Sinne eines Wohnortswechsels oder Pendelns zwischen Wohn- und Arbeitsort erhöhen.
- **Erzieher:innen und Pfleger:innen ausbilden.** Investitionen in die Ausbildung von Erzieher:innen und Pfleger:innen sowie die Schaffung von zusätzlichen Studienplätzen für Sozialarbeiter:innen und Lehrer:innen als Entlastung und Unterstützung für Arbeitnehmer:innen.

- **Steuer- und Transfersystem anpassen.** Arbeitsanreize im Steuer- und Transfersystem erhöhen, besonders für Teilzeitbeschäftigte und ältere Arbeitnehmer:innen.
- **Renteneintrittsalter erhöhen.** Das Renteneintrittsalter anheben und Frühverrentung minimieren.
- **Zuwanderung erleichtern.** Zuwanderung aus dem EU-Ausland schneller und unbürokratischer gestalten.
- **Bürokratie abbauen.** Bürokratieabbau und schnellere Digitalisierung der Verwaltung, um den Bedarf an Arbeitskräften zu senken.
- **In Produktivität investieren.** Investitionen in Produktivitätssteigerungen, beispielsweise durch Automatisierung und künstliche Intelligenz.

1.3 NEW WORK. Als Antwort auf den Fachkräftemangel.

New Work ist mehr als nur ein Konzept zur Arbeitsplatzgestaltung. Es ist ein Paradigmenwechsel für Personalentscheider:innen und repräsentiert eine tiefgreifende Veränderung, wie Arbeit und Leben miteinander verbunden werden können. Vor diesem Hintergrund bietet sich das Konzept des New Work als eine der vielversprechenden Antworten auf den Fachkräftemangel an (Avantgarde Experts 2024). Denn: Wenn Arbeit anders interpretiert und geleistet wird, können auch althergebrachte Arbeitsprozesse und -strukturen verändert werden, die angesichts des Mangels an Fachkräften an ihre Grenzen stoßen. Arbeit verändert sich, sie wird agiler und effizienter.

NEW WORK. Selbstbestimmung und Selbstverwirklichung.

Das Konzept »New Work« verschiebt den Fokus von traditionellen Hierarchien einerseits zu mehr persönlichem Freiraum und andererseits zu mehr individueller Verantwortung. Der Sinn von Arbeit liegt nicht mehr nur im Geldverdienen, sondern zunehmend in der persönlichen Erfüllung und Überzeugung, die eine berufliche Tätigkeit mit sich bringen sollte. Strenge Arbeitsteilung und Lohnarbeit treten in den Hintergrund, während persönliche und berufliche Weiterentwicklung deutlich im Vordergrund stehen. Dies erfordert seitens Arbeitgebern das Schaffen räumlicher und zeitlicher Flexibilität, um unter anderem kreative und innovative HR-Potenziale voll ausschöpfen zu können. New Work betont daher die berufliche und die private Selbstverwirklichung als zentrale Elemente eines erfüllten Lebens. Entwicklungen wie Homeoffice und Remote-Arbeit sind direkte Ergebnisse dieses Ansatzes und verlangen eine umfassende Vernetzung verschiedener Bereiche (Avantgarde Experts 2024):

- **Arbeitsumgebung.** Die physische und zeitliche Struktur der Arbeitsumgebung spielt im New Work eine entscheidende Rolle – Beispiele sind Open-Space-Büros (offene Raumkonzepte, die Kommunikation und Zusammenarbeit fördern), Sechs-Stunden-Tag und Vier-Tage-Woche (für mehr Flexibilität und Work-Life-Balance) sowie Co-Working-Spaces (Gemeinschaftsbüros, die flexible Arbeitsplätze bieten und den Austausch zwischen Teams fördern).

- **Digitalisierung.** Ohne Digitalisierung und Internet ist New Work undenkbar. Arbeitgeber sollten daher die technischen Lösungen bereitstellen, um ihren Mitarbeiter:innen ein schnelles, flexibles sowie orts- und zeitunabhängiges Arbeiten zu ermöglichen – dazu gehören unter anderem Laptops und mobile Endgeräte, Software für Telefonweiterleitungen und Remote-Zugriff oder agile Methoden.
- **Strukturierung.** Ebenfalls sollten sich die unternehmensinternen Strukturen anpassen – durch unter anderem agile Teams und Holokratie (d. h. durch Organisationsmodelle, die flache Hierarchien und selbstorganisierte Einheiten fördern) sowie durch einen Leadership 4.0-Ansatz (d. h. Führungskräfte, die als Coaches, Mentor:innen und Moderator:innen agieren und dabei auf Empathie und Vertrauen anstelle von Kontrolle setzen) (Avantgarde Experts 2024).

NEW WORK. Elemente.

Um talentierte Arbeits- und Fachkräfte anzuziehen sowie die Führungskräfte der Zukunft zu entwickeln, müssen Unternehmen mehr als nur finanzielle Anreize bieten. Die im Folgenden beschriebenen Elemente des New-Work-Konzeptes machen Arbeitgeber aus Arbeitnehmersicht attraktiv(er) und können deren Wettbewerbsfähigkeit langfristig sichern (Avantgarde Experts 2024):

- **Agiles Arbeiten.** Agiles Arbeiten ermöglicht es, flexibel und schnell auf Veränderungen zu reagieren. Es setzt auf Kompetenz statt auf althergebrachte starre Hierarchien, fördert das Erreichen kurzfristiger (Zwischen-)Ziele und setzt den Fokus auf kontinuierliche Feedbackschleifen, kurze Entscheidungswege sowie agile Methoden und Instrumente wie Scrum oder Kanban, um die Projektorganisation zu verbessern.
- **Work-Life-Blending.** Dieser Ansatz zielt darauf ab, Arbeit und Privatleben im Rahmen eines Blending-Prozesses zu verschmelzen, um die Flexibilität und Produktivität zu steigern. Unternehmen bieten beispielsweise Gesundheits- und Freizeitangebote sowie flexible Arbeitszeitmodelle wie Vertrauensarbeitszeit und Homeoffice an.
- **Knowledge & Learning Worker.** Aufgrund des technologischen Fortschritts und der Digitalisierung sowie Globalisierung rücken Wissensarbeiter:innen und lernende Arbeiter:innen immer mehr in den HR-Fokus. Kontinuierliches beziehungsweise lebenslanges Lernen und Kreativität sind dabei entscheidend, um Wissen zu erlangen und innovative Lösungen zu entwickeln.
- **Crowd Worker.** Crowd Working ermöglicht es, Arbeiten im Team über das Internet anzubieten sowie Aufgaben im Team zu verteilen und jederzeit von überall aus gemeinsam an Projekten zu arbeiten. Unternehmen nutzen Crowd Worker vorrangig für Aufgaben, die keinen tieferen Einblick in die Unternehmensstrukturen erfordern.
- **Mixed Teams.** Mixed Teams stehen für eine gelebte neue Form des Arbeitens, denn statt homogener Abteilungen entstehen im New Work divers aufgestellte und zusammengesetzte Teams. Diese bestehen aus Personen mit unterschiedlichen Hin-

tergründen und Kompetenzen, was zu kreativen und effizienten Lösungen führt. Solche Teams profitieren von einer Vielfalt an Perspektiven und erhöhen durch ihre Heterogenität die Innovationskraft.

- **Kreativität & Innovation.** New Work fördert durch Überzeugung und Freude an der Arbeit die Kreativität. Neue Arbeitsmethoden wie Design Sprints und Design Thinking zielen darauf ab, Innovationsdenken und -entwicklung zu ermöglichen und passen dadurch ideal zum New-Work-Ansatz. Dabei wird ein in vielerlei Hinsicht erfülltes Arbeitsleben angestrebt, das Arbeitnehmer:innen nicht nur zufriedenstellt, sondern auch wirtschaftlich erfolgreich macht.
- **Leadership 4.0.** Die Rolle der Führungskräfte verändert sich grundlegend. Sie agieren weniger als Kontrollinstanzen und mehr als Mentor:innen. Ihr Ziel ist es, Mitarbeiter:innen zu Eigenverantwortung zu befähigen und eine klare Vision zu vermitteln. Zusammenarbeit auf Augenhöhe ist eins der grundlegenden Prinzipien, das Führung 4.0 auszeichnet (Avantgarde Experts 2024).

NEW WORK. Arbeitsgestaltung.

Die Realität eines erfolgreich umgesetzten und glaubwürdig gelebten New-Work-Konzeptes zeigt sich im beruflichen Alltag an folgenden Beispielen:

- **Co-Working-Spaces.** Gemeinschaftsbüros bieten flexible Arbeitsplätze und fördern die Zusammenarbeit und den Austausch zwischen verschiedenen Arbeitnehmer:innen beziehungsweise zwischen Selbstständigen und Projektarbeitern.
- **Desk Sharing.** Dieses Konzept verzichtet auf feste Arbeitsplätze in Büros zugunsten einer freien Platzwahl und flexibler Arbeitszeiten aller Arbeitnehmer:innen.
- **Fluide und virtuelle Teams.** Fluide Teams arbeiten ohne feste Mitarbeiter:innen beziehungsweise Teammitglieder, organisieren sich immer wieder selbst und fördern so deren Lernbereitschaft und Handlungskompetenz. Virtuelle Teams hingegen arbeiten von verschiedenen Standorten aus, kennen sich nicht persönlich und sind über Cloud-Services vernetzt (Avantgarde Experts 2024).

NEW WORK. Vorteile und Nachteile.

Die Vorteile und Nachteile bei der Umsetzung von New Work werden im Folgenden beispielhaft aufgeführt (Avantgarde Experts 2024):

Vorteile.

- Flexibilität und Zeiteinsparung.
- Verbesserte Work-Life-Balance.
- Selbstständigeres und freieres Arbeiten.
- Neue Jobmöglichkeiten und Tätigkeitsbereiche.
- Steigerung von Produktivität, Kreativität und Innovation.

Nachteile.

- Mangelnde Planung und Führung als Risikofaktor.
- Gutes Zeit- und Selbstmanagement als Voraussetzung.

- Auflösen der Grenzen zwischen Beruf und Privatleben.
- Einsamkeit bei individuellen Arbeitsformen wie Crowd Working.
- Hohe Technikaffinität und Bereitschaft zur kontinuierlichen Weiterbildung als Notwendigkeit.

FAZIT. New Work bietet Chancen für Arbeitgeber(-Marken).
Damit neue Arbeitsformen im Rahmen eines New-Work-Ansatzes erfolgreich sein können, müssen diese sorgfältig an die jeweilige Unternehmensstruktur und -kultur angepasst werden. Nur eine strategisch durchdachte Einführung und langfristige Umsetzung bietet Unternehmen Chancen im Wettbewerb um (HR-)Ressourcen. Unternehmen, die flexibel und offen für Veränderungen sind, können durch New Work sowohl ihre Attraktivität als Arbeitgeber(marke) steigern als auch ihre Wettbewerbsfähigkeit langfristig sichern (Avantgarde Experts 2024). Die wesentlichen Elemente des New-Work-Konzepts sind in Abbildung 4 zusammengefasst.

Flexibilität.
Flexible Arbeitszeiten, -orte und -plätze ermöglichen effektives und an verschiedene Situationen angepasstes Arbeiten.

Flache Hierarchien.
Eine moderne, demokratische Führungskultur ermöglicht die Zusammenarbeit auf Augenhöhe bei kurzen Entscheidungswegen.

Agilität.
Strukturen und Prozesse werden so gestaltet, dass sie auf unvorhergesehene Ereignisse oder neue Anforderungen angepasst werden können.

Digitalisierung.
Dank digitalisierter Arbeitsprozesse und -umgebungen wird Arbeit effektiver und transparenter.

Individualität.
Mitarbeiter:innen legen Leistungs- und Lernziele sowie Arbeitszeiten selbstständig fest und werden in die Strategieentwicklung eingebunden.

Neue Bürokonzepte.
Arbeitsplätze und -umgebungen sind flexibel und kreativitätsfördernd.

Abb. 4: Elemente von New Work

1.4 FRAUEN. Als Antwort auf den Fachkräftemangel.

Die Erwerbstätigkeit von Frauen in Deutschland hat sich längst als bedeutendes wirtschaftliches Potenzial gezeigt, denn das Erhöhen der Arbeitszeit von Frauen ist ein Faktor, um dem Fachkräftemangel entgegenzuwirken. Im Jahr 2022 hatten zwar bereits 76,8% der Frauen zwischen 20 und 64 Jahren eine Arbeitsstelle, verglichen mit 67,8% im Jahr 2009 und 53,8% im Jahr 1990, dennoch bleibt trotz dieses Anstiegs eine deutliche Lücke zur Erwerbsquote der Männer bestehen (Sackmann 2023, Fratzscher 2023).

HERAUSFORDERUNGEN. Hürden für die Erwerbstätigkeit von Frauen.
Im Folgenden werden die wesentlichen Probleme beschrieben, die es zu lösen gilt, wenn es um die Steigerung der Erwerbstätigkeit von Frauen geht:

- **Teilzeitarbeit und Vollzeitbeschäftigung.** Frauen arbeiten häufig »anders« als Männer, denn die Zunahme der Erwerbstätigkeit von Frauen ist hauptsächlich auf Teilzeittätigkeiten und -stellen zurückzuführen. Im Jahr 2022 arbeiteten fast 50% der Frauen in Teilzeit, während nur 12% der Männer diese Arbeitsform wählten beziehungsweise wählen mussten. Die Anzahl der in Vollzeit arbeitenden Frauen hat sich hingegen kaum verändert, sie stagniert und bleibt deutlich unter ihrem Potenzial (Sackmann 2023, Fratzscher 2023).
- **Kinderbetreuung und Infrastruktur.** Ein wesentlicher Grund für die hohe Teilzeitquote bei Frauen ist die Kinderbetreuung, die überwiegend von Frauen übernommen wird (sog. Care-Arbeit und Care-Zeit). Da in Deutschland ausreichend Kindergartenplätze und Betreuungsmöglichkeiten fehlen sowie flexible Arbeitsmodelle mit angemessener Bezahlung längst nicht die Regel sind, sehen sich viele Frauen gezwungen, statt einer Vollzeit- einer Teilzeittätigkeit nachzugehen. Der Mangel an Kita-Plätzen führt unter anderem dazu, dass viele Frauen sogar ganz auf eine Erwerbstätigkeit verzichten. Die unzureichende Infrastruktur für Kitas und Schulen sowie insbesondere der Mangel an Ganztagsplätzen tragen dazu bei, dass Frauen ihr Erwerbspotenzial nicht ausschöpfen können – und selbst wenn Ganztagsplätze vorhanden sind, ist die Qualität oft nicht ausreichend, um Mütter wirklich zu entlasten (Sackmann 2023, Fratzscher 2023).
- **Elterngeld und Betreuungsplätze.** Die Einführung des Elterngeldes hat zwar dazu geführt, dass mehr Frauen wieder arbeiten – hat aber eben zugleich auch die Teilzeittätigkeit von Frauen weiter forciert. Ein gesetzlicher Anspruch auf Kindergartenplätze ab dem ersten Geburtstag besteht theoretisch zwar seit 2013, doch in vielen Ballungsgebieten und den meisten Großstädten kann dieser nicht gewährleistet werden. Schätzungen zufolge könnten etwa 840.000 zusätzliche Vollzeitstellen besetzt werden, wenn Mütter mit Kleinkindern so arbeiten könnten, wie sie es gerne möchten. Dies würde deutlich zur Schließung der Fachkräftelücke beitragen, setzt jedoch auch voraus, dass diese Frauen in den Berufen arbeiten wollen (und können), in denen ein Mangel herrscht (Sackmann 2023, Fratzscher 2023).
- **Arbeitsmarkt und gesellschaftliche Verantwortung.** Auch repräsentative Umfragen zeigen, dass viele Frauen gerne mehr arbeiten würden, dies jedoch aufgrund zahlreicher Hürden nicht können. Deutschland hat demzufolge einen der größten Gender-Pay-Gaps in Europa, was neben dem hohen Teilzeitanteil auch auf die Diskriminierung auf dem Arbeitsmarkt und die grundsätzlich geringere Bezahlung von frauendominierten Berufen zurückzuführen ist. Das deutsche Steuersystem und das Minijob-Modell setzen zudem weitere Anreize, die Erwerbstätigkeit von Frauen zu verringern. Und auch das Ehegattensplitting und die Möglichkeit der Mitversicherung führen dazu, dass sich Erwerbsarbeit für viele Frauen kaum lohnt (Sackmann 2023, Fratzscher 2023).
- **Benachteiligung und Chancengleichheit.** Gleichzeitig sind Berufe, die beispielsweise während der Pandemie als systemrelevant galten und daher im Fokus standen, oft schlechter bezahlt, weniger präsent beziehungsweise werden von der

Öffentlichkeit und Gesellschaft weniger wertgeschätzt. Viele dieser schlecht(er) bezahlten Berufe und Tätigkeiten werden vorwiegend von Frauen ausgeübt. Frauen verdienen im Durchschnitt weniger als Männer, was durch den Gender-Pay-Gap deutlich wird, der aktuell (2024) bei ca. 18% liegt. Dies ist nicht nur daran begründet, dass Frauen für gleiche Arbeit weniger bezahlt werden, sondern auch daran, dass Berufe, die überwiegend von Frauen ausgeübt werden, generell schlechter bezahlt sind, zum Beispiel in der Pflege und im Bildungssektor. Auch werden Frauen bei Bewerbungen und Einstellungen oft (unbewusst) benachteiligt, beispielsweise aufgrund ihres Alters und eines damit unterstellten Kinderwunsches. Zusätzlich reduziert die Aussicht auf geringere Karrierechancen für Frauen die Anreize, mehr zu arbeiten oder sich stärker im Job zu engagieren, um es auf der Karriereleiter nach oben zu schaffen (Sackmann 2023, Fratzscher 2023).

CHANCEN. Steigerung der Erwerbstätigkeit von Frauen.

Im Folgenden werden Notwendigkeiten und Möglichkeiten beschrieben, die eine Steigerung der Erwerbstätigkeit von Frauen fördern beziehungsweise überhaupt erst möglich machen:

- **Hürden und Potenziale abbauen.** Eine sinnvolle Maßnahme zur Bekämpfung des Fachkräftemangels ist die strukturelle Stärkung der Erwerbstätigkeit von Frauen. Politik, Unternehmen und Gesellschaft sind gefordert, die zahlreichen Hürden für Frauen auf dem Arbeitsmarkt abzubauen, denn dies kann nicht nur das wirtschaftliche Potenzial Deutschlands mobilisieren und die Sozialsysteme stärken, sondern auch grundsätzlich mehr Freiheit und vor allem Chancengleichheit schaffen (Sackmann 2023, Fratzscher 2023).
- **Gesellschaftliche Werte und Rollenbilder verändern.** Die in der Gesellschaft verbreiteten Werte und Rollenbilder weisen Frauen immer noch eine größere Verantwortung bei der Kinderbetreuung und Pflege von Angehörigen zu. Diese Werte ändern sich – allerdings nur langsam –, da auch immer mehr junge Väter sich stärker um die Familie kümmern wollen. Zudem spielen mehr Anerkennung, mehr Wertschätzung sowie eine deutlich bessere Bezahlung für beispielsweise Care-Arbeit mittlerweile eine nicht zu unterschätzende Rolle in der Diskussion um den Fachkräftemangel (Sackmann 2023, Fratzscher 2023).
- **Politische und wirtschaftliche Handlungsmöglichkeiten ausschöpfen.** Die Regierung könnte als eine Option die Minijobs abschaffen oder in sozialversicherungspflichtige sogenannte Midijobs umwandeln und zudem das Ehegattensplitting reformieren, das negative Erwerbsanreize für Frauen setzt und damit ein Grund für den hohen Anteil von Frauen an Teilzeitbeschäftigung sowie langfristig für die geringeren Rentenansprüche dieser Frauen ist. Eine bessere Infrastruktur für Kitas und Schulen, die Eltern eine echte Wahl lässt, wie viel und wann sie arbeiten möchten, ist ebenfalls notwendig. Der Staat sollte unbedingt Maßnahmen ergreifen, um die Diskriminierung von Frauen auf dem Arbeitsmarkt zu reduzieren und insbesondere die Arbeitsbedingungen in frauendominierten Berufen zu verbessern (Sackmann 2023, Fratzscher 2023).

FAZIT. Frauen haben Potenzial.
Das größte Potenzial auf dem deutschen Arbeitsmarkt sind die (überwiegend gut ausgebildeten und hochmotivierten) Frauen, die mehr arbeiten möchten (Abbildung 5) – und oft nur aufgrund externer Rahmenbedingungen wie fehlender Kitaplätze nicht mehr arbeiten können. Politik, Unternehmen und Gesellschaft sollten daher umgehend und dringend die bestehenden Hürden abbauen. Die Lösungsansätze sind vorhanden und ihre Umsetzung würde für viele Millionen Frauen nicht allein mehr Freiheit und Chancen bedeuten, sondern vor allem einen großen Gewinn für den Arbeitsmarkt und die Sozialsysteme Deutschlands (Sackmann 2023, Fratzscher 2023).

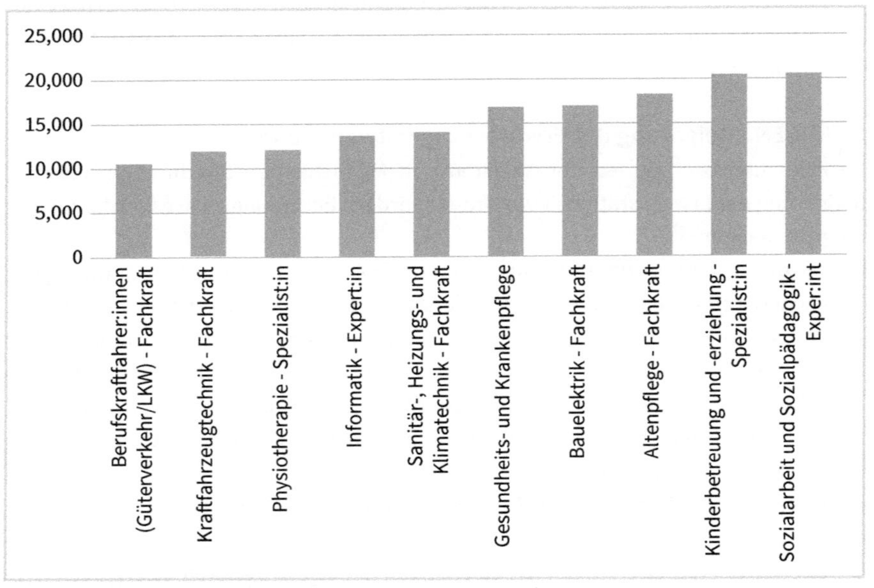

Abb. 5: Frauen und Fachkräftelücke (in Anlehnung an KOFA 2022)

1.5 ZUWANDERUNG. Als Antwort auf den Fachkräftemangel.

Zuwanderung zeigt sich als ein wichtiger potenzieller Faktor zur Bekämpfung des Fachkräftemangels in Deutschland. Nachhaltige Zuwanderung kann zur Sicherung von Fachkräften beitragen, insbesondere da viele Zuwanderer im Alter zwischen 18 und 35 Jahren sind, was ihre Integration erleichtern kann. Auch ein intensiviertes Engagement bei der Ansprache und beim Anwerben von Zuwanderern ist notwendig, um den Fachkräftemangel langfristig zu beheben (Wundersee 2022, Schneider 2024).

HINTERGRUND. Entwicklung der Bedeutung ausländischer Arbeits- und Fachkräfte.
Das Anwerben von Arbeits- und Fachkräften aus dem Ausland sollte keinesfalls mehr diskutiert werden, denn der Fachkräftemangel in Deutschland wird weiter zunehmen.

Deutschland benötigt nachweislich eine massive Zuwanderung, um wirtschaftlichen Schaden abzuwenden und die wirtschaftliche Stabilität Deutschlands zu sichern. Zugleich variiert der Bildungsstand der Migrant:innen stark je nach Herkunftsland und beeinflusst deren Integration in den Arbeitsmarkt. Die Zahl der in Deutschland tätigen Migrant:innen steigt kontinuierlich. Im Jahr 2020 waren ca. 11,5 Millionen Menschen mit Migrationshintergrund erwerbstätig, hauptsächlich in den Bereichen Reinigungsgewerbe, Lebensmittelherstellung und Pflege (Wundersee 2022, Schneider 2024, Kugel 2023).

Arbeitskräfte und Fachkräfte.

Auf dem Arbeitsmarkt werden mittlerweile alle Qualifikationsniveaus von Zugewanderten gebraucht, sowohl hoch als auch gering(er) qualifizierte Arbeitskräfte. Insbesondere die sogenannten MINT-Berufe bieten ein enormes Potenzial für Fachkräfte aus dem Ausland (Abbildung 6). Viele zugewanderte Menschen sind jung, können sich weiterqualifizieren und die deutsche Sprache erlernen. Vor dem Hintergrund, dass fehlende Arbeitskräfte Deutschland jährlich mehr als 100 Milliarden Euro an Wohlstand kosten, sollten durch mehr Zuwanderung, eine verbesserte Einwanderungspolitik inklusive einer echten Willkommenskultur, aber auch durch mehr Weiterbildung, verbesserte Kinderbetreuung und die Anhebung des Rentenalters Maßnahmen vorangetrieben werden, um dem Fachkräftemangel entgegenzutreten (Wundersee 2022, Schneider 2024, Fratzscher 2023).

HERAUSFORDERUNGEN. Hürden und Bürokratie.

Weiterhin behindern unter anderem lange Visa-Wartezeiten, aufwendige Anerkennungsverfahren für ausländische Qualifikationen sowie bürokratische Hürden den Prozess der Zuwanderung. Eine erleichterte Fachkräfteeinwanderung könnte diesen Problemen entgegenwirken. Diskutiert wird unter anderem, die berufliche Anerkennung erst nach der Zuwanderung in Zusammenarbeit mit dem Arbeitgeber zu ermöglichen (Fratzscher 2023, Kugel 2023).

Politik und Gesetz.

Um dem Fachkräftemangel entgegenzuwirken, hat der Bundestag 2023 ein neues Fachkräfteeinwanderungsgesetz beschlossen, welches die Hürden für Erwerbsmigrant:innen senken soll. Es ermöglicht Anpassungsqualifizierungen für Menschen ohne anerkannte Berufsabschlüsse und führt ein Punktesystem nach kanadischem Vorbild ein, um die Auswahl potenzieller Zuwanderer zu erleichtern. Die Maßnahmen der Bundesregierung zielen darauf ab, qualifizierte Zuwanderer zu gewinnen und gleichzeitig den Arbeitsmarkt für bereits in Deutschland lebende Asylsuchende zu öffnen. Dennoch gibt es (insb. von Arbeitgebern) Kritik, die deutlich schnellere und vor allem unbürokratischere Verfahren fordern. Neben dem Fachkräfteeinwanderungsgesetz wird daher eine Reform des Staatsbürgerschaftsrechts diskutiert (Wundersee 2022, Schneider 2024, Fratzscher 2023).

Bewerberrealität und Willkommenskultur.

Zum Anwerben von Fachkräften reisten und reisen verschiedene Regierungsvertreter:innen in unter anderem Schwellenländer wie Ghana oder Brasilien. Hier sollten Kampagnen wie »Make it in Germany« erfolgreiche Migrationsgeschichten präsentieren und Anreize für Zuwanderer schaffen. Doch nennenswerte Erfolge bleiben bislang aus. Internationale Bewerber:innen stoßen in Deutschland oft auf vielfältige Schwierigkeiten, da viele Unternehmen ihre Stellenangebote beispielsweise nicht auf Englisch ausschreiben oder ausländische Fachkräfte häufig Diskriminierung und bürokratische Hürden erleben. Zudem mangelt es nach Einschätzung von Expert:innen grundsätzlich an einer deutschen Willkommenskultur in Gesellschaft, Behörden und Politik (Schneider 2024, Bellwinkel 2024).

Diskriminierung und Bewusstseinswandel.

Studien zeigen, dass viele hoch qualifizierte Fachkräfte aus außereuropäischen Ländern Diskriminierung erfahren, was abschreckend wirkt und dazu führt, dass Fachkräfte sich für andere Länder und eben nicht für Deutschland entscheiden. Ein positives Einwanderungsklima ist somit überaus entscheidend für die Attraktivität Deutschlands. Denn gerade negative Erfahrungen ausländischer Kandidat:innen werden in sozialen Medien geteilt, verbreiten sich schnell und beeinflussen potenzielle Einwanderer. Gefordert ist daher ein Bewusstseinswandel von Arbeitgebern und Gesellschaft, damit sich ausländische Fachkräfte nicht nur gebraucht, sondern auch willkommen fühlen (Wundersee 2022, Schneider 2024, Kugel 2023).

FAZIT. Ohne Zuwanderung wird es nicht funktionieren.

Die ökonomische Notwendigkeit von Zuwanderung wird weiterhin unterschätzt. Länder wie Kanada oder Portugal zeigen, dass (eine gut organisierte) Migration wirtschaftliche Vorteile bringt. Eine moderne Einwanderungspolitik, schnelle und transparente Prozesse sowie eine offene Haltung gegenüber Zuwanderern aus anderen Kulturen sind entscheidend. Deutschlands Unternehmen, Wirtschaft und Politik sollten daher erkennen, dass die Rekrutierung internationaler Arbeits- und Fachkräfte nicht nur eine Investition in die Zukunft, sondern ein unverzichtbarer Wettbewerbsvorteil ist (Deutschlandfunk 2023, Fratzscher 2023, Kugel 2023).

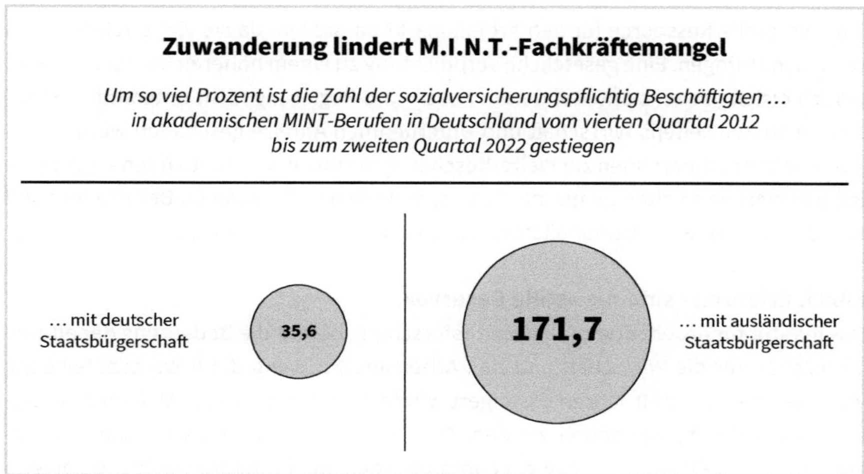

Abb. 6: Zuwanderung und Fachkräftemangel (in Anlehnung an IWD 2023)

1.6 BABYBOOMER. Als Antwort auf den Fachkräftemangel.

Mit dem Erreichen des Renteneintrittsalters der Babyboomer-Generation gehen mehr Beschäftigte in Rente als jüngere Fachkräfte nachrücken. Eine mögliche Lösung für den sich daraus verschärfenden Fachkräftemangel liegt darin, die Vertreter:innen der älteren Generation länger im Arbeitsmarkt zu halten (Noll 2023, Prünte 2023).

HINTERGRUND. Gründe für Arbeiten im Alter.

Nach Informationen des Instituts für Arbeitsmarkt- und Berufsforschung entscheiden sich Menschen trotz Erreichen des Renteneintrittsalters aus verschiedenen Gründen für eine Erwerbsarbeit. Hierbei spielen finanzielle Motive zwar eine Rolle, sind aber selten der Hauptgrund. Denn viele erwerbstätige Rentner:innen bleiben aktiv, um sich nützlich zu fühlen, ihre Zeit sinnvoll zu nutzen, ihre Erfahrung weiterhin einzubringen und weiterzugeben. Dabei hängt die Verbreitung des Arbeitens im Alter nicht nur von der (intrinsischen) Motivation oder der Rentenhöhe ab, sondern auch von den körperlichen Anforderungen des jeweiligen Berufs. Physisch anstrengende Berufe werden seltener bis ins höhere Alter ausgeübt (Noll 2023, Prünte 2023).

HERAUSFORDERUNGEN. Ermöglichen des Arbeitens im Alter.

Um ein berufliches Engagement erfahrener Arbeitnehmer:innen auch im Alter beziehungsweise nach dem Erreichen des Renteneintrittsalters zu erleichtern, wird darüber diskutiert, das Renteneintrittsalter zu erhöhen. Bis 2029 wird die Altersgrenze für die Rente ohne Abschläge schrittweise von 65 auf 67 Jahre angehoben. Ein (noch) höheres Rentenalter von 70 Jahren wurde jedoch bislang abgelehnt. Gleichzeitig arbeiten bereits jetzt immer mehr Menschen freiwillig über das gesetzliche Rentenalter hinaus. Politik und Wirtschaft sind sich zwar einig darüber, dass ältere Berufstätige eine wertvolle Ressource für den Arbeitsmarkt darstellen, da sie viel Erfahrung und Wissen mitbringen. Eine gesetzliche Verpflichtung zu einem höheren Rentenalter wird jedoch bislang seitens unter anderem Politik und Regierung nicht unterstützt. Stattdessen sollten seitens Wirtschaft und Unternehmen Anreize geschaffen werden, um ältere Arbeitnehmer:innen zur Weiterbeschäftigung im Alter zu motivieren – dazu zählen beispielsweise altersgemischte Teams, mehr Wertschätzung im Berufsalltag und eine altersadäquate Gesundheitsförderung (Noll 2023, Prünte 2023).

FAZIT. Erfahrene sind die »stille Reserve«.

Das Institut für Arbeitsmarkt- und Berufsforschung betont die Bedeutung der älteren Generation für die Wirtschaft und den Arbeitsmarkt: Wenn die Erwerbsbeteiligung von Menschen über 60 Jahren gesteigert würde, könnten bis zu 2,5 Millionen zusätzliche Arbeitskräfte gewonnen werden. Dazu müssen jedoch entsprechende Tätigkeiten und Arbeits(zeit)modelle angeboten werden, die für Ältere weniger belastend sind. Unternehmen müssen zudem nicht nur lernen, die Qualifikationen der älteren Arbeitnehmer:innen sinnvoll zu nutzen, sondern den Älteren auch die Vorteile deutlich machen, die mit einem verlängerten Berufsleben einhergehen (Abbildung 7). Die Integration älterer Beschäftigter und das Nutzen dieser stillen Reserve sind wichtige HR-Strategien, um dem Fachkräftemangel entgegenzuwirken. Arbeitgeber sollten dafür möglichst vorurteilsfrei auf ältere Kandidat:innen und Bewerber:innen zugehen, sie motivieren und attraktive Arbeitsbedingungen schaffen (Prünte 2023, Noll 2023).

Abb. 7: Gründe für das Weiterarbeiten im Rentenalter (in Anlehnung an die Bundesregierung 2023)

2 Die Generation Babyboomer.

Boomer sind irgendwie OUT. Und zugleich sind sie über alle Maßen IN. Denn: Sie sind in vielerlei Hinsicht ein Thema, man diskutiert überall mit ihnen und über sie und sie sind überaus präsent – in Politik und Wirtschaft, im TV und in den sozialen Medien. Sie sind das Zentrum teils hitziger Debatten zu ihren Erfolgen und ihrem gesellschaftlichen oder wirtschaftlichen Erbe sowie Hauptdarsteller:innen eines (teils künstlich heraufbeschworenen) Generationenkonflikts, beispielsweise zu sehen am Verständnis von »Arbeit« versus »Work-Life-Balance«. Besonders bemerkenswert ist die Konfrontation zwischen den Älteren und Jüngeren, insbesondere der Generation Z, hinsichtlich (mangelnder) Disziplin, Faulheit und Engagement (hr-monkeys 2023).

Daher geht es im Folgenden um eine Generation älterer Mitbürger:innen und Mitarbeiter:innen, die viel geleistet haben – und viele noch mehr leisten wollen beziehungsweise können – und, wenn es nach Politik und Wirtschaft ginge, auch sollen.

Babyboomer. Wer sind sie.

Die Babyboomer, geboren zwischen 1946 und 1964, stellen eine große und einflussreiche Generation auf dem Arbeitsmarkt dar. Sie sind heute zwischen 57 und 75 Jahre alt und die Ältesten seit etwa zehn Jahren aus dem Arbeitsleben ausgeschieden. Die Jüngeren werden später in Rente gehen, als sie erwartet hätten, denn das Renteneintrittsalter wurde seit 2012 schrittweise erhöht. So ist der Jahrgang 1964 der erste, der regulär mit 67 Jahren in Rente geht. Sie sind geprägt von (teils bahnbrechenden) technologischen Entwicklungen, dem Kalten Krieg und einer sich (drastisch) wandelnden Arbeitswelt – zugleich bringen sie eine Fülle von (Berufs-)Erfahrungen mit. Sie sind zudem geprägt durch die Nachkriegsära und aufgewachsen in der Zeit des Wirtschaftswunders, bekannt für ihre starke Arbeitsmoral und Disziplin sowie ihren Fleiß. Maßgeblich trugen sie zum wirtschaftlichen Wohlstand bei, erlebten jedoch eine Abnahme der Geburtenraten im Vergleich zu vorherigen Generationen, was dazu führte, dass sie sich stärker auf ihre Karriere konzentrierten (Indeed 2023).

Babyboomer. Was ist typisch für sie.

Babyboomer bringen äußerst wertvolle Eigenschaften mit: Stabilität und Erfahrung, Moral und Ethik. Zudem sind sie häufig erfahrene Krisenmanager:innen und dementsprechend lösungsorientiert und pragmatisch. Diese Erfahrungen und Eigenschaften machen sie zu wertvollen Ressourcen für Unternehmen. Gleichzeitig kann ihr Wissen beispielsweise durch Mentoring und Coaching weitergegeben werden (Indeed 2023).

Babyboomer. Welche Rolle spielen sie im Recruiting.

Mit dem schwindenden Anteil der Babyboomer auf dem Arbeitsmarkt entsteht eine überdurchschnittlich große Lücke, die Unternehmen vor Probleme stellt. Daher gilt es für Arbeitgeber und Unternehmen, HR- und Recruiting-Strategien zu entwickeln, um diese Erfahrungsträger:innen anzusprechen, zu rekrutieren und zu binden. Um Babyboomer zu erreichen, sollten arbeitgebende Unternehmen daher nicht allein auf traditionelle Stellenanzeigen setzen. Zur Ansprache der Babyboomer als anspruchsvolle Zielgruppe und um potenzielle Bewerber:innen dieser Generation effektiv zu erreichen, empfiehlt sich eine multioptionale Multi-Channel-Kommunikation, das heißt das Nutzen analoger und digitaler Kanäle (Indeed 2023).

Babyboomer. Wer sind die »anderen« Generationen.

Auf dem Arbeitsmarkt arbeiten aktuell vier unterschiedliche Generationen miteinander, in der Gesellschaft treffen sogar fünf Generationen aufeinander.

ÄLTER ALS DIE BABYBOOMER. Eine Generation, die (noch) älter als die Babyboomer ist.

Aktuell ist die Gesellschaft durch eine Generationengruppe geprägt, die älter als die Babyboomer ist – die sogenannten Traditionalisten sind die »wahren Alten«.

Generation TRADITIONALISTEN (1922 bis 1945).

Die Generation der Traditionalisten, auch bekannt als die stille Generation, hat die Ära nach dem Ersten und Zweiten Weltkrieg erlebt. Geprägt von Loyalität und Tradition, legen sie großen Wert auf Sicherheit und Zurückhaltung in der Meinungsäußerung, da sie in einer Zeit aufgewachsen sind, in der freie Meinungsäußerung riskant sein konnte und keine Selbstverständlichkeit war (Indeed 2023).

JÜNGER ALS DIE BABYBOOMER. Generationen, die jünger als die Babyboomer sind.

Die Babyboomer treffen in Wirtschaft und Gesellschaft auf mehrere Generationen, die wenig bis deutlich jünger sind als sie.

Generation X (1965 bis 1979).

Die Generation X (die sog. Generation Golf) wurde unter anderem durch wirtschaftliche Krisen, einen unsicheren Arbeitsmarkt und steigende Scheidungsraten geprägt. Trotzdem sind sie unternehmerisch engagiert, legen mittlerweile durchaus Wert auf eine ausgewogene Work-Life-Balance (nach Jahren der beruflichen und gesellschaftlichen Selbstausbeutung), streben nach (finanzieller) Unabhängigkeit sowie nach wirtschaftlicher Sicherheit und Selbstbestimmung (Indeed 2023).

Generation Y (1980 bis 1993).

Die Generation Y (die sog. Millennials) ist geprägt durch den Übergang ins neue Jahrtausend, die Digitalisierung, das Internet und die Globalisierung. Sie sind meistens überdurchschnittlich gut ausgebildet, technikaffin und bevorzugen eine ausgewogenere Work-Life-Balance gegenüber traditionellen Statussymbolen. Trotz einiger Unsicherheiten, die unter anderem durch Ereignisse wie die Finanzkrise 2008 oder die Terroranschläge in New York 2001 geprägt sind, sind sie selbstbewusst, aufgeschlossen und hadern nicht mit der Zukunft (Indeed 2023).

Generation Z (1994 bis 2009).

Die Generation Z zeichnet sich durch digitale Nativität aus, sie sind die ersten »Digital Natives«. Sie sind unabhängig, ehrgeizig und verbringen extrem viel Zeit in den sozialen Medien und Netzwerken. Ihre Werte liegen überwiegend in einer ausgeprägten Individualisierung, dem Zelebrieren von Erlebnissen und Erfahrungen und einer Selbstdarstellung, die sie gerne auf sozialen Medien teilen (Indeed 2023).

Generation ALPHA (ab 2010).

Die Generation ALPHA wächst in einer Welt auf, die noch stärker durch Digitalisierung und zudem durch KI sowie durch Krisen geprägt ist als die vorherige Generation Z. Ihre Identität und ihre Werte werden daher durch die fortlaufende Digitalisierung, den fortschreitenden Klimawandel und durch (geo-)politische Instabilität beeinflusst werden (Indeed 2023).

Angesichts der Entwicklungen auf dem Arbeitsmarkt ist es allerdings Zeit, sich nicht allein mit den jüngeren HR-Zielgruppen und Arbeitnehmer:innen zu beschäftigen – sondern sich auch mit der relevanten, wenn auch herausfordernden HR-Zielgruppe der Babyboomer näher zu befassen, ihre Potenziale zu erkennen und zu nutzen.

EXKURS. Babyboomer. Insights.

Im Jahr 1964 wurden in Deutschland über 1,3 Millionen Kinder geboren, was diesen Jahrgang zum größten der Geschichte macht. Die Generation Babyboomer hat das Land nachhaltig geprägt. Sie sind bekannt für ihren Fleiß und ihre Widerstandsfähigkeit, für kulturelle Einflüsse wie Punkmusik und -mode sowie die berühmten Pril-Blumen von Henkel. Nun erreichen viele von ihnen das Rentenalter, was sowohl Herausforderungen als auch Chancen für Deutschland mit sich bringt (Thuma 2024).

Kindheit und Jugend der Babyboomer.

Ihr Leben und die damalige Gesellschaft waren in der Jugend geprägt von unter anderem dem Bonanza-Rad und Apfel-Shampoo von Schauma bis hin zu historischen Ereignissen wie dem Kalten Krieg und der Öffnung der Berliner Mauer. Diese Generation hat viele Veränderungen durchlebt – und angeregt. Auch in den letzten Jahrzehnten haben die Babyboomer verschiedene Krisen gemeistert, vom Aidsausbruch bis zur Coronapandemie, und stets Wege gefunden, sich anzupassen und weiterzumachen. Diese Widerstandsfähigkeit ist eine der größten Stärken der Babyboomer, die sie nun in eine neue Phase ihres Lebens mitnehmen (Thuma 2024).

Wandel und Wirkung der Demografie.

Die Babyboomer stellen einen bedeutenden Anteil der deutschen Bevölkerung dar und ihr Eintritt ins Rentenalter hat erhebliche demografische und wirtschaftliche Konsequenzen. Diese Generation hat wesentlich zum Wohlstand des Landes beigetragen, doch nun steht sie vor der Aufgabe, die steigenden Kosten für Gesundheit und Rente zu bewältigen. Trotz der wachsenden Belastungen, die sie für das Renten- und Gesundheitssystem darstellen, könnten die Babyboomer allerdings eine wertvolle Ressource im Kampf gegen den Fachkräftemangel sein. Viele von ihnen verfügen über jahrzehntelange Erfahrung und Fachwissen, die weiterhin genutzt werden können, um die wirtschaftlichen und gesellschaftlichen Herausforderungen zu bewältigen (Thuma 2024).

Arbeitsmoral und Pflichtgefühl der Babyboomer.

Die Generation der Babyboomer ist bekannt für ihre starke Arbeitsmoral. Ökonom:innen betonen, dass diese Generation das Land nicht nur am Laufen gehalten, sondern es auch entscheidend weiterentwickelt hat. Denn die Babyboomer waren fleißig, strebsam und fühlten sich dem Wettbewerb verpflichtet, was sie zu einem wichtigen wirtschaftlichen Motor der Bundesrepublik gemacht hat. Viele Babyboomer werden voraussichtlich länger arbeiten, nicht nur aus finanziellen Gründen, sondern auch aufgrund ihres tief verwurzelten Pflichtgefühls und ihrer Arbeitsmoral. Der Gesetzgeber hat bereits Maßnahmen ergriffen, um das Rentenalter zu erhöhen und es ist wahrscheinlich, dass viele Babyboomer bereit sind, diese berufliche Herausforderung nicht nur anzunehmen, sondern als Chance zu betrachten und zu nutzen (Thuma 2024).

Herausforderungen und Chancen für Babyboomer.

Die kommenden Jahre werden entscheidend dafür sein, wie Deutschland mit den Herausforderungen des demografischen Wandels und des Fachkräftemangels umgeht. Die Babyboomer können eine Schlüsselrolle spielen, wenn ihr Potenzial erkannt und gefördert wird. Dies erfordert jedoch auch Maßnahmen gegen Altersdiskriminierung und Anreize für die Weiterbeschäftigung älterer Arbeitnehmer:innen. Die Generation der Babyboomer hat bereits gezeigt, dass sie in der Lage ist, große Veränderungen und Krisen zu bewältigen. Ihre Erfahrung und ihr Wissen könnten wertvolle Ressourcen sein, um die kommenden Aufgaben zu meistern. Gleichzeitig müssen jüngere Generationen Verantwortung übernehmen und möglicherweise mehr arbeiten, um den Fachkräftemangel zu bewältigen und die wirtschaftliche Stabilität zu sichern (Thuma 2024).

FAZIT. Zeitenwende für Babyboomer.

Die Babyboomer stehen an einem Wendepunkt, an dem sie sowohl eine Bedrohung als auch eine Chance für Deutschland darstellen können. Es sind viele, die in Rente gehen, aber auch viele, die sich weiter einbringen könnten. Ihre umfangreiche Lebenserfahrung und Arbeitsmoral sind wertvolle Ressourcen, die genutzt werden sollten, um die Herausforderungen des demografischen Wandels und des Fachkräftemangels zu bewältigen. Mit den richtigen politischen und gesellschaftlichen Rahmenbedingungen können die Babyboomer weiterhin einen positiven Beitrag zur Zukunft des Landes leisten (Thuma 2024).

2.1 Babyboomer. Charakteristika und Steckbrief.

Die Charakteristika der Babyboomer sind vielfältig. Es ist eine Generation, die durch zahlreiche Stärken gekennzeichnet ist, die andere Generationen nicht vorzuweisen haben und zugleich durch einige Schwächen. Kennzeichen, die für Arbeitgeber und Unternehmen, für Personalentscheider:innen und Personalverantwortliche von Bedeutung sein sollten.

BOOMER STECKBRIEF. Mensch & Individuum.

- **Bezeichnung.** Babyboomer.
- **Geburtsjahre.** 1946–1964.

- **Familienstand.** Zwei von drei Babyboomern leben in einer Ehe. Als Mitglieder der geburtenstärksten Generation sind die meisten auch Eltern – die jüngsten Mütter der Babyboomer-Generation haben im Durchschnitt 1,4 Kinder, die älteren 1,7 Kinder.
- **Bildung.** Die Babyboomer waren die erste Generation, in der nahezu alle Bildungswege für alle Schichten und Geschlechter zugänglich waren. Daher ist das Bildungsniveau innerhalb dieser Generation äußerst vielfältig – zwei Drittel der Babyboomer haben einen Volks- oder Hauptschulabschluss, ein Drittel hat das (Fach-) Abitur, ca. 58 % haben eine Lehre gemacht, 16 % ein Studium abgeschlossen.
- **Beruf.** Arbeit und Arbeitgeber nehmen einen zentralen Platz im Leben der Babyboomer ein. Als leistungsorientierte, äußerst fleißige und strebsame Generation hat sie den Begriff »Workaholic« maßgeblich mitgeprägt – was sich unter anderem darin zeigt, dass aktuell (noch) ein Großteil der deutschen Geschäftsführer:innen der Babyboomer-Generation angehören.
- **Hobbys.** Babyboomer legen großen Wert auf ihre Freizeit und deren Gestaltung. Dafür investieren sie einen Großteil ihres Budgets beziehungsweise Vermögens – besonders beliebt sind Gruppenaktivitäten wie Sport, Weiterbildung und Reisen.
- **Gesundheit.** Für die Babyboomer bedeutet Gesundheit vor allem, nicht krank zu sein und das möglichst lange. Daher stehen eine optimierte Ernährung sowie Sport ausschließlich zum Erhalten und gegebenenfalls auch zur Steigerung der eigenen Fitness im Fokus.
- **Finanzen.** Die finanzielle Situation der Babyboomer ist meistens äußerst solide, da vielen von ihnen ein überdurchschnittliches Einkommen beziehungsweise Vermögen zur Verfügung steht. Ihr Verdienst liegt häufig deutlich über dem Durchschnittsverdienst aller Vollzeitbeschäftigten.
- **Statussymbole.** Die Babyboomer werden oft als »Wohlstandsgeneration« betitelt. Sie vergleichen sich oft und gern mit anderen, insbesondere mit ihrer Peer Group. Daher besteht bei ihnen noch eine eher klassisch-traditionelle Vorliebe für typische Statussymbole wie Immobilien, Eigentum, Schmuck und Uhren oder Autos (Brunsch 2017).

BOOMER STECKBRIEF. Soziales & Geschichte.

- **Eltern.** Die Eltern der Babyboomer gehören den Generationen »Greatest Generation« (1901–1927) und »Silent Generation« (1928–1945) an. Beide sind stark geprägt durch Weltkriege, Wiederaufbau und Wohlstand, was sie zu einer anpackenden Gruppierung macht, die durch Loyalität und Respekt (vor Autoritäten) sowie durch eine ausgeprägte Arbeitsmoral gekennzeichnet ist.
- **Soziale Marktwirtschaft.** Die neue Wirtschaftsordnung der Sozialen Marktwirtschaft brachte Deutschland ab Mitte der 1950er-Jahre das sogenannte Wirtschaftswunder, welches die Babyboomer-Generation maßgeblich geprägt hat.
- **Mondlandung.** Am 21.07.1969 verfolgten Millionen von Menschen an ihren Fernsehgeräten, wie Neil Armstrong als erster Mensch seinen Fuß auf den Boden des

Mondes setzte. Mit der ersten Mondlandung schien plötzlich vieles bis sogar alles möglich – ein Momentum für die Generation der Babyboomer.

- **Hippie-Bewegung.** Die Hippie-Bewegung in den 1960er-Jahren eroberte zuerst die USA, danach Europa und auch Deutschland. Die Abkehr von strengen Moralvorstellungen und Kriegsszenarien ist als Protest unter dem Motto »Make love, not war« gegen überkommene und veraltete Gesellschaftsregeln sowie für ein neues gesellschaftliches Zeitalter zu verstehen – und hat die Jugendzeit der Babyboomer maßgeblich beeinflusst.
- **Massenmobilität.** Mit dem Aufschwung der Wirtschaft wuchs die Reiselust der deutschen Bevölkerung. Die Automobilindustrie bediente dieses neue Lebensgefühl und mobilisierte das Wirtschaftswunder mit den Modellen »Isetta« und »VW Käfer« – bis heute Ikonen der Automobilgeschichte (Kermarrec 2023).

BOOMER STECKBRIEF. Umfeld & Werte.

- **Kinderfilme.** »Bambi«, »Lassie«, »Das fliegende Klassenzimmer«, »Susi und Strolch« und »Das Dschungelbuch« stellten Kinoklassiker der 1960er-Babyboomer dar.
- **Jugend.** Babyboomer wuchsen mit strikten Regeln und unter meist strengen Moralvorstellungen auf, Pflicht und Ordnung waren ihren Eltern wichtig; Feiern fand nur unter Beobachtung statt, das Aufkommen des Rock'n'Rolls lockerte dies zumindest etwas in den 1950er-Jahren.
- **Jugendsprache.** Rock'n'Roll und Amerika beeinflussten die Sprache der Babyboomer – Jeans und Bikinis als Dresscode, Worte wie Okay und Hobby als neue Jugendbegriffe.
- **Musik.** Freddy Quinn und Heintje als Stars der Eltern der Babyboomer versus zuerst Elvis Presley, Johnny Cash, Chuck Berry oder Jerry Lee Lewis und danach »Satisfaction« von The Rolling Stones, »Good Vibrations« von The Beach Boys, »Yesterday« von The Beatles, »The House of the Rising Sun« von The Animals und »Respect« von Aretha Franklin als musikalische Ikonen der Babyboomer.
- **Teenagerfilme.** Filme wie »Denn sie wissen nicht, was sie tun«, »Frühstück bei Tiffany's«, »Psycho« und »Die toten Augen von London« prägten die jugendliche Perspektive der Babyboomer.
- **Werte.** Traditionsbewusstsein, Wettbewerb und Leistung, Selbstlosigkeit, Fortschritt und Genuss wurden den Babyboomern als entscheidende Werte mit auf ihren Weg gegeben.
- **Marken.** Nivea, Maggi, Persil, Jacobs Krönung und Harley Davidson stellen Markenikonen der Babyboomer dar.
- **Freizeit.** Ehrenamt, Reiselust und Vereinsengagement gehören zu den favorisierten Hobbys der Vertreter:innen der Babyboomer.
- **Influencer:innen.** Uschi Obermaier, John F. Kennedy und Neil Armstrong oder auch Steve Jobs waren Stars und Vorbilder der Babyboomer-Generation.
- **Kaufkraft.** Die Generation der Babyboomer verfügt über relativ viel Vermögen, da sie vom Wirtschaftsaufschwung nach dem Zweiten Weltkrieg profitierte. Dank

relativ hoher Gehälter konnte sie Vermögen aufbauen, es dank hoher Zinsen vermehren und ausgiebig kaufen und konsumieren (Kermarrec 2023).

- **Engagement.** Prägend für die Generation der Babyboomer ist insbesondere die Friedensbewegung zu Beginn der 1980er-Jahre.
- **Ziele.** Die Suche nach neuen Lebensgestaltungsmöglichkeiten, nach wirtschaftlichem Aufschwung und nach Sicherheit sind typische Ziele, die Babyboomer antreiben.
- **Konkurrenz.** Starker Wettbewerb auf dem Arbeitsmarkt um Ausbildungs- beziehungsweise Studienplätze und Jobs aufgrund der ausgeprägten Quantität dieser Generation spornten die Babyboomer zu Fleiß und überdurchschnittlichen Leistungen an.
- **Leitbild.** »Nur wer etwas leistet, ist etwas wert!« zeichnet die Babyboomer als zielstrebig, konservativ und kritisch aus (Knichel 2023).
- **Arbeitsmoral.** Eine hohe Arbeitsmoral und großes Fachwissen, Werte wie Gesundheit, Idealismus und Kreativität, Team- und Karriereorientierung, Attraktivität von Führungspositionen, Bedeutung von Arbeit (Workaholic), strukturiertes Arbeiten, Beziehungspflege und Netzwerken, Akzeptanz langer Arbeitszeiten kennzeichnen die ausgeprägte Arbeitsmoral der Babyboomer (Schmitz 2023).

BOOMER STECKBRIEF. Arbeit & Einsatz.

Die Babyboomer

- sind seit Jahrzehnten auf dem Arbeitsmarkt und haben diesen entscheidend mitgeprägt.
- wurden dazu erzogen, hart zu arbeiten und sich ihren Platz in der Welt zu erkämpfen.
- haben eine überdurchschnittlich hohe Arbeitsmoral.
- vertreten die Meinung, dass nur »harte« Arbeit belohnt wird – und auch werden sollte.
- sind stolz darauf, den ganzen Tag hart zu arbeiten – denn Arbeit steht für sie im Mittelpunkt.
- geben sich optimistisch, weil sie erlebt haben, dass diese harte Arbeit zum Erfolg führt.
- definieren sich durch ihre Arbeit und die Firma, für die sie arbeiten.
- zeigen sich team- beziehungsweise karriereorientiert und streb(t)en Führungspositionen an.
- sind ehrgeizig und es gewohnt, sich zu beweisen und durchsetzen zu müssen.
- sind bereit, sich zu engagieren, erwarten im Gegenzug, dafür belohnt zu werden.
- wollen bei der Arbeit gesehen und wahrgenommen werden.
- sehnen sich nach dem Gefühl, gebraucht zu werden sowie nach der Wertschätzung ihrer Erfahrung.
- arbeiten konzentriert an einer Aufgabe, bis sie erledigt ist – und bitten dabei selten um Hilfe.

- treffen Entscheidungen rational und trauen daher vorrangig objektiven Argumenten.
- verknüpfen Erfahrung mit Autorität und tun sich demzufolge schwer damit, Jüngeren Autorität zuzugestehen (Indeed 2023).

BOOMER STECKBRIEF. Wissend, erfahren und krisenkompetent.

Erfahrene Mitarbeiter:innen der Babyboomer-Generation weisen spezifische Bedürfnisse auf, die sich von denen jüngerer Kolleg:innen unterscheiden. Für viele ist beispielsweise das klassische Einzelbüro von Bedeutung, sowohl als Zeichen des Status als auch als geschützter Raum für konzentriertes Arbeiten. Dank ihres Erfahrungsschatzes, der über viele Jahre beziehungsweise Jahrzehnte hinweg aufgebaut wurde, verfügen ältere Arbeitnehmer:innen über ein umfangreiches Wissen, das insbesondere im Kundenkontakt von Vorteil ist, oft verbunden mit eher konservativen Werten. Babyboomer tendieren aufgrund ihrer gelernten Verbindlichkeit gegenüber ihrem Arbeitgeber dazu, seltener den Arbeitsplatz zu wechseln, was für Stabilität und Kontinuität im Wissensmanagement von Unternehmen sorgt. Trotz der beruflichen Höhen und Tiefen, die sie im Laufe ihrer Karriere häufig erlebt und gemeistert haben, einschließlich mehrerer Wirtschaftskrisen, können sie gerade in schwierigen Zeiten wertvolle Einblicke und Unterstützung sowie eine gewisse Gelassenheit bieten, indem sie auf bewährte Lösungsansätze zurückgreifen. Ihr praktisches Know-how und ihre Fähigkeit, Geschäftsbeziehungen aufzubauen, sollten keinesfalls unterschätzt werden. In der Summe machen diese Eigenschaften die Babyboomer zu wertvollen Teammitgliedern (Melbinger 2017).

Die Boomer haben in ihrem Berufsleben viel erlebt – und haben immer noch viel vor. Denn sie waren und sind Macher:innen, haben Meilensteine erlebt und so manche Krise bewältigt. Obwohl sie keine homogene Gruppe darstellen, wurde auch ihre Generation von einer Vielzahl von Einflussfaktoren geformt – von technologischen Entwicklungen über politische Ereignisse bis zu gesellschaftlichen Veränderungen. Die entscheidend prägenden Einflüsse der individuellen und kollektiven Erfahrungen dieser Generation werden im Folgenden aufgeführt (hr-monkeys 2023):

- **Technologie und Politik.** Die politische Krisenatmosphäre des Kalten Krieges bis hin zum Übergang von analogen zu digitalen Technologien haben die Babyboomer stark beeinflusst. Diese Erfahrungen haben ihre Wahrnehmung von Sicherheit, Stabilität und Technologie maßgeblich geformt und sie anpassungsfähig beziehungsweise pragmatisch werden lassen.
- **Bildung und Arbeitswelt.** Die bessere Zugänglichkeit und Qualität von Bildung nach dem Zweiten Weltkrieg eröffnete den Babyboomern neue berufliche Möglichkeiten, ermöglichte vielen von ihnen den sozialen Aufstieg und führte generell zu einem Anstieg des Lebensstandards in Deutschland. Gleichzeitig erlebten sie eine Arbeitswelt, die sich im Laufe ihres Lebens stark veränderte – von langfristiger (und sicherer) Beschäftigung sowie guten (und sicheren) Renten hin zu einem

zunehmend wettbewerbsorientierten Umfeld, unter anderem aufgrund Globalisierung und Digitalisierung.

- **Ethos und Erfahrung.** Für die Babyboomer haben Arbeit und Arbeitgeber eine zentrale Bedeutung im Leben. Kurz gesagt: Sie leb(t)en, um zu arbeiten. Und sie messen ihre persönliche Zufriedenheit daher überwiegend am beruflichen Erfolg sowie am Status, den die Karriere (hoffentlich) mit sich bringt. Der überaus reiche Erfahrungsschatz, ihre langjährige Erfahrung auf dem Arbeitsmarkt sowie ihre Kontakte machen sie zu wertvollen Mitarbeiter:innen und sogar zu Leitbildern.
- **Fachkräftemangel und Rekrutierung.** Das Ausscheiden der Babyboomer aus dem Arbeitsmarkt wird den Fachkräftemangel in den nächsten Jahren enorm verschärfen. Die Erfahrung und Routine, die sie in ihrem Berufsleben und in Branchen gesammelt haben, sind von unschätzbarem Wert und sollten nicht zugunsten der Konzentration auf jüngere Bewerber:innen außer Acht gelassen oder unterschätzt werden. Um die (oft weiterhin) arbeitsmotivierten und -willigen Babyboomer zu erreichen, sind vielfältige Kommunikationskanäle und -botschaften seitens HR ratsam und notwendig.

BOOMER STECKBRIEF. Kommunikativ und persönlich.

In der heutigen Arbeitswelt ist eine klare und offene Kommunikation für Unternehmen als Arbeitgeber und Arbeitgebermarke wichtig – ganz gleich, welche HR-Zielgruppe beziehungsweise Generation angesprochen werden soll. Doch eine effektive Arbeitgeberkommunikation erfordert ein strategisches Engagement, insbesondere beim Berücksichtigen der unterschiedlichen Kommunikationsstile verschiedener Generationen. Da jede Generation ihre eigenen Kommunikationskanäle bevorzugt, ist das Identifizieren und Nutzen der diversen Kommunikationspräferenzen häufig eine Herausforderung für Arbeitgeber. Die Entwicklungen in der Arbeitswelt hinsichtlich Digitalisierung, KI und New Work, die zunehmende Verlagerung auf Homeoffice oder auf hybride Arbeitsmodelle zeigen deutliche Unterschiede im Kommunikationsverhalten der unterschiedlichen Generationen von Arbeitnehmer:innen. Um Babyboomer für sich zu gewinnen, ist es daher wichtig, diese Generation und die von ihnen bevorzugten Kommunikationskanäle sowie -stile und -botschaften zu analysieren und dementsprechend einzusetzen. Denn die Babyboomer sind zwar älter, aber eben nicht ausschließlich analog in ihrem Kommunikations- und Informationsverhalten – oft sind sie viel digitaler (und agiler) als vermutet. Die folgenden Kommunikationsbotschaften, -kanäle und -inhalte werden seitens Babyboomern bevorzugt (Harris 2023):

- **Face2Face-Wertschätzung.** Die Babyboomer sind eine Generation mit einer ausgeprägten Arbeitsmoral und einer entsprechenden Anspruchshaltung, was sich auch in ihrem Kommunikationsverhalten widerspiegelt. Sie bevorzugen eine eher frontale beziehungsweise direkte Kommunikation von Angesicht zu Angesicht (Face2Face) mit Kolleg:innen oder Vorgesetzten und legen großen Wert auf klare Hierarchien sowie Strukturen innerhalb von Organisationen, in Unternehmen und in Teams. Persönliche Beziehungen sind für die Babyboomer von ebenso großer

Bedeutung wie formelle Kommunikationskanäle. Telefonanrufe und persönliche Meetings stellen daher wichtige Instrumente des Austauschs am Arbeitsplatz und im Job dar. Dabei trägt ein respektvoller und wertschätzender Umgang mit ihrer umfangreichen Erfahrung und ihrem Wissen maßgeblich zu einer effektiven Kommunikation bei.

- **Mehrkanalkommunikation.** Die Babyboomer erreicht man als Arbeitgeber am besten mit einem kommunikativen Ansatz über mehrere Kanäle (Multi-Channel-Kommunikation). Eine Vielzahl von Kommunikationskanälen wie E-Mail, Telefon und soziale Medien (insb. Facebook und Instagram) kommen den kommunikativen Vorlieben der Babyboomer entgegen. Instrumente wie Messenger oder Instant Messaging, die von den Generationen Y und Z bevorzugt werden, sind zu vernachlässigen, da die Babyboomer vor allem die persönliche Interaktion schätzen.
- **Personalisierte Kommunikation.** Eine individuelle Kommunikationsstrategie und personalisierte Botschaften sind entscheidend, um die HR-Zielgruppe der Babyboomer zu erreichen und zu motivieren. So kann sichergestellt werden, dass ältere Mitarbeiter:innen sich akzeptiert, wertgeschätzt und verstanden fühlen. Die Personalisierung von HR-Kommunikation spielt aber auch eine zentrale Rolle, um ein Gefühl der Wertschätzung und des Verständnisses innerhalb generationenübergreifender Teams zu schaffen. Eine maßgeschneiderte Ansprache der Babyboomer, die sich auf deren Bedürfnisse sowie auf die Ansprüche der jeweiligen Abteilungen oder Standorte ausrichtet, ist zum Gewinnen und Binden dieser Zielgruppe unerlässlich. Das Nutzen künstlicher Intelligenz in diesen Kommunikationskanälen zum Schaffen personalisierter Botschaften und individualisierten Contents ist hierbei für Unternehmen nützlich und hilfreich. Durch den Einsatz von KI können Botschaften und Informationen automatisiert an die individuellen Präferenzen und Bedürfnisse älterer Mitarbeiter:innen angepasst werden, was zu mehr Effektivität und Effizienz in der HR-Kommunikation führt.
- **Segmentierte Botschaften.** In der Personalkommunikation ist das Anpassen der Botschaften an die Erwartungen der verschiedenen Generationen von Bedeutung, wobei jeweils eine Sprache und jene Plattformen verwendet werden sollten, die den individuellen Vorlieben der jeweiligen Generation entsprechen. Die Segmentierung von Nachrichten entsprechend den Generationenpräferenzen gewährleistet, dass die Babyboomer ausschließlich für sie relevante und ansprechende Kommunikation erhalten. Denn gerade die Babyboomer zeigen unterschiedliche Vorlieben in Bezug auf den Sprachstil: Sie bevorzugen eine formelle Sprache (unter anderem das SIEzen) und fremdeln eher mit einem spontan-informellen Umgangston (und einem vorschnellen DUzen). Durch die gezielte Anpassung von Wortwahl und Sprachstil können Kommunikationsbarrieren gegenüber der HR-Zielgruppe Babyboomer überwunden und Botschaften vermittelt werden, die sie überzeugen. Derartig personalisierte Kommunikation fördert sowohl das Verständnis und die Akzeptanz von Unternehmensinformationen als auch die Mitarbeiterzufriedenheit und -bindung.

- **Technologiebasierte Kommunikation.** Auch Mitarbeiter:innen der Babyboomer-Generation verstehen, dass die Integration moderner Kommunikationsmittel und -plattformen eine nahtlose Zusammenarbeit und den Austausch von Wissen sowie mehr Effizienz in Unternehmen ermöglicht. Babyboomer sind häufig zwar nur bedingt affin für innovative (Kommunikations-)Technologien, wissen jedoch den Nutzen und die Vorteile beispielsweise eines benutzerfreundlichen Intranets, von Kollaborationsinstrumenten wie Trello sowie digital-virtueller Meeting-Plattformen wie ZOOM oder MS Teams durchaus zu schätzen. Die Möglichkeit der mobilen Zugänglichkeit, sodass die Beschäftigten mittels mobiler Kommunikationsmittel auch von zu Hause oder von unterwegs mit ihren Kolleg:innen in Verbindung bleiben können, ist dabei ganz im Sinne der praktikabilitätsaffinen Babyboomer. Hierfür sind jedoch Schulungen wichtig, die die Babyboomer dabei unterstützen, mit digitalen Tools und Plattformen vertraut zu werden.
- **Integrative Kommunikation.** Unternehmen sollten eine klare, integrative Sprache verwenden, die sicherstellt, dass ältere Generationen die an sie gerichteten Botschaften und Informationen nicht nur verstehen, sondern (im Idealfall) auch nachvollziehen können. Die Mitarbeiter:innen seitens HR sollten daher auf die Sprache achten, die sie gegenüber der Generation Babyboomer verwenden, um Nahbarkeit und Wertschätzung zu vermitteln und Missverständnisse zu vermeiden.
- **Kollaborative Kommunikation.** Um ältere Mitarbeiter:innen zu integrieren, ist die Förderung von Vielfalt und generationsübergreifender Zusammenarbeit zum Fördern eines reichen Austauschs von Ideen und Perspektiven von Bedeutung. Durch das Arbeiten an gemeinsamen Projekten, bei denen das Wissen, die Fähigkeiten und Erfahrungen unterschiedlicher Altersgruppen zusammengeführt werden, lernen alle Mitarbeiter:innen voneinander – unabhängig vom Alter. Dafür lernen sie sich gegenseitig und den Wert jedes Teammitglieds zu schätzen. Eine transparente und offene Feedbackkultur stärkt den Kommunikationsfluss und gewährleistet, dass die Ideen aller Mitarbeiter:innen beziehungsweise Teammitglieder Beachtung finden – was wiederum die kontinuierliche Optimierung von Prozessen und Projekten sowie die Innovationskraft von Unternehmen fördert.
- **Kommunikative Empathie.** Unternehmen sollten ihre Mitarbeiter:innen zum offenen Dialog ermutigen, um das Einfühlungsvermögen und das Verständnis zwischen den Teammitgliedern und insbesondere gegenüber älteren Mitarbeiter:innen zu fördern. Mittels Workshops oder Teambuildingmaßnahmen können einzelne Mitarbeiter:innen ermutigt werden, ihre individuellen Perspektiven und Erfahrungen auszutauschen – gefördert durch das Betonen von Gemeinsamkeiten, von gemeinsamen Zielen und Werten, die Generationen zusammenführen und über etwaige Unterschiede zwischen Generationen hinausgehen. Dabei sollte seitens Arbeitgeber und Unternehmen betont werden, dass ihre Vision nur dank einzigartiger Beiträge aller Generationenvertreter:innen gelebt und erreicht werden kann.

- **Kommunikationsvorlieben.** Face-to-Face ist zwar nicht immer möglich, aber die bevorzugte Art der Kommunikation, denn am liebsten klären und besprechen Babyboomer Dinge persönlich von Angesicht zu Angesicht. Das Telefon ist eine präferierte Alternative, sie greifen gerne zum Hörer und diskutieren lieber in Echtzeit – telefonische Erreichbarkeit und der Austausch von Telefonnummern sind für sie ein Muss. Zudem sind sie E-Mail-affin, ein ihrerseits hoch akzeptiertes Kommunikationsinstrument der digitalen Welt. Chatbots hingegen und die Mehrzahl der Social-Media-Plattformen sind als Boomer-Kanäle weniger geeignet (Kermarrec 2023).
- **Kommunikationspräferenzen.** Laut Studien nutzten 2021 in Deutschland fast 67 Millionen Menschen das Internet – in der Gruppe der 50- bis 69-Jährigen waren es 95%, in der Gruppe ab 70 Jahren 77%. Babyboomer nutzen zudem relativ rege die gängigen Suchmaschinen (94%), Onlineshopping (65%) und sind interessiert an Nachrichten (37%). Die Radionutzung sinkt zwar seit Jahren, für 79% der Boomer aber gehört es weiterhin zu ihrem Alltag. Zudem stellen die Babyboomer die treuesten und intensivsten TV-Nutzer:innen dar: Insbesondere Menschen ab 70 Jahren schauen täglich fern, aber auch unter den 50- bis 69-Jährigen ist die Nutzung mit 82% überdurchschnittlich. Streamingdienste wie Netflix und Mediatheken hingegen sind für sie kaum von Interesse. Printmedien wie Zeitung oder Wochenzeitschriften wiederum sind für Babyboomer weiterhin relevant (Kermarrec 2023).
- **Soziale Medien.** Laut Social-Media-Atlas 2022 nutzen zwei von drei Babyboomern die sozialen Netzwerke – am häufigsten die Apps von YouTube (70% der 50- bis 59-Jährigen und 68% der über 60-Jährigen nutzten 2021/2022 YouTube), Facebook (59% der 50- bis 59-Jährigen und 55% der über 60-Jährigen nutzten 2021/2022 Facebook) und WhatsApp (2021/2022 nutzten es 53% der über 60-Jährigen). Die Gründe für Social-Media-Nutzung sind in erster Linie die Kommunikation mit Familie und Bekannten, das Lernen von Neuem und das Suchen nach Inspiration. Die bei den Babyboomern beliebtesten Contentformate sind informative Inhalte, zum Beispiel E-Books und Videos, E-Mail-Inhalt wie Newsletter und Artikel mit Videos, Grafiken und/oder Audio. Da Babyboomer sich gerne selbstständig informieren und recherchieren, arbeiten sie viel mit Google und bevorzugen auch in der Werbung Einfachheit und Transparenz (Kermarrec 2023).
- **Kommunikativer Widerstand.** Die Veränderung bestehender und die Einführung neuer Kommunikationsmethoden kann bei Mitarbeiter:innen der Generation Babyboomer auf Widerstand stoßen, vor allem da diese überwiegend die eher traditionellen Kommunikationskanäle gewohnt sind. Zum Umgehen beziehungsweise Überwinden potenzieller Widerstände sollten Unternehmen die Vorteile neuer Kommunikationskanäle und -methoden nachvollziehbar und verständlich darlegen und erläutern, beispielsweise eine Steigerung von Effizienz und Zugänglichkeit sowie eine Verbesserung der Zusammenarbeit. Auch das Angebot von Schulungen führt zur Steigerung der Akzeptanz neuer Methoden. Unternehmen sollten derartige Schulungen als Unterstützung für ältere Mitarbeiter:innen anbie-

ten, um diese beim Wechsel auf neue Kommunikationsmittel zu motivieren und mitzunehmen. Dabei ist es wichtig, auf die diesbezüglichen Bedenken, Vorbehalte und auch Ängste der Babyboomer einzugehen, um sie beim Umgang und Erlernen der neuen Technologien nicht zu überfordern. Zur entsprechenden Einführung eignet sich ein schrittweises Vorgehen, das älteren Mitarbeiter:innen ausreichend Zeit gibt, sich an die neuen Instrumente und Methoden zu gewöhnen. Förderlich ist das Ermutigen älterer Mitarbeiter:innen, Feedback zu geben und zu betonen, dass aufgrund ihrer Rückmeldung Anpassungen seitens Unternehmen vorgenommen werden (Harris 2023).

BOOMER STECKBRIEF. Kommunikative DOs & DON'Ts.

Die Ansprache der Babyboomer und der Austausch mit ihnen unterscheidet sich hinsichtlich der Kommunikationsinstrumente in großen Teilen von denen jüngerer Generationen – denn die Babyboomer lieben vor allem Fakten und echte zwischenmenschliche Kommunikation.

DOs für eine erfolgreiche (Arbeitgeber-)Kommunikation mit Babyboomern.

- Babyboomer mögen faktenorientierte Argumente und Angebote, die ihnen klar zeigen, woran sie sind.
- Babyboomer schätzen detaillierte Informationen.
- Facebook, YouTube und LinkedIn sind klassische Babyboomer-Kanäle – zahlreiche Entscheidungsträger:innen auf LinkedIn gehören zur Generation der Babyboomer.
- Informative Inhalte sind ideal für Babyboomer, die sich Zeit für Recherche nehmen.
- Leicht zugängliche Inhalte mit klaren Kontrasten, gut sichtbaren Buttons und beispielsweise großen Schriftarten sind unerlässlich zur Ansprache und zum Erreichen der Babyboomer.
- »Service is King« für Babyboomer, idealerweise mittels E-Mail und Telefon – denn sie bevorzugen bei Fragen oder Problemen den direkten (zwischen-)menschlichen Kontakt (Kermarrec 2023).

DON'Ts bei einer erfolgreichen (Arbeitgeber-)Kommunikation mit Babyboomern.

- Babyboomer nie als »Senior:innen« behandeln, sie nie an ihr Alter erinnern – denn sie fühlen sich nicht alt.
- Vermeiden von Begriffen wie »ältere Generation«, »Senior:in«, »goldene Jahre« und so weiter. Babyboomer empfinden sich nicht als alt und reagieren eventuell ablehnend, wenn sie an ihr Alter erinnert werden.
- An ihr Alter fühlen sie sich allerdings erinnert, wenn beispielsweise Webseiten bezüglich der Lesbarkeit (Schriftgröße, Farbkontraste und Layout) suboptimal gestaltet sind.
- Babyboomer sind mit Jugendsprache und (Internet-)Slang wenig vertraut, sie präferieren eine klare und eindeutige Ausdrucksweise.
- Sie mögen es nicht, wenn ihnen zu wenig Informationen in Textform bereitgestellt werden (Kermarrec 2023).

BOOMER STECKBRIEF. Workaholics und wohlstandsorientiert in Balance.
Die Generation der Babyboomer gilt als Wohlstandsgeneration, die Wert auf Familie, Karriere und materiellen Erfolg legt. Der Begriff »Workaholic« wurde aufgrund ihrer hohen Arbeitsmoral und ausgesprochenen Leistungsbereitschaft durch sie geprägt. Dennoch entwickeln sie ein gewisses Bewusstsein für das Thema »Work-Life-Balance«. Als Vertreter einer Wohlstandsgesellschaft und Verfechter der Karriereorientierung interpretieren sie diese Balance jedoch anders als die Generation Z – für sie bedeutet Work-Life vor allem schöne Erlebnisse und Reisen (Scholle 2023).

Unter den Babyboomern ist daher der Trend zum Vorruhestand zu sehen, gegebenenfalls inklusive der genannten Work-Life-Balance und der entsprechenden Freizeitgestaltung. Denn viele in dieser Altersgruppe haben den Wunsch nach mehr Freizeit. Dieser Trend wird von Expert:innen größtenteils als fast besorgniserregend bewertet, da er den Arbeitskräftemangel deutlich verschärft und die Finanzierung der Rente gefährdet. Dennoch haben trotz verschiedener Berufs- und Einkommensniveaus viele Babyboomer den vorzeitigen Ruhestand zum Ziel, unabhängig von der körperlichen Belastung ihrer beruflichen Tätigkeit. Tendenziell ist die Bereitschaft der Babyboomer, länger zu arbeiten, in Gruppen mit einem niedrigeren Einkommen etwas höher. Zeitlich unbegrenzte Hinzuverdienstmöglichkeiten für Rentner:innen finden bislang bei den Babyboomern eher wenig Zustimmung. Dafür wird die Bedeutung von Freizeit von vielen als entscheidend angesehen (Bakkenbüll & Edelhoff 2023).

BOOMER STECKBRIEF. Hart und herzlich.
Die Babyboomer haben nicht nur materielle Güter weiterzugeben, sondern auch ein bedeutendes emotionales Erbe. Bestimmte Verhaltensweisen und Wertvorstellungen haben sich generationenübergreifend von ihren Eltern auf sie übertragen – beispielsweise das Bestreben, Schmerzen eher zu ertragen als Schmerzmittel einzunehmen oder die Auffassung von Gesundheit als einem moralischen Gut. Diese Prägungen reichen bis in ihre Kindheit zurück, in der die Eltern der Babyboomer bereits auf Unabhängigkeit und Durchsetzungsfähigkeit ihrer Kinder Wert legten. Diese Haltung wurde oft durch die Kriegserfahrungen der Babyboomer-Eltern geprägt, die dazu führten, dass man sich zunächst um die eigene Sicherheit kümmerte, anstatt auf andere zu achten. Die Kinder dieser Generation übernahmen oft früh Verantwortung und neigten dazu, die Bedürfnisse der Eltern über die eigenen zu stellen (Lenz 2023).

Die Babyboomer zeichnen sich daher vorrangig durch eine entschlossene Haltung, einen starken Willen und einen ausgeprägten Arbeitsethos aus. Seit ihrer Jugend waren sie stark von Leistung geprägt, für sie galt stets das Motto »Nur wer etwas leistet, ist auch etwas wert«. Ihre entsprechend hohe Einsatzbereitschaft trug maßgeblich zum Wirtschaftswachstum und zur Wirtschaftsposition Deutschlands bei, unter anderem aufgrund der Tendenz der Babyboomer, berufliche Überlastung nicht zu erkennen beziehungsweise zu unterschätzen. Sie waren stets leistungs- beziehungsweise karriereorientiert und neigten zu (über)langen Arbeitstagen inklusive Überstunden und Workaholic-Dasein. Zwar verfügen sie im Vergleich zu anderen Generationen über ein überdurchschnittliches Bildungsniveau, allerdings war beziehungsweise ist der Anteil von Frauen unter den Hochschulabsolvent:innen in der Babyboomer-Generation relativ gering. Sie zeigen ein ausgeprägtes Interesse an gesellschaftlichen sowie kulturellen Entwicklungen und waren maßgeblich an den sozialen Bewegungen wie den Umweltaktivitäten und der Friedensbewegung in den 1980er-Jahren beteiligt – politisches Engagement ist für viele Vertreter:innen der Babyboomer charakteristisch. Gleichzeitig gewannen Selbstverwirklichung und Individualität bei ihnen, im Gegensatz zu ihren Eltern, mehr und mehr an Bedeutung. Zudem zeigen viele von ihnen jetzt, im Alter, ein zunehmendes Interesse an Themen wie Natur, Nachhaltigkeit und Ökologie. Obwohl sich viele Babyboomer bereits oder bald im Rentenalter befinden, empfinden sie sich nicht als alt und beschreiben sich selbst selten als alt, sondern fühlen sich fit, bleiben aktiv und engagiert beziehungsweise haben diesen Anspruch an sich (Ischler 2023).

BOOMER STECKBRIEF. Privilegiert und leistungsorientiert.
In den 1960er-Jahren des wirtschaftlichen Aufschwungs standen dem Arbeitsmarkt bedingt durch die geburtenstarken Jahrgänge dieser Zeit überdurchschnittlich viele Arbeitskräfte zur Verfügung. Diese Booming-Generation erlebte eine Ära des Aufbruchs und zugleich vergleichsweise überschaubare Krisen – im Vergleich zu jenen der letzten Jahre. Wirtschaftlich befand sich die Gesellschaft in den 1960er- und 1970er-Jahren kontinuierlich im Aufwind. Mit einer guten Ausbildung konnten die Mitglieder dieser Generation nicht nur einen Arbeitsplatz finden, der den Lebensunterhalt sicherte, sondern auch Eigentum erwerben und Vermögen aufbauen. Heute wiederum stellen die Babyboomer den größten Anteil der Bevölkerung Deutschlands dar und daher auch einen bedeutenden Teil der Konsumgesellschaft und Wählerschaft Deutschlands (Ischler 2023).

Im Jahr 2050 wird voraussichtlich ein Drittel der Bevölkerung der EU über 65 Jahre alt sein, sodass die Babyboomer nicht nur in Deutschland einen bedeutenden Einfluss auf die Gestaltung der Gesellschaft, Wirtschaft und Politik haben werden. Dabei verfügen sie im Vergleich zu früheren Generationen auch Jahre nach dem Ausscheiden aus dem Berufsleben über eine gute Gesundheit und Vitalität. Denn nach dem Eintritt in den Ruhestand widmen sich die Babyboomer relativ häufig all den (Freizeit-)Aktivitäten, die sie schon immer gerne gemacht haben beziehungsweise machen wollten, ihnen aufgrund ihres beruflichen Engagements aber bislang die Zeit dafür fehlte. Sie reisen, treiben Sport und beschäftigen sich mit Freund:innen und Familie sowie mit ihren Zukunftsplänen. Viele Babyboomer engagieren sich auch für soziale, gesellschaftliche oder politische Themen. Häufig nehmen sie dabei eine wichtige Beraterrolle in der Wirtschaft ein und stehen jüngeren Generationen als Mentor:innen zur Verfügung (Ischler 2023).

BOOMER STECKBRIEF. Erfolgreich und egoistisch.

Die Babyboomer legten schon immer großen Wert auf das Absichern des eigenen Wohlstands. Ihre Lebenszeit war geprägt von Ereignissen wie der Friedensbewegung, der Auseinandersetzung mit dem Holocaust und dem Erleben des Wirtschaftswunders, insbesondere in Westdeutschland. Die ökonomischen und wirtschaftlichen Bedingungen, unter denen sie ihre berufliche Laufbahn begannen, begünstigten den Aufbau von Vermögenswerten wie dem Eigenheim mit Garten und den Besitz von (hochpreisigen) Fahrzeugen. Diese Träume konnten sie deutlich leichter verwirklichen als nachfolgende Generationen wie die Generationen Y und Z (und teils sogar X). Denn nie zuvor verfügte eine (ältere) Generation über derart hohe Vermögenswerte, welche vor allem durch das Wachstum der Wirtschaft nach dem Zweiten Weltkrieg begünstigt wurde. So profitierten die Babyboomer während ihrer beruflichen Laufbahn von Gehältern, die im Verhältnis zu den Lebenshaltungskosten eher hoch waren, konnten auf dieser Grundlage Vermögen aufbauen und durch hohe Zinsen sowie konservative Geldanlagen noch vermehren. Zudem gewährleistet das Rentensystem vielen Babyboomern auch im Alter einen gewissen Wohlstand. Vor diesem Hintergrund werden die Babyboomer oft kritisiert, sich zu stark beziehungsweise ausschließlich auf ihr eigenes Wohlergehen zu konzentrieren. Eine derartige Kritik richtet sich auf den Sachverhalt, dass sie den nachfolgenden Generationen voraussichtlich eine geschwächte Wirtschaft und ebenfalls (erhebliche) Schulden hinterlassen. Gleichzeitig haben sie einen überdurchschnittlich großen Anteil an Ressourcen verbraucht und tun dies auch weiterhin, wodurch jüngere und zukünftige Generationen nicht nur die besagten Schulden, sondern auch eine stark belastete Umwelt als Bürde tragen. Die Generationen Y, Z und vor allem ALPHA sehen sich somit mit Problemen konfrontiert, die größtenteils aus dem Konsumverhalten der Älteren resultieren (Filges & Hoffower 2022).

Die Generation der Babyboomer wird daher häufig kritisiert, unter anderem für ihren (ressourcenintensiven und klimaschädlichen) nicht zukunftsorientierten Konsum. Bei ihnen hat sich eine Lebensweise etabliert, die sich auf den unmittelbaren Konsum und keinesfalls auf Verzicht konzentriert. Diese Konsumkonzentration auf das Hier und Jetzt spiegelt sich auch im Anlageverhalten der Babyboomer wider: Laut Studien ist es für knapp mehr als die Hälfte der Babyboomer wichtig, flexibel auf ihr Geld zugreifen zu können. Dieser gesellschaftliche bis wirtschaftliche Egoismus der Babyboomer kann als eine der Ursache für die gestiegenen Bildungs- und Lebenshaltungskosten der Generationen Y und Z angesehen werden. Expert:innen geben daher die Empfehlung, dass die Babyboomer zum einen den Vertreter:innen der Generationen Y und Z Raum für die Entfaltung eigener Ideen und Karrieren geben, während sie zum anderen ihre eigene Erfahrung an diese weitergeben sollten. Die Erfahrungen der Babyboomer haben sie gelehrt, dass das Vertrauen auf das eigene Bauchgefühl wichtig ist und dass man sich auf das konzentrieren sollte, womit man »ein gutes Gefühl« hat (Filges & Hoffower 2022).

BOOMER STECKBRIEF. Anspruchsvoll und überfordert.

Die Babyboomer lösen als Best Ager gesellschaftlich die geburtenstarken Jahrgänge des Deutschlands der Nachkriegszeit ab, das heißt die älteren Senior:innen aus den Jahrgängen der 1930er- und 1940er-Jahre. Die psychologischen Rollenmuster und Erwartungen der Traditionalisten aus den 1930ern etc. unterscheiden sich deutlich von denen der Babyboomer, die sich gerne beziehungsweise zwangsläufig von der Vorgängergeneration distanzieren, die durch den Nationalsozialismus, den Zweiten Weltkrieg und die Nachkriegszeit geprägt wurde. Babyboomer sehen sich selbst durch verschiedene Merkmale gekennzeichnet, auf die sie stolz sind, wie Konfliktbereitschaft (im Gegensatz zur gehorsamen Einstellung der Traditionalisten-Generation), Gemeinschaftssinn, Offenheit für westliche Werte und Chancengleichheit im Bildungssystem. Die teils »heldenhaften« Taten ihrer Jugend (bspw. die Studentenrevolution) liegen weit hinter ihnen, nunmehr befinden sie sich im Vorruhestand oder bereits im Ruhestand (Lebok & Ginzburg 2023).

Während ihrer beruflichen Laufbahn legten die Babyboomer allerdings immer Wert auf Leistung, Fleiß, Erfolg und Status. Aber auch im Ruhestand war und ist es ihnen wichtig, dieses Niveau aufrechtzuerhalten. Als »Generation Burn-out« wurden und werden typische Warnsignale des Körpers, beispielsweise Tinnitus, Rückenprobleme, Schwindel, Herzrasen oder Schlafstörungen, heruntergespielt – häufig begleitet von Durchhalteparolen, um die Selbstbestätigung zu stärken. Der Wunsch, sich um gesundheitliche Probleme im höheren Alter zu kümmern beziehungsweise sich kümmern zu müssen, ist ein wesentlicher Grund dafür, dass die Babyboomer sich selbst oft jünger fühlen und auch als jünger beschreiben, als sie sind. Im Alter von 60 bis 65 Jahren wollen viele Babyboomer demzufolge noch aktiv sein und ihre Handlungsfähigkeit sowie Widerstandsfähigkeit nicht nur bewahren, sondern auch beweisen und zeigen. Daher vergleichen sie sich gerne mit jüngeren Generationen (z. B. der Generation X) und fühlen sich nicht selten dazu verpflichtet, ihre mentale und physische Fitness auch nach außen unter Beweis zu stellen (Lebok & Ginzburg 2023).

Allerdings fällt es ihnen in der Arbeitswelt zunehmend schwerer, diesen Ansprüchen gerecht zu werden, da die Anforderungen an Flexibilität und schnelle Anpassungsfähigkeit aufgrund von unter anderem Digitalisierung, künstlicher Intelligenz und New Work steigen. Obwohl sich die Anzeichen des Alterns bei ihnen deutlich manifestieren und beispielsweise der Bedarf an Gesundheitsvorsorge steigt, ziehen es viele Babyboomer vor, dies zu verdrängen und weiterhin aktiv zu bleiben. Dies kann zu einer Diskrepanz zwischen dem subjektiven Empfinden der Gesundheit und dem objektiven Gesundheitszustand führen, was sich letztendlich in gesundheitlichen Problemen äußern kann. Die steigende Anzahl von Krankheitstagen im Alter zeigt, dass die Babyboomer nicht vor den Zeichen des Alters gefeit sind. Obwohl viele von ihnen bereits seit Jahren den Übergang in den Ruhestand vorbereiten, empfinden sie die gesundheitlichen Problemchen und Probleme kurz vor diesem Übergang oft als ungerecht und neigen dazu, sie zu negieren, zu bagatellisieren oder auszublenden. Im Gegensatz zur Generation der Traditionalisten, die oft keinen Plan für die Zeit nach dem Berufsleben hatten, haben viele Babyboomer ihre berufliche Exit-Strategie allerdings bereits im Voraus durchdacht (Lebok & Ginzburg 2023).

Laut Studien sind Babyboomer weniger anpassungsfähig und stressresistent, dafür aber ängstlicher und reizbarer als ihre Eltern aus der (eher »hart gesottenen«) Generation der Traditionalisten. In bestimmten Persönlichkeitsmerkmalen erscheinen sie schlichtweg weniger reif im Vergleich zu ihren Eltern, die unter anderem durch den Zweiten Weltkrieg stark geprägt sind. Bei Persönlichkeitsmerkmalen wie Offenheit und Extraversion hingegen setzen sich die Babyboomer positiv von ihrer Vorgängergeneration ab, was insbesondere an der Veränderung der sozialen Entwicklung und der (Bildungs-)Möglichkeiten liegen kann: Die Babyboomer hatten längere Ausbildungszeiten und sind später in das Berufsleben eingestiegen als ihre Eltern. Das verzögerte zum einen deren Reifungsprozess, zum anderen förderte es ein offeneres Weltbild und mehr Toleranz, die diese Generation durchaus kennzeichnet (Gelowicz 2023).

BOOMER STECKBRIEF. Aktiv und ängstlich.
Die Babyboomer brechen mit traditionellen Vorstellungen von Alter und Renteneintritt. Die längere Lebenserwartung und die damit verbundene Möglichkeit, aktiv zu bleiben, widersprechen einem passiven Lebensstil im Ruhestand. Relevant für sie sind die Sorge um eine (schleichende) Verschlechterung der Gesundheit, eine (potenziell nahende) Abhängigkeit von medizinischen Geräten und den (nicht unwahrscheinlichen) Verlust der Kontrolle über die eigene Gesundheitsversorgung im Alter. Die ausgeprägte Leistungs- und »Schaffer&Macher«-Mentalität dieser Generation zeigt sich auch in der Selbstkontrolle ihrer körperlichen und geistigen Funktionen. Nach dem Eintritt in den Ruhestand streben sie weiterhin nach einem aktiven Leben, nach sozialem Engagement und neuen Hobbys – insbesondere zur Förderung ihrer geistigen und körperlichen Fitness (Lebok & Ginzburg 2023).

Besonders die Babyboomer-Frauen planen bereits im Voraus, wie sie ihre persönlichen Interessen nach dem Berufsleben intensivieren können. Die Pflege ihrer sozialen Netzwerke und das Bemühen um ein (so lange wie möglich attraktives) äußeres Erscheinungsbild, das die eigene Jugendlichkeit betont, charakterisieren den Lebensstil der Babyboomer im Alter. Allerdings kann die Versorgung der Eltern, insbesondere bei Demenz, zu einer zusätzlichen Belastung führen – vor allem für Frauen. Viele Männer der Babyboomer-Generation hingegen haben oft Schwierigkeiten, ihre (beruflichen) Pläne auch im Alter umzusetzen und sich mit dem Ruhestand abzufinden, da sie sich (zu) stark mit ihrer Arbeit identifizieren. Die Angst vor Vereinsamung ohne die Struktur, die Verantwortung und das Netzwerk des Arbeitslebens sind dabei zentrale Themen (Lebok & Ginzburg 2023).

BOOMER STECKBRIEF. Narzisstisch und unterschätzt.

Das Image und Selbstbild der Babyboomer-Generation erlitt 2019 einen herben Rückschlag durch ein virales Meme, das seitdem weltweit in verschiedenen Varianten die Runden dreht. Dabei drücken die zwei simplen Worte »Okay, Boomer« nicht allein die Geringschätzung vieler junger Menschen gegenüber einigen Aussagen und Meinungen älterer Generationen aus. Die Begrifflichkeit ist vielmehr ein Ausdruck für den Konflikt zwischen zwei teils gegensätzlichen Generationen. Dabei ernteten vor allem die Reaktionen der Babyboomer auf dieses Meme, die von Empörung bezüglich Altersdiskriminierung über den Vorwurf der Unfairness bis Respektlosigkeit reichten, (auch generationenübergreifend) Spott. Studien geben den Millennials nun ein weiteres Argument, um die übertriebene Reaktion der Babyboomer auf dieses Meme zu erklären. Denn die Generation der Babyboomer weist im Durchschnitt anscheinend eher narzisstische Persönlichkeitsmerkmale auf als die Millennials, das heißt, sie sind beziehungsweise fühlen sich schneller angegriffen und beleidigt. Im Laufe des Lebens neigen die meisten Menschen zwar dazu, weniger empfindlich zu werden – Babyboomer hingegen haben relativ lange höhere Grade von Empfindlichkeit, Einbildung und Eigensinnigkeit sowie eine stärkere Neigung, anderen ihre Meinung aufzuzwingen (Süddeutsche Zeitung 2019).

Aber auch den Babyboomern wird im Laufe ihres Lebens klar, dass sie möglicherweise nicht so großartig und fehlerlos sind, wie sie denken und dachten. Studien zeigen, dass mit zunehmendem Alter bei vielen Babyboomern die Überempfindlichkeit in der Regel eher abnimmt. Im Alter werden sie oft mit Situationen konfrontiert, die sie dazu zwingen, Feedback anzunehmen, Verluste zu erleben oder Krisen zu bewältigen, was dazu beiträgt, dass sie die eigene Selbstwahrnehmung (etwas) realistischer einschätzen (müssen). In der Regel nehmen narzisstische Merkmale im Alter von etwa 40 Jahren ab – jedoch ist genau dieser Effekt bei der Generation der Babyboomer im Vergleich zu jüngeren Generationen wie den Millennials weniger ausgeprägt (Süddeutsche Zeitung 2019).

BOOMER STECKBRIEF. Belastbar und überlastet.

Viele Babyboomer erreichen ihre Grenzen zwar meist später als andere, aber auch sie sehen sich mittlerweile angesichts des Alters an ihrer Belastungsgrenze angekommen. Sie haben jahrzehntelang Entscheidungen getroffen, viele Positionen im Management innegehabt und sind zahlenmäßig anderen Generationen weit überlegen. Obwohl sie es mit ihrem Arbeitsethos oft übertrieben haben, sind sie skeptisch gegenüber den Generationen Y und Z, was deren Verständnis von Arbeit betrifft – vor allem irritiert sie deren Streben nach flexiblerer Arbeitszeit und das Bedürfnis nach Wertschätzung, (konstruktivem und ständigem) Feedback und einer Balance von Arbeit und Privatem (Gelowicz 2023).

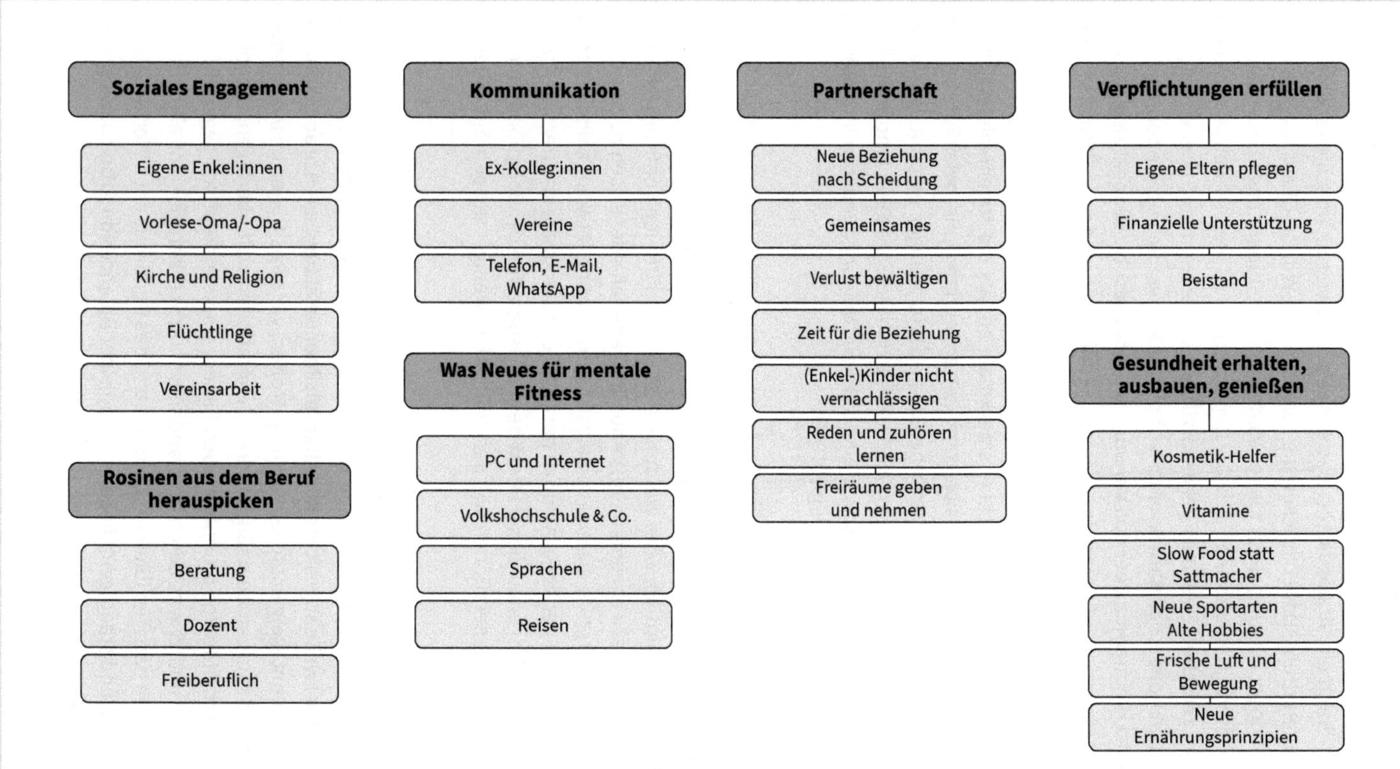

Abb. 8: Selbstverwirklichungskonzept der Babyboomer (in Anlehnung an Lebok & Ginzburg 2023)

Die Babyboomer liefen stets Gefahr, in Situationen chronischen Stresses zu geraten – diese Ambivalenz prägt ihre Generation. Viele von ihnen haben für sie selbst überraschend und zu früh ihre Belastungsgrenze erreicht. Doch das war nicht stigmatisierend, das heißt, er erleichterte es ihnen vielmehr, offen über persönliche Belastungen und Grenzen zu sprechen. Die heutige Vielzahl von Ratgebern zur Stressprävention spiegelt genau diese Dynamik wider: Die Babyboomer mussten lernen, ihre eigenen Belastungsgrenzen zu erkennen und sich von ihnen zu distanzieren. Einige von ihnen haben dabei eben das gelernt, was bei der Generation Z bereits etabliert ist: Nein zu sagen, achtsam zu sein und rechtzeitig Grenzen abzustecken. Die Bewältigungsstrategien der Babyboomer waren zugleich vielfältig: Während einige gelernt haben, durch ein Nein eine klare Linie zu ziehen, haben sich andere frühzeitig in den Ruhestand oder in den Vorruhestand verabschiedet – oft begleitet von depressiven Symptomen aufgrund von (emotionaler beziehungsweise psychischer und/oder physischer) Überlastung (Gelowicz 2023).

Das Verhalten der Babyboomer kann anhand des komplexen Konstrukts ihrer Lebensphase, die durch unter anderem Selbstverwirklichung und das Setzen neuer Schwerpunkte geprägt ist, anschaulich dargestellt werden (Abbildung 8).

2.2 Babyboomer. Unterschiede zu den Generationen X, Y und Z.

Aktuell treffen auf dem Arbeitsmarkt (größtenteils) völlig unterschiedliche Generationen aufeinander (Abbildung 9). Konflikte scheinen vorprogrammiert. Da diese Konflikte zwischen unterschiedlichen Generationen ein natürlicher Bestandteil des sozialen Gefüges und somit auch des Arbeitslebens sind, ist es für Arbeitgeber wichtig, Akzeptanz und Verständnis füreinander zu schaffen. Eine Arbeitsatmosphäre, in welcher jüngere Menschen bereit sind, von den Erfahrungen der älteren Kolleg:innen zu lernen, während gleichzeitig die Älteren offen für neue Herangehensweisen und Ratschläge von jüngeren Teammitgliedern sind, ist elementar für den Erfolg von Unternehmen. Obwohl sich die Generation Y und vor allem die Gen Z stark in ihren Werten und Arbeitsvorstellungen von den Babyboomern unterscheiden, können gerade deren unterschiedliche Merkmale für alle beteiligten Generationen am Arbeitsplatz von Vorteil sein. Dies erfordert jedoch ein hohes Maß an Bewusstsein und Verständnis für die verschiedenen Prägungen der Generationen seitens Arbeitgebern. Um in einem Unternehmen – gemeinsam – eine positive Atmosphäre und eine dauerhaft produktive Zusammenarbeit zu erreichen, sollten im Idealfall alle offen für ein wertschätzendes Miteinander sein. Die Arbeitgeber sollten stabile, generationenübergreifende sowie -berücksichtigende Bedingungen schaffen, die Babyboomer sollten sich auf neue Denkweisen und Werte einlassen und die jüngeren Generationen unter anderem den (überaus beachtlichen) Beitrag der Babyboomer zum Wohlstand und zur Wirtschaft in Deutschland anerkennen. Daher ist es für Arbeitgeber entscheidend, die charakteristischen Merkmale der Generationen zu verstehen, um potenzielle Konflikte zu erkennen und zu entschärfen und so die Zusammenarbeit von Mitarbeiter:innen unterschiedlicher Generationen zu fördern (Indeed 2023).

Die Vielfalt der Generationen bietet so viele Chancen, die Unternehmen nutzen sollten. Obwohl einige Babyboomer möglicherweise nicht mehr ganz so leistungsfähig sind und eventuell auch weniger oder »nur« in Teilzeit arbeiten wollen, bleiben sie äußerst wertvoll für ihre Arbeitgeber und Kolleg:innen. Ihr reicher Erfahrungsschatz macht sie zu wertvollen Human Ressources. Allerdings besteht die Gefahr, dass sie kurz vor dem Ruhestand nicht mehr vollends motiviert sind, von jüngeren Kolleg:innen nicht ernst genommen werden und sich nicht beziehungsweise zu wenig wertgeschätzt fühlen. Diese Sorgen aufzugreifen und derartige (potenzielle) Generationenkonflikte zu bewältigen, führt hingegen dazu, dass altersgemischte Teams oft produktiver sind als homogene Arbeitsgruppen mit einer einheitlichen Altersstruktur. Da in den kommenden Jahren immer mehr Babyboomer in den Ruhestand treten und ihre Erfahrungen, Kompetenzen und Kontakte aus dem Unternehmen tragen, müssen Unternehmen frühzeitig Strategien entwickeln, um diesen Übergang »von alt zu jung« erfolgreich und ohne Wissensverlust zu bewältigen – vor allem dann, wenn absehbar ist, dass die älteren Kolleg:innen das Unternehmen sicher verlassen (Indeed 2023).

MISSSTIMMUNG zwischen Generationen. Vorwürfe und Vorurteile.

Tatsächlich knirscht es häufig zwischen den Generationen, zwischen den Jungen und den Älteren in Betrieben und Unternehmen. Einige der gängigsten Vorwürfe der jüngeren Generationen gegenüber den Babyboomern werden im Folgenden definiert und erklärt (Ischler 2023):

- **Mangelndes Umweltbewusstsein.** Den Babyboomern wird seitens jüngerer Generationen oft vorgeworfen, nicht ausreichend dazu beigetragen zu haben, den Klimawandel und Umweltprobleme zu verstehen, zu verhindern beziehungsweise zu bekämpfen. Stattdessen hätten sie nicht nur viele Jahre ohne jegliche Rücksicht auf Klima und Ressourcen produziert und vor allem konsumiert, sondern verhalten sich auch heute noch so.
- **Wirtschaftliches Ungleichgewicht.** Die Babyboomer erlebten jahrzehntelang einen schier unaufhaltsamen wirtschaftlichen Wohlstand, den die nachfolgenden Generationen voraussichtlich nicht entsprechend erleben (und genießen) werden. Viele Jüngere sind der Ansicht, dass die Babyboomer die Wirtschaft vor allem in den letzten Jahren in eine Richtung gelenkt haben, die zu einem Ungleichgewicht geführt hat, wovon vor allem sie als Jüngere aktuell und auch in Zukunft benachteiligt sind.
- **Technologisches Unverständnis.** Die Babyboomer erwecken bei der Jugend häufig den Eindruck, nicht genug unternommen zu haben, um den technologischen Fortschritt zu verstehen, zu verfolgen und mit diesem mitzuhalten – geschweige denn ihn proaktiv zu fördern. Sie scheinen oft Schwierigkeiten zu haben, neue Technologien sinnvoll beziehungsweise selbstverständlich anzuwenden und ein-

zusetzen. Vermutet wird hier seitens jüngerer Generationen eine gewisse technologische (IT-)Ignoranz und Müdigkeit.

Babyboomer (Geboren 1946–1965)
- Gehen zunehmend in Rente
- Weniger affin, den Arbeitgeber zu wechseln
- Bevorzugen persönliche Kommunikation
- Wollen als Mentor:innen und Expert:innen geschätzt werden

Generation X (Geboren 1965–1980)
- Halten über 50 % der Führungspositionen
- Oft übersehen zugunsten der »präsenteren« Generationen auf beiden Seiten
- Mussten sich immer wieder an neue Technologien am Arbeitsplatz anpassen

Generation Y (Geboren 1991–1995)
- Wollen Karriere und Verantwortung übernehmen
- Aufgewachsen mit mobilem Internet und ständiger Verfügbarkeit
- Bevorzugen textbasierte und asynchrone Kommunikation

Generation Z (Geboren 1996–2012)
- »Always on« Digital Natives
- Suchen nach Arbeitgebern, die ihre Werte repräsentieren
- Nicht immer so selbstsicher, wie sie sich präsentieren
- Selbstbewusst bzgl. neuer Technologien

Abb. 9: Altersgruppen am Arbeitsplatz (in Anlehnung an Melbinger 2017)

UNTERSCHIEDE zwischen Generationen. Digitalisierung und Technologie.

Einige Unterschiede zwischen den Vertreter:innen der Generationen Babyboomer, X und Y sind unbestritten und real. Eine Behauptung jedoch trifft nicht zu: Die Vorstellung, dass ältere Mitarbeiter:innen von der Digitalisierung größtenteils unberührt geblieben seien. Tatsächlich nutzen Babyboomer und die Generation X seit mehr als einem Jahrzehnt intensiv die neuen Technologien und unterschiedliche mobile Geräte in ihrer beruflichen Tätigkeit und im privaten Alltag. Insbesondere unter Führungskräften und gut ausgebildeten Fachkräften sind mobile Geräte und neue digitale Technologien längst ein integraler Bestandteil. Und auch in Bezug auf kollaborative Arbeitsansätze zeigen sich ältere Mitarbeiter:innen in der Regel eher offen und neugierig. Unternehmen können dies zu ihrem Vorteil nutzen, beispielsweise indem sie auch für altersdiverse Teams digitale Plattformen als Grundlage für analoges Netzwerken anbieten (Melbinger 2017).

UNTERSCHIEDE zwischen Generationen. Arbeitsplatz.

Die heutige Arbeitswelt ist von Vielfalt geprägt, da bis zu fünf Generationen (Traditionalisten, Babyboomer, Generation X, Generation Y und Generation Z) unterschiedliche Erwartungen an ihre Jobs und Arbeitgeber haben (Abbildung 10). Um ein für alle Generationen produktives Arbeitsumfeld zu schaffen, müssen Arbeitgeber unter anderem ihre Interaktions- und Kommunikationsmethoden mit Mitarbeiter:innen überdenken und den individuellen Bedürfnissen gerecht werden, um ein inklusives und respektvolles Arbeitsumfeld für alle zu gewährleisten. Denn jede Generation hat ihre eigenen Perspektiven und Werte, die ihre Arbeitseinstellung, Prioritäten und Verhaltensweisen am Arbeitsplatz beeinflussen (Egba 2023).

Generationen	Arbeitsbereich	Bürogestaltung	Annehmlichkeiten	Soziale Aktivitäten	Arbeitgeber-erwartungen
Generation Z	Agile Räume, Hot-Desking, aufgabenspezifische Bereiche	Integrierte Technik, umweltfreundlich	Moderne Technik, Meditationsräume, verschiedene Snacks	Virtuelle Aktivitäten, spielerische Herausforderungen, soziale Aktivitäten	Digitale Kompetenz, Selbständigkeit, schnelles Erlernen von Fähigkeiten, Fokus auf geistiges Wohlbefinden
Generation Y	Offene Büroräume, Co-Working Spaces	Moderne Gestaltung, Bereiche zum Entspannen	Kaffee und Tee, Snacks, Wellness-Räume, Erholungsgebiet	Regelmäßige Ausflüge, »Happy Hours«, Retreats	Flexibilität bei der Arbeit, regelmäßiges Feedback, starke Kultur und Werte, schnelle Beförderung
Generation X	Offene Räume mit Privatsphäre und ruhigen Zonen	Räume für die Zusammenarbeit, Besprechungsräume	Bessere Kaffeemaschinen, Snacks, Fitnesscenter	Teambildung, Betriebsausflüge	Flexible Arbeitszeiten, Vereinbarkeit von Beruf und Privatleben, berufliche Weiterbildung, transparente Kommunikation
Babyboomer	Kombination von Einzelbüros und Kabinen	Funktional mit Komfort	Kaffee und Tee, Pausenräume, Firmen-Cafeteria	Gelegentliche Team-Lunches und Abendessen, Ruhestandsfeiern	Anerkennung, traditionelle Leistungen, Aufstiegsmöglichkeiten, Ausbildung und Entwicklung

Abb. 10: Erwartungen unterschiedlicher Altersgruppen an Arbeit (in Anlehnung an Egba 2023)

Erwartungen der Generation Z. Agilität.

Die Erwartungen der Generation Z, der Digital Natives, werden maßgeblich durch ihr Aufwachsen und ihre Erfahrung im digitalen Zeitalter geprägt. Sie bevorzugen agile Arbeitsumgebungen, in denen sie flexibel zwischen Aufgaben wechseln können sowie beispielsweise sogenannte Hot-Desking-Konzepte, die keinen festen Arbeitsplatz zuweisen, sondern eine räumliche Flexibilität im Office ermöglichen. Technologieintegrierte Räume mit umweltfreundlichen Merkmalen sind für sie dabei besonders attraktiv. In Bezug auf Entspannung und Erholung im Job erwarten sie nicht nur die herkömmlichen Goodies und Annehmlichkeiten wie Kaffee(küche) und Tee, sondern deutlich mehr – den Zugang zu den neuesten Technologien und Tools, zu Ruheräumen oder auch zu einer Vielfalt an Snacks. Bei den sozialen Aktivitäten bevorzugen sie virtuelle Aktivitäten wie Onlinespiele oder -treffen sowie spielerische Herausforderungen (bspw. Gamefication, Hackathons oder Denkathons). Für die Generation Z sind remote oder hybride Arbeitsmodelle meist deutlich attraktiver als traditionelle Büroräume und -umgebungen. Gleichzeitig schätzen sie kreative Freiheiten sowie die Möglichkeit, schnell neue Fähigkeiten zu erlernen und legen Wert auf ihr geistiges und physisches Wohlbefinden. Ein typisches Büro, das auf die Bedürfnisse der Generation Z ausgerichtet ist, zeichnet sich durch hohe Kollaborationsoptionen aus, worin sie sowohl als Freund:innen als auch als Kolleg:innen interagieren können, ohne dabei ihren persönlichen Freiraum zu verlieren (Egba 2023).

Erwartungen der Generation Y. Gemeinschaft.

Die Generation Y hat die Zukunft der Arbeit bereits maßgeblich beeinflusst, indem sie eine Vorliebe für unter anderem Großraumbüros und gemeinschaftliche Arbeitsbereiche gezeigt hat, die insbesondere die Kommunikation, Interaktion und Zusammenarbeit fördern. Im Vergleich zu anderen Generationen nutzen sie häufiger Apps, um gemeinsam, interaktiv und produktiv an Projekten zu arbeiten. Ein typisches Büro für Millennials zeichnet sich durch ein modernes Design aus und bietet Pausenbereiche mit bequemen Möbeln oder Sitzsäcken zum Wohlfühlen sowie durch Tools zur Ablenkung und für gedankliche Pausen wie (Online-)Games oder den klassischen Kicker. Millenials legen Wert auf gemeinsame Aktivitäten außerhalb der Arbeit, wie regelmäßige Ausflüge oder Happy Hours, um ein Gefühl der Teamarbeit, Gemeinschaft und Freundschaft zu fördern. Sie erwarten Flexibilität von ihren Vorgesetzten und schätzen klare Unternehmenswerte sowie Möglichkeiten zum beruflichen Aufstieg und zugunsten einer erfolgreichen beruflichen Laufbahn (Egba 2023).

Erwartungen der Generation X. Flexibilität.

Die Generation X bevorzugt teils offene Büroumgebungen (sog. Open Space), die die Zusammenarbeit fördern – diese sind für sie ebenso wichtig wie die Möglichkeit, bei Bedarf auch einen ruhigen, eher abgeschiedenen Arbeitsplatz zu nutzen. Sie bevorzugen einen Arbeitsplatz mit zusätzlichen Annehmlichkeiten wie hochwertige Kaffeemaschinen und Snacks oder ein Fitnesscenter vor Ort. Work-Life-Balance und

Flexibilität bei den Arbeitszeiten sind für sie von Bedeutung, während sie gleichzeitig immer nach beruflichem Wachstum und Karriere streben. Diese Generation schätzt echte (d. h. auch analoge) Beziehungen zu Kolleg:innen und eine Kultur der Zusammenarbeit am Arbeitsplatz (Egba 2023).

Erwartungen der Babyboomer. Privatsphäre.

Die Babyboomer suchen in der Regel nach Arbeitsplätzen, die Kontinuität, Sicherheit und Stabilität bieten. Sie bevorzugen strukturierte Büroumgebungen mit individuellen (Einzel-)Büros oder sogenannte Arbeitszellen, um einen ihnen überaus wichtigen Privatsphärenbereich zu haben. Sie legen (im Gegensatz zu jüngeren Generationen auf dem Arbeitsmarkt) weniger Wert auf anspruchsvolle Annehmlichkeiten am Arbeitsplatz wie eine Cafeteria oder Kantine und nehmen gern an Betriebsfeiern und gemeinsamen Teammittagessen teil, um Arbeitsfreundschaften zu vertiefen und ihre Netzwerkkontakte auszubauen. Die Babyboomer sind besonders loyal gegenüber Arbeitgebern, die ihre Arbeit anerkennen und traditionelle Leistungen sowie Möglichkeiten zum beruflichen Aufstieg bieten – und somit auch weniger schnell verführbar durch die Offerten anderer Arbeitgeber (Egba 2023).

FAZIT. Generationenbedingte Unterschiede zu Erwartungen an den Arbeitsplatz.

Die Babyboomer suchen Stabilität, die Generation X eher eine ausgewogene Work-Life-Balance. Die Generation Y wünscht sich eine kollaborative Arbeitsumgebung, während die Generation Z Flexibilität und digitale Integration sowie Tools schätzt (Egba 2023).

UNTERSCHIEDE zwischen Generationen. Mitarbeitermotivation.

Wie unterscheiden sich die unterschiedlichen Generationen, die bislang gleichzeitig am Arbeitsmarkt aufeinandertreffen, und seitens ihrer Arbeitgeber motiviert werden wollen?! Dieser Frage gehen wir im folgenden Abschnitt nach.

Erwartungen der Generation Z. Sinnhaftigkeit.

Für die Vertreter:innen der Generation Z sind der Sinn von Arbeit und die Sinnhaftigkeit der Existenz und des Tuns von Unternehmen von entscheidender Bedeutung. Sie möchten nicht nur Geld verdienen (FOCUS online 2024a), sondern auch einen Beitrag leisten, sich einbringen und etwas bewirken. Studien zeigen, dass die Sinnhaftigkeit ihrer Arbeit für viele Zoomer größtenteils noch wichtiger ist als finanzielle Belohnungen oder klassische Karrieren beziehungsweise Aufstiegsmöglichkeiten. Vor allem Unternehmen, die soziale oder ökologische Verantwortung übernehmen, können die Motivation dieser Generation steigern. Sie sind auf der Suche nach einem Purpose (Kapitel 1.1), der über das Gehalt hinausgeht, und wollen wissen, ob beziehungsweise dass ihre Arbeit einen positiven Einfluss auf die Gesellschaft hat (Boogaard 2021).

Erwartungen der Generation Y. Weiterentwicklung.

Die Möglichkeit zur Entwicklung steht für die Generation Y im Mittelpunkt ihrer Motivation. Sie streben nach Weiterentwicklungs- und Lernmöglichkeiten. Studien zeigen, dass vor allem berufliche Weiterbildungsangebote seitens Arbeitgebern einen Großteil der Millennials davon abhalten würde, ihren Job zu kündigen beziehungsweise wechselwillig zu sein. Sie verlangen nicht nur Aufstiegsmöglichkeiten, sondern auch eine aktive Förderung ihrer individuellen beruflichen Möglichkeiten und Entwicklung durch ihren Arbeitgeber. Daher legt die Generation Y bei der Auswahl ihrer beruflichen Tätigkeit und insbesondere Arbeitgeber besonders großen Wert auf Trainings und Seminare (Boogaard 2021).

Erwartungen der Generation X. Autonomie.

Autonomie ist das zentrale Stichwort, wenn es um die Mitarbeitermotivation der Generation X geht. Nicht wenige von ihnen sind als sogenannte Schlüsselkinder aufgewachsen, verbrachten ihre Nachmittage nach Schulschluss allein, während beide Eltern in Vollzeit oder Teilzeit arbeiteten – diese Erfahrung prägte ihre Persönlichkeit. Sie sind dementsprechend unabhängig beziehungsweise sehnen sich oder streben nach Unabhängigkeit. Zudem sind sie einfallsreich und offen gegenüber alternativen Denkmustern und Handlungsweisen. Für eine erfolgreiche Motivation dieser überdurchschnittlich ambitionierten und fleißigen Arbeitnehmergeneration ist es daher entscheidend, kein Mikromanagement seitens Management und Vorgesetzter im Sinne von starker Kontrolle und »kurzer Leine« zu betreiben, da dies als Misstrauen gegenüber ihren Fähigkeiten und als übergriffiges Einengen empfunden wird. Vielmehr ist die Bedeutung von Autonomie und Gestaltungsspielraum am Arbeitsplatz entscheidend für diese Generation. Sie erwarten die Freiheit, ihre Arbeitsabläufe selbst zu optimieren, und schrecken vor einem Zuviel an Kontrolle seitens Arbeitgebern zurück (Boogaard 2021).

Erwartungen der Generation Babyboomer. Freiräume.

Babyboomer wissen Freiraum zu schätzen. Das liegt vor allem an ihrer Lebenssituation: Viele Babyboomer haben bereits ein erfülltes Leben außerhalb des Berufs aufgebaut und müssen im Alltag vielfältige Anforderungen bewältigen – dementsprechend stehen sie häufig vor der Aufgabe, die Bedürfnisse verschiedener Generationen innerhalb der Familie sowie mit den eigenen Wünschen zu vereinbaren. Zudem engagieren sich viele Babyboomer ehrenamtlich (bspw. in Umwelt, Kultur, Bildung, Sport oder für Gesellschaftsthemen). Diese teils vielversprechenden bis herausfordernden Lebensumstände erfordern von Arbeitgebern Interesse, Verständnis und Maßnahmen, um den Babyboomern entgegenzukommen. Flexible Arbeitszeiten und -modelle sowie eine auf die veränderten Lebensumstände abgestimmte Arbeitsplatzgestaltung sind essenziell, um die Motivation, das Engagement und eine langfristige Bindung dieser erfahrenen und wertvollen Mitarbeitergruppe zu sichern.

FAZIT. Generationenbedingte Unterschiede. Erwartungen an die Mitarbeitermotivation.

- Mitarbeitermotivation für die Babyboomer: Flexibilität. Freiraum.
- Mitarbeitermotivation für die Generation X: Autonomie. Selbstbestimmung.
- Mitarbeitermotivation für die Generation Y: Weiterentwicklung. Karriere.
- Mitarbeitermotivation für die Generation Z: Sinnhaftigkeit. Mehrwert. (Boogaard 2021)

UNTERSCHIEDE zwischen Generationen. Arbeitgeberkommunikation.

Im folgenden Abschnitt wird beleuchtet, wie sich die verschiedenen Generationen hinsichtlich ihrer Erwartungen an die Kommunikation seitens ihrer Arbeitgeber unterscheiden.

Erwartungen der Generation ALPHA. Modernste Kommunikation inklusive KI.

Die Generation ALPHA ist die kommende Generation in Gesellschaft und Wirtschaft sowie im Berufsleben und wird noch deutlich stärker als die Generation Z von digitalen Technologien sowie von KI geprägt sein. Obwohl ihre Kommunikationspräferenzen noch nicht offensichtlich und vollständig vorhersehbar sind, werden sie voraussichtlich die neuesten technologischen Trends wie aktuell KI (bspw. ChatGPT oder Voice Devices) unter anderem in ihrer Kommunikation selbstverständlich nutzen und auch von Arbeitgebern erwarten (Harris 2023).

Erwartungen der Generation Z. Digitale Kommunikation und Echtzeit-Feedback.

Die Vertreter:innen der Generation Z sind die ersten echten Digital Natives (gefolgt von den ALPHAs) und erwarten sofortige 24/7-Kommunikation über möglichst viele digitale Kanäle, dabei erscheinen jedoch selbst E-Mails bereits veraltet. Sie bevorzugen WhatsApp, Instant Messaging, Videokonferenzen und digitale Remote- und Kooperationsinstrumente für die Zusammenarbeit. Authentisches Feedback in Echtzeit, New Work und Agilität sowie vielfältige, integrative Arbeitsumgebungen sind ihnen besonders wichtig (Harris 2023).

Erwartungen der Generation Y. Sinnstiftende Kommunikation und Anerkennung.

Die Generation Y ist während der technologischen Revolution und mit der rapiden Beschleunigung im Kontext der digitalen Transformation aufgewachsen und sucht dementsprechend eine ausgewogene Work-Life-Balance trotz des Verfolgens einer individuellen Laufbahn und horizontalen oder vertikalen Karriere. Sie legt Wert auf eine authentische, offene sowie schnelle Kommunikation und bevorzugt interaktive Plattformen wie Messaging-Apps sowie die sozialen Medien und Netzwerke. Die Anerkennung für ihre Beiträge und Entwicklungsmöglichkeiten sowie für ihr berufliches Engagement spielt eine zentrale Rolle (Harris 2023).

Erwartungen der Generation X. Anpassungsfähige Kommunikation und Work-Life-Balance.

Die Generation X hat sowohl die analoge als auch die digitale Welt erlebt und gilt als anpassungsfähig und selbstständig. Sie bevorzugt eine effiziente Kommunikation, die ihre (limitierten) Zeitressourcen respektiert, und schätzt klare, prägnante Botschaften. Persönliche Face-to-Face-Gespräche ist ihr im Rahmen einer angemessenen Kommunikation wichtig, aber sie ist auch offen für digitale Kommunikationskanäle wie E-Mails. Zudem legt die Generation X Wert auf ein ausgewogenes Verhältnis zwischen Arbeit und Privatleben sowie ein ergebnisorientiertes, das heißt effizientes Arbeiten in Teams (Harris 2023).

Erwartungen der Generation Babyboomer. Traditionelle Kommunikation und persönliche Bindungen.

Die Babyboomer zeichnen sich aus durch eine starke Arbeitsmoral und bevorzugen eine direkte sowie persönliche Kommunikation. Sie schätzen eindeutige Hierarchien und klare Strukturen in Organisationen sowie persönliche Beziehungen und Netzwerke. Telefonate, Meetings und formelle Memos als analoge Formate sind ihre bevorzugten, weil gewohnten und bekannten Kommunikationsmittel. Der Respekt vor ihrer Erfahrung und ihrem Wissen fördert eine effektive Kommunikation und so auch ihre Motivation (Harris 2023).

FAZIT. Generationenbedingte Unterschiede. Kommunikation von Arbeitgebern.

Arbeitgebende Unternehmen sollten eine Vielzahl von analogen und digitalen Kommunikationskanälen wie E-Mails, Messaging-Apps, Videokonferenzen, soziale Medien und Netzwerke nutzen, um den unterschiedlichen Präferenzen der verschiedenen Generationen an Mitarbeiter:innen gerecht zu werden. Während die Generation Z unter anderem Instant Messaging bevorzugt, fühlen sich die Babyboomer mit E-Mails und vor allem mit jeglicher Art von persönlicher Interaktion deutlich wohler. Durch die Integration verschiedener Kommunikationskanäle ermöglichen Arbeitgeber eine generationenadäquate, effektive und vielseitige Kommunikation – und so letztlich eine ausgeprägte Mitarbeitermotivation, -zufriedenheit und -bindung (Harris 2023).

Für eine erfolgreiche generationenübergreifende Kommunikation am Arbeitsplatz sollten Arbeitgeber die folgenden Faktoren beachten (Harris 2023):

- **Personalisierung. Individuelle Wertschätzung.** Arbeitgeber sollten Wert auf eine individuelle Kommunikation bezüglich Kommunikationsbotschaften und Kommunikationskanälen legen, damit sich jede:r Mitarbeiter:in wertgeschätzt und verstanden fühlt. Botschaften sollten entsprechend den Abteilungen, Standorten, Sprachen und Generationen der jeweiligen Mitarbeiter:innen personalisiert sein.

Die Implementierung von beispielsweise KI in Kommunikationskanälen ermöglicht beziehungsweise erleichtert eine maßgeschneiderte Ansprache und stärkt das Gefühl der Wertschätzung und des Verständnisses gegenüber Mitarbeiter:innen verschiedener Generationen.

- **Segmentierung von Botschaften. Zielgerichtete Kommunikation.** Botschaften sollten an die Präferenzen unterschiedlicher Generationen angepasst und eine Sprache und vor allem Plattformen verwendet werden, die den jeweiligen Mitarbeitergenerationen entsprechen. Die spezifische Segmentierung von Botschaften nach den jeweiligen Präferenzen der Generationen stellt sicher, dass alle Mitarbeiter:innen relevante und ansprechende Kommunikationsinhalte erhalten. Durch die Anpassung einer generationenspezifischen Wortwahl und eines entsprechenden Kommunikationsstils überwinden Arbeitgeber Kommunikationsbarrieren und erreichen eine deutlich größere Akzeptanz bei allen Arbeitnehmergenerationen.
- **Integration von Technologie. Moderne Kommunikation.** Die Integration moderner Kommunikationsmittel und -plattformen ermöglicht eine nahtlose Zusammenarbeit und den Austausch von Wissen innerhalb von Unternehmen, was insbesondere technikaffine (zumeist jüngere) Arbeitnehmergenerationen anspricht. Ein benutzerfreundliches Intranet, digitale Instrumente für die unternehmensinterne Zusammenarbeit und virtuelle Meeting-Plattformen stellen eine effiziente Kommunikation über alle Generationen hinweg sicher.
- **Mobile Zugänglichkeit. Flexible Kommunikation.** Arbeitgeber sollten sicherstellen, dass alle Mitarbeiter:innen ortsunabhängig mittels mobiler Kommunikationsmittel kontinuierlich im Austausch stehen können. Durch das Bereitstellen einer mobilen Zugänglichkeit und Erreichbarkeit fördern sie die Flexibilität aller Mitarbeiter:innen und erleichtern die Teilnahme aller an einer teamübergreifenden Kommunikation, unabhängig von Ort und Zeitpunkt.
- **Integrative Sprache. Klare Kommunikation.** Potenziell verwirrender Fachjargon sollte vermieden und in der Mitarbeiterkommunikation eine klare, integrative Sprache verwendet werden, die sicherstellt, dass alle Generationen die zu vermittelnden Informationen verstehen und nachvollziehen können. Durch die Verwendung einer Sprache, die für alle verständlich ist, fördern Arbeitgeber eine effektive Kommunikation und vermeiden Missverständnisse.
- **Zeitnahe Herausforderungen. Proaktive Kommunikation.** Im Rahmen der internen Kommunikation ist es für Arbeitgeber wichtig, kommunikative Herausforderungen proaktiv und zeitnah anzugehen. Das Ermutigen zu einem offenen Dialog, das Betonen gemeinsamer Ziele und Werte sowie das Unterstützen generationenübergreifender Mentorenprogramme, um den Austausch und das gegenseitige Verständnis von jüngeren und älteren Mitarbeiter:innen zu fördern, sind essenziell für den Unternehmenserfolg. Durch diese Strategien können eine effektive HR-Kommunikation über alle Generationen hinweg sowie eine positive Arbeitsumgebung sowohl geschaffen als auch langfristig sichergestellt werden.

- **Digitale Trainings. Aufbau von Kompetenzen.** Das Angebot von Schulungen unterstützt Mitarbeiter:innen, mit digitalen Tools und Plattformen sowie KI-Instrumenten vertraut zu werden. Durch gezielte Schulungsmaßnahmen stärken Arbeitgeber die Kompetenzen und das Selbstbewusstsein im Umgang mit modernen Technologien – insbesondere der älteren Generationen.
- **Kollaborative Arbeitsbereiche. Vielfältige Zusammenarbeit.** Arbeitgeber sollten die Themenvielfalt und generationsübergreifende Zusammenarbeit fördern, um einen reichen Austausch von Ideen und Perspektiven zu ermöglichen. Durch die Arbeit an gemeinsamen Projekten lernen Mitarbeiter:innen voneinander und schätzen den Wert, den jede Person für die anderen hat. Eine offene Feedbackkultur stärkt den Kommunikationskreislauf und fördert kontinuierlich unternehmensinterne Optimierung und Innovation.

ZIELE für Generationen. Brücken zwischen Generationen.
Unternehmen sollten Brücken zwischen jüngeren und älteren Mitarbeiter:innen bauen. Dies kann durch die Förderung einer Netzwerkkultur, die Sensibilisierung für Altersdiskriminierung oder die Unterstützung von Mentorenprogrammen geschehen. Wichtig ist es, Mitarbeiter:innen zu schulen, einander als wertvolle und gleichberechtigte Individuen zu betrachten und nicht vorschnelle Annahmen aufgrund von unter anderem Vorurteilen angesichts Alter oder äußerlichen Merkmalen zu treffen. Oft bewirken kleine Schritte mehr als große Konzepte, beispielsweise ein gemeinsames Mittagessen oder eine Kaffeepause zwischen Kolleg:innen unterschiedlichen Alters, was einen bedeutenden Schritt für eine verbesserte Zusammenarbeit darstellen kann (Melbinger 2017).

GENERATIONENZIEL 1. Finden von Gemeinsamkeiten.
Unabhängig vom Alter ist laut Studien die Suche nach Erfüllung und Erfolg allen Generationen im Arbeitsleben gemein (McKinsey 2023). Viele grundlegenden Bedürfnisse und Wünsche von Arbeitnehmer:innen unterscheiden sich nicht in Abhängigkeit vom Alter, denn die Generationen Z, Y, X und Babyboomer wünschen sich alle ein faires Gehalt, Weiterbildung und gute Führung beziehungsweise Vorgesetzte sowie einen Mehrwert, den die berufliche Tätigkeit ihnen und anderen gibt. Arbeitgeber und Jobs überzeugen daher durch eine angemessene Vergütung, Entwicklungsmöglichkeiten und die Bedeutung beziehungsweise den Sinn der von ihnen ausgeführten Arbeit. Dementsprechend sind die altersunabhängigen Gründe für einen Jobwechsel und für das Entscheiden gegen einen Arbeitgeber überwiegend unzureichende Bezahlung, begrenzte Möglichkeiten zur beruflichen Entwicklung und inadäquate Führung. Führungskräfte stehen somit vor der Aufgabe, nicht an vorgefertigten altersbedingten Vorstellungen ihrer Mitarbeiter:innen festzuhalten. Sie müssen lernen, die Vielfalt und Einzigartigkeit ihrer Mitarbeiter:innen zu erkennen, zu schätzen und zu nutzen (Melbinger 2017).

GENERATIONENZIEL 2. Vernetzen von Generationen.

Die Vielfalt an Generationen in Unternehmen stellt eine wertvolle Ressource und einen Faktor des Unternehmenserfolgs dar. Wenn Unternehmen die bereits vorhandene, unternehmensinterne Diversität nicht erkennen, besteht die Gefahr von Missverständnissen und Konflikten zwischen Mitarbeiter:innen unterschiedlicher Generationen. Eine daraus resultierende Altersdiskriminierung kann schwerwiegende Auswirkungen auf die betroffenen Personen haben. Die Zusammenführung qualifizierter Mitarbeiter:innen unterschiedlichen Alters kann jedoch nicht nur das Arbeitsumfeld verbessern, sondern auch zahlreiche neue Möglichkeiten eröffnen: Die Generationen Y und Z legen beispielsweise Wert auf ein regelmäßiges Feedback und streben nach persönlicher Weiterentwicklung – der Kontakt zu erfahrenen Kolleg:innen bietet hierfür optimale Gelegenheiten. Unternehmen, die derartige Möglichkeiten des team- und generationenübergreifenden Austauschs fördern, steigern ihre Attraktivität als Arbeitgeber. Viele Projekte erfordern sowohl Erfahrungswissen als auch Kreativität und unkonventionelle Ansätze. Durch die Zusammenarbeit von Mitarbeiter:innen verschiedener Altersgruppen können neue und verbesserte Lösungsansätze entstehen. Der Austausch von Wissen und Informationen zwischen den Generationen unterstützt die Zukunftsfähigkeit von Unternehmen, indem sichergestellt wird, dass wichtige Kenntnisse und Erfahrungen weitergegeben werden (Melbinger 2017).

GENERATIONENZIEL 3. Mentor- und Mentee-Passung.

Aufgrund ihres reichen Erfahrungsschatzes sind Babyboomer bestens geeignete Kandidat:innen, um als Mentor:innen für neue Mitarbeiter:innen zu fungieren. Angesichts des rapiden Anstiegs der Zahl von Babyboomern, die aktuell und in naher Zukunft in den Ruhestand treten, wird es für Unternehmen zunehmend wichtiger, dass dieses Wissen an jüngere Generationen weitergegeben wird. Gleichzeitig ist es für Babyboomer von Bedeutung, von Arbeitgebern und Kolleg:innen geschätzt und auch als führende Expert:innen in ihrem Fachgebiet angesehen zu werden. Gleichzeitig zeigen jüngere Mitarbeiter:innen ein hohes Maß an Initiative und dem Streben nach beruflichem Fortschritt, was Mentoring zu einem idealen Instrument macht, um die Bedürfnisse aller (jüngerer und älterer) Generationen zu erfüllen. Die meisten Mentoring-Programme setzen genau hier an: Erfahrene Mitarbeiter:innen übernehmen die Mentorrolle für jüngere Kolleg:innen. Dadurch profitieren nicht nur die Mentees von den Erfahrungen der Mentor:innen, sondern auch diese werden mit neuen Perspektiven und Ideen bereichert. Einige Unternehmen fördern zudem den Austausch von Ideen zwischen den Generationen, indem sie sogenannte Reverse Mentoring Initiativen einführen. Dabei werden ältere oder erfahrene Mitarbeiter:innen von jüngeren Kolleg:innen angeleitet. Durch Reverse Mentoring wird gewährleistet, dass alle im Unternehmen erkennen, dass jede Generation einen wertvollen Beitrag zum Erfolg des Unternehmens und Arbeitgebers leisten kann (Melbinger 2017).

EXKURS. Unconscious Bias. Altersdiskriminierung.

Unbewusste Vorurteile und Altersdiskriminierung sind potenzielle Hürden bei der (Weiter-)Beschäftigung, Motivation und Integration älterer Mitarbeiter:innen. Im nun folgenden Exkurs wird daher beleuchtet, welche Rollen diese Faktoren im Personalwesen und Recruiting sowie in der Mitarbeiterbindung und -motivation spielen und welche Maßnahmen seitens Arbeitgebern ergriffen werden können, um diese Hürden zu überwinden.

UNCONSCIOUS BIAS.

Unbewusste Voreingenommenheit – der sogenannte Unconscious Bias – beeinflusst die Arbeitswelt und das Berufsleben, jedes Unternehmen und jeden Arbeitgeber (Abbildung 11), sei es hinsichtlich der Art und Weise, wie Arbeitnehmer:innen und Management grundsätzlich voneinander denken, bis hin zur Art und Weise, wie man mit Kolleg:innen im Alltag umgeht und interagiert. Unbewusste Vorurteile sind zwar menschlich, denn sie vereinfachen und unterstützen als mentale Abkürzungen die Entscheidungsfindungsprozesse. Jegliche Art von Voreingenommenheit kann jedoch zu verzerrten bis hin zu falschen Beurteilungen führen und Stereotype verstärken, was Unternehmen bei ihrer Personalauswahl und Entscheidungsfindung schadet. Sie stellen somit auch eine große Hürde bei der Weiterbeschäftigung von älteren Arbeitnehmer:innen und Mitarbeiter:innen dar (Team Asana 2024).

Gleichzeitig erscheinen unbewusste Vorurteile zunächst harmlos, weil weitverbreitet und menschlich. Zudem finden sie hauptsächlich im Unterbewusstsein und nicht in offenkundig-vorurteilsbehafteten Handlungen statt. Die im Folgenden beschriebenen, realen Herausforderungen, die aufgrund von (unbewusster) Voreingenommenheit entstehen, sind erfahrungsgemäß jedoch äußerst problematisch für Unternehmen (ZAVVY 2024):

- **Schaffen ungerechter Nachteile.** Unbewusste Vorurteile können dazu führen, dass potenziell qualifizierte Mitarbeiter:innen nicht eingestellt oder dass bereits verfügbare kompetente Mitarbeiter:innen nicht befördert oder angemessen bezahlt beziehungsweise wertgeschätzt werden.
- **Verhindern wahrer Diversität.** Unternehmen mit vielfältigen Teams sind laut Studien nachweisbar erfolgreicher. Trotzdem sehen sich viele Unternehmen weiterhin mit einem (teils selbstverschuldeten) Mangel an Vielfalt konfrontiert, der unter anderem durch (unbewusste) Voreingenommenheit in Bewerbungs-, Beförderungs- und Entwicklungsprozessen von Mitarbeiter:innen bedingt ist.
- **Beeinflussen produktiver Teamdynamik.** Unbewusste Voreingenommenheit kann ebenfalls die Art und Weise beeinflussen, wie Kolleg:innen miteinander um-

gehen (von wohlwollend und sich gegenseitig fördernd bis konkurrierend und missgünstig) und wie teamintern Entscheidungen getroffen werden (gemeinsam, gemeinschaftlich und demokratisch bis hierarchisch) oder aber wie Teammitglieder übereinander urteilen (produktiv bis konstruktiv).

- **Verhindern notwendiger Nachfolgeplanung.** Unbewusste Voreingenommenheit kann das Suchen und Finden von Nachfolger:innen in der Unternehmensführung negativ beeinflussen oder sogar verhindern. Unternehmen brauchen unterschiedliche kompetente Kandidat:innen mit der Bereitschaft, im Top-Management und auf GF- beziehungsweise C-Level-Ebene die entscheidenden Schlüsselpositionen und somit Verantwortung zu übernehmen.

Abb. 11: Auswirkungen von (unbewussten) Vorurteilen am Arbeitsplatz (in Anlehnung an ZAVVY 2023)

WO UNBEWUSSTE VORURTEILE AUFTRETEN.

Unbewusste Vorurteile treten unternehmensintern in unterschiedlichen Facetten und in nahezu jedem Prozessschritt auf (ZAVVY 2024):

- **Recruiting-Prozess.** Ein bezüglich Unconsciuos Bias ungeschultes Einstellungs- und Personalentscheiderteam kann talentierte Kandidat:innen aufgrund von (unbewusster) Voreingenommenheit übergehen oder übersehen beziehungsweise nicht angemessen einschätzen.
- **Interview-Prozess.** Interviewer:innen können im Kennenlern- und Vorstellungsgespräch suggestive Fragen stellen, um bestimmte, von ihnen erwünschte und »ins Bild passende« Antworten zu bekommen, die sie in ihren Vorstellungen bestätigen.
- **Onboarding-Prozess.** Neu eingestellte Mitarbeiter:innen bekommen eventuell den Eindruck, einer »Norm« entsprechen und sich entsprechend anpassen zu müssen, um sich einzufügen und nur so Erfolg haben beziehungsweise Karriere machen zu können.
- **Feedback-Prozess.** Personalverantwortliche wie Team-, Abteilungs- oder Bereichsleiter:innen können vorurteilsbehaftete Mitarbeiter:innen, die ihrer Meinung nach negativ herausstechen und nicht einer vermeintlichen Norm entsprechen, kritischer bewerten und beurteilen. Demzufolge haben die betreffenden Mitarbeiter:innen das Gefühl, dass sie aufgrund ihres beispielsweise kulturellen oder religiösen Hintergrunds weniger fair beurteilt, später als andere befördert werden, seltener Verantwortung übertragen oder nur mit Verzögerung eine Gehaltserhöhung bekommen.

- **Führungskräfteauswahl-Prozess.** Unternehmensvertreter:innen wählen häufig sogenannte Mini-Me's als Mitarbeiter:innen aus, das heißt (zukünftige) Fach- und Führungskräfte, die so aussehen und denken wie sie selbst und vergleichbare Lebensläufe und Historien haben – und nicht die Kandidat:innen, die am besten für die ausgeschriebene Position geeignet wären, aber eben nicht der besagten Norm entsprechen.

Weitere HR-Felder und Entscheidungskonstellationen, die potenziell durch Voreingenommenheit negativ beeinflusst werden können, werden im Folgenden inklusive möglicher Lösungsansätze dargestellt (Team Asana 2024).

Geschlechtsbezogene Voreingenommenheit.

Geschlechtervoreingenommenheit (Gender Bias) bezeichnet die Tendenz, ein Geschlecht gegenüber anderen zu bevorzugen. Diese Art von Voreingenommenheit tritt auf, wenn eine Person unbewusst bestimmte Stereotype mit den verschiedenen Geschlechtern verknüpft. Das kann sich auf die Einstellungspraktiken sowie die zwischenmenschliche Dynamik innerhalb eines Unternehmens auswirken. Ein Beispiel hierfür wäre, wenn ein Auswahlgremium männliche Kandidaten bevorzugt, die ähnliche Fähigkeiten und vergleichbare Berufserfahrungen aufbringen wie weibliche Kandidatinnen, was diese benachteiligt. Ein weiteres Phänomen ist der geschlechtsspezifische Lohnunterschied, bei dem das durchschnittliche Gehalt von Männern in Deutschland aktuell etwa 18 % höher liegt als das von Frauen (Gender-Pay-Gap). Diese geschlechtsspezifische Verzerrung kann unter anderem die beruflichen Möglichkeiten und Aufstiegschancen bestimmter Bevölkerungsgruppen deutlich einschränken (Team Asana 2024).

Vermeiden geschlechtsspezifischer Vorurteile.

- **Geschlechtsneutrale Einstellungsstandards.** Definieren von Idealkandidatenprofilen und Bewertung aller Kandidat:innen anhand derselben Standards.
- **Zielvorgaben »Diversität«.** Setzen qualitativer Ziele zur Geschlechtervielfalt zum Aufbau geschlechtsspezifisch ausgewogener Teams inklusive der Unterstützung von Frauen bei der Übernahme von Führungsaufgaben und dem Zur-Verfügung-Stellen von Ressourcen beziehungsweise dem Schaffen der entsprechenden Rahmenbedingungen (Team Asana 2024).

Namensbezogene Voreingenommenheit.

Vorurteile aufgrund des Namens manifestieren sich in der Tendenz, bestimmte Namen, insbesondere solche mit einem deutschen Klang beziehungsweise einem als deutsch wahrgenommenen Hintergrund, anderen, eher fremd anmutenden Namen vorzuziehen. Dieser Bias tritt am häufigsten im Bereich der Personalauswahl auf.

Wenn Personalverantwortliche und -entscheider:innen dazu neigen, Bewerber:innen mit deutsch klingenden Namen zu bevorzugen und genauso qualifizierte Bewerber:innen mit vermeintlich nicht deutschen Namen zu ignorieren, liegt eine solche Voreingenommenheit vor. Diese Form von Bias kann sich negativ auf die Diversität bei der Personalauswahl auswirken und dazu führen, dass Unternehmen talentierte Bewerber:innen übersehen beziehungsweise übergehen (Team Asana 2024).

Vermeiden von Vorurteilen gegenüber Namen.

- **Softwareeinsatz.** Verwenden von Blind-Hiring-Software, die personenbezogene Daten von Bewerber:innen in den Lebensläufen ausblendet.
- **Manuelle Vorgehensweise.** Bestimmen eines Teammitglieds, das personenbezogene Daten in Lebensläufen für das Einstellungsteam entfernt.

Attraktivitätsbezogene Voreingenommenheit.

Der Begriff »Beauty Bias« beschreibt die tendenzielle Bevorzugung und positive Stereotypisierung von Personen, die als attraktiv(er) betrachtet werden. Aus diesem Konzept hat sich der Begriff »Lookism« entwickelt, der die Diskriminierung aufgrund äußerlicher (als negativ wahrgenommener) Merkmale bezeichnet. Wichtig ist daher die Erkenntnis, dass Personalentscheidungen allein auf den Faktoren Fähigkeiten, Erfahrung und kulturelle Übereinstimmung basieren sollten anstatt auf rein äußerlichen Kriterien wie Attraktivität (Team Asana 2024).

Vermeiden des Beauty Bias.

- **Lebensläufe ohne Fotos.** Fokus bei der Durchsicht von Lebensläufen auf die Qualifikation und die Erfahrung der Bewerber:innen statt auf Fotos, was den Schwerpunkt unwillkürlich auf Attraktivitäts- und Sympathiefaktoren legt.
- **Telefonische Vorauswahl.** Kurze telefonische Kennenlern- und Bewerbungsgespräche vor dem Vereinbaren eines Vorstellungstermins, um die Bewerber:innen vorab kennenzulernen und einschätzen zu können, ohne von deren Aussehen beziehungsweise Attraktivität beeinflusst zu werden.

Halo-Effekt.

Der sogenannte Halo-Effekt beschreibt das Phänomen, bei dem man aufgrund einer einzelnen positiven Eigenschaft oder eines bestimmten Merkmals einen generell positiven Eindruck von einer Person entwickelt. Dieser »Heiligenschein«-Effekt (engl. »halo«) kann dazu führen, dass Personen unbeabsichtigt auf eine Art Podest gestellt werden – basierend auf meist äußerst begrenzten Informationen. Die entsprechende (zu) starke Konzentration auf eine positive Eigenschaft kann dazu führen, dass potenziell negatives oder schädliches Verhalten beziehungsweise Inkompetenzen und

Schwächen der betreffenden Bewerber:innen und Kandidat:innen übersehen werden, was Unternehmen langfristig schaden könnte (Team Asana 2024).

Vermeiden des Halo-Effekts.

- **Vielzahl an Vorstellungsgesprächen.** Ansetzen mehrerer Gesprächsrunden mit Bewerber:innen und Vertreter:innen unterschiedlicher Führungsebenen, sodass die Bewerber:innen aus verschiedenen Perspektiven bewertet werden können.
- **Vielfältige Teams für Bewerbungsgespräche.** Hinzuziehen von Personen aus anderen Teams zu Bewerbungsgesprächen, da diese nicht direkt mit dem künftigen Teammitglied zusammenarbeiten werden und daher weniger Grund haben, den entsprechenden Bewerber:innen einen Heiligenschein aufzusetzen.

Horns-Effekt.

Der sogenannte Horns-Effekt stellt das Gegenteil des Halo-Effekts dar. Bei dieser Form der Voreingenommenheit entwickelt man aufgrund eines einzelnen Merkmals oder einer bestimmten Erfahrung einen negativen Eindruck von einer Person. Wenn man einer einzelnen (negativen) Eigenschaft oder Interaktion mit einer Person zu viel Gewicht beimisst, kann dies zu einer ungenauen und unfairen Beurteilung ihres Charakters führen. Beispielsweise könnte ein neues Teammitglied aufgrund einer kritischen Rückmeldung von Vorgesetzten denken, dass dieser generell kritisch ist. Wenn dieser Effekt nicht bewusst kontrolliert wird, kann der Horns-Effekt unter anderem den Zusammenhalt und das Vertrauen zwischen Teammitgliedern beeinträchtigen (Team Asana 2024).

Vermeiden des Horns-Effekts.

- **Den ersten Eindruck hinterfragen.** Sich Zeit nehmen, um Bewerber:innen näher kennenzulernen, damit man einen konkreteren Eindruck von einer Person als Ganzes entwickeln kann.
- **Urteile anhand von Fakten treffen.** Hinterfragen, wie sich der erste Eindruck von Bewerber:innen entwickelt hat, und Finden von Nachweisen, um diesen Eindruck anhand weiterer Interaktionen zu untermauern beziehungsweise zu widerlegen.

Voreingenommenheit durch Bestätigungsfehler.

Der sogenannte Confirmation Bias bezeichnet die Tendenz, Informationen zu suchen und zu verwenden, die eigene Ansichten und Erwartungen bestätigen. Diese Form des Unconscious Bias entsteht, indem man gezielt Informationen auswählt, die bestehende Annahmen unterstützen. Dieses Verhalten beeinträchtigt die Fähigkeit zu hinterfragen, kritisch zu denken und objektive Denkprozesse anzuwenden und kann dazu beitragen, dass Informationen verzerrt interpretiert und solche mit gegenteiligen Ansichten übersehen werden. Die Bestätigung einer bereits vorhandenen Ansicht erscheint zwar zunächst befriedigend, jedoch ist es wichtig, auch die möglichen Konsequenzen zu bedenken, wenn man weiterhin an (voreingenommenen und somit »falschen«) Vorstellungen festhält (Team Asana 2024).

Vermeiden des Bestätigungsfehlers.

- **Informationen aus mehreren Quellen.** Beim Testen von Hypothesen oder dem Einsatz von Marktforschung sollten Informationen aus einer Vielzahl von Quellen gesammelt werden, um eine möglichst ausgewogene Perspektive zu erhalten.
- **Standardisierte Fragen im Bewerbungsgespräch.** Bei der Auswahl neuer Mitarbeiter:innen sollte eine Liste von Standardfragen für das Bewerbungsgespräch aufgestellt werden, um zu verhindern, dass themenfremde oder gezielte Fragen gestellt werden, die gegebenenfalls Bias-basierende Meinungen über Bewerber:innen bestätigen.

Conformity Bias.

Der sogenannte Conformity Bias ähnelt dem Phänomen des Gruppendenkens, bei dem man seine Meinung oder Verhalten an das einer Gruppe anpasst, selbst wenn es nicht mit der eigenen Meinung übereinstimmt. Diese Form der Voreingenommenheit tritt häufig auf, wenn man unter Gruppendruck steht oder versucht, sich in eine bestimmte soziale oder berufliche Umgebung einzufügen. Während Übereinstimmung zwar dazu beitragen kann, Konflikte in Teams zu vermeiden, kann sie jedoch gleichzeitig die Kreativität, offene Diskussionen und das Vorhandensein verschiedener Perspektiven verhindern (Team Asana 2024).

Vermeiden des Conformity Bias.

- **Anonyme Abstimmungen oder Fragebögen.** Die Option, Feedback zu Bewerber:innen anonym abzugeben für mehr Freiheit, die eigene Meinung zu äußern, ohne sich Gedanken über die Präferenzen anderer HR-Entscheider:innen machen zu müssen.
- **Im Vorfeld nach der Meinung fragen.** Vier-Augen-Gespräche mit den jeweiligen HR-Teammitgliedern im Vorfeld von Teammeetings, um deren Meinung einzuholen – sodass jede:r ausreichend Zeit hat, über die Bewerber:innen nachzudenken und sich zu ihnen zu äußern, ohne den Druck, sich offen vor Kolleg:innen äußern zu müssen.

Affinity Bias.

Der Affinity Bias (Ähnlichkeits-Bias) beschreibt die Tendenz, Menschen mit ähnlichen Interessen, ethnischer Herkunft, sexueller Orientierung oder Lebenserfahrungen zu bevorzugen, da man sich in der Nähe von Personen, die einem ähnlich sind, wohler fühlt. Dieser Unconscious Bias kann sich auf Personalentscheidungen auswirken.

Langfristig kann der Affinity Bias die Bemühungen von Unternehmen hinsichtlich Vielfalt und Inklusion behindern, insbesondere bei Einstellungsprozessen (Team Asana 2024).

Vermeiden des Affinity Bias.

- **Vielfältige Einstellungsteams.** Einbeziehen verschiedener Unternehmensvertreter:innen mit unterschiedlichen Perspektiven und Hintergründen, die Bewerbungsgespräche führen, um den Affinity Bias zu vermeiden.
- **Fokus auf »kulturelle Übereinstimmung«.** Je mehr Gemeinsamkeiten die Personalentscheider:innen mit potenziellen Bewerber:innen wahrnehmen, desto größer ist die Wahrscheinlichkeit, dass sie diese als »kulturell passend« einschätzen – obwohl der Begriff »kulturelle Übereinstimmung« eher vage ist. Um Bewerber:innen dennoch fair und chancengleich zu bewerten, sollte man konkrete Formulierungen zum Feedback-Geben vorgeben und beschreiben lassen, wie gut Bewerber:innen die Unternehmenswerte verkörpern.

Kontrasteffekt.

Häufig werden Urteile getroffen, indem man Dinge oder Menschen miteinander vergleicht. Die Art und Weise, wie man etwas oder jemanden beurteilt, kann sich daher je nachdem, welchen Maßstab man anlegt, ändern – was als Kontrasteffekt bezeichnet wird. Teammitglieder empfinden beispielsweise eine gute Bewertung als weniger positiv, wenn sie sehen, dass auch andere entsprechend gut bewertet wurden, das heißt, diese messen ihre Ergebnisse an denen ihrer Kolleg:innen. Positive Kontrasteffekte hingegen sind beispielsweise zu sehen, wenn Mitarbeiter:innen etwas positiver als für gewöhnlich wahrnehmen, weil sie den Sachverhalt mit etwas Schlechterem vergleichen (Team Asana 2024).

Vermeiden des Kontrasteffekts.

- **Vielzahl an Vergleichen.** Vergleichen eines Sachverhalts hinsichtlich Bewerber:innen mit verschiedenen Standards, um die eigene HR-Perspektive zu erweitern – statt schon nach nur einem einzigen Vergleich eine Schlussfolgerung hinsichtlich deren Eignung zu ziehen.
- **Geben von Erklärungen.** Erläutern bestimmter Schlussfolgerungen bezüglich Bewerber:innen und des Zustandekommens derselben gegenüber Kolleg:innen im Personalentscheiderteam zum Erleichtern des Nachvollziehens von Standpunkten.

Status-quo-Haltung.

Diese Voreingenommenheitsfacette beschreibt die Tendenz zur Bevorzugung des Status quo, was zu einem Widerstand gegen Veränderungen führen kann. Die Aufrechterhaltung der aktuellen Gegebenheiten wird dabei als eine sichere Option betrachtet, die weniger aufwendig erscheint. Jedoch kann sie auch dazu führen, dass Unternehmen in ihrer Entwicklung stagnieren. Angesichts der kontinuierlichen Umbrüche in Wirtschaft und Gesellschaft sind Veränderungen aber für den Erfolg von Unternehmen unerlässlich. Wenn Unternehmen unter anderem an vermeintlich bewährten HR-Praktiken und -Prozessen festhalten, besteht die Gefahr, im Recruiting-Prozess geeignete Bewerber:innen zu übersehen, die neue Ideen und Perspektiven einbringen könnten (Team Asana 2024).

Vermeiden der Status-quo-Einstellung.

- **Nutzen des Framing-Effekts.** Hier wird versucht, das Beharren auf althergebrachten Standardoptionen im Recruiting als Verlust für das Unternehmen anzusehen, um das Erkunden alternativer HR-Optionen als Gewinn zu fördern.
- **Erweitern des Horizonts.** Schaffen eines Umfelds, in dem Kreativität und Innovation im Recruiting belohnt werden, sowie einer offenen Haltung gegenüber Veränderungen, damit HR-Teams den Status quo im Bewerbungsprozess flexibel an aktuelle Umstände anpassen.

Ankereffekt.

Der sogenannte Ankereffekt tritt auf, wenn man sich (zu) stark auf die erste Information verlässt, die als Anker dient und auf die man Entscheidungen begründet. Dadurch neigt man dazu, den Sachverhalt aus einer enger gefassten Perspektive zu betrachten. Anstatt des Wertschätzens solider Qualifikationen und Fähigkeiten von Bewerber:innen werden Informationen über sie berücksichtigt, die besonders auffällig waren. Personalverantwortliche konzentrieren sich dann ausschließlich auf diese Tatsachen. Dabei ist es wichtig, sich als Personalentscheider:in nicht auf eine einzelne Information zu berufen, um Entscheidungen zu treffen, sondern das Gesamtbild der Bewerber:innen zu betrachten und stets alle relevanten HR-Faktoren angemessen zu berücksichtigen (Team Asana 2024).

Vermeiden des Anker-Effekts.

- **Recherche.** Auseinandersetzen mit verschiedenen Bewerberoptionen und -informationen sowie deren Vor- und Nachteilen vor einer endgültigen Entscheidung.
- **Brainstorming.** Das Erörtern einer bestimmten Entscheidung mit Teamkolleg:innen, um die Stärken und Schwächen von Bewerber:innen zu identifizieren.

Autoritätsgläubigkeit.

Dieser Bias beschreibt die Neigung, den Anweisungen von Autoritätspersonen bedingungslos zu glauben und diese zu befolgen. Autoritätspersonen mit relevanter Expertise zu vertrauen, erscheint zwar ratsam und logisch, dennoch kann das unkritische Befolgen von Anweisungen einer Führungskraft ohne kritische Reflexion zu Problemen führen. Wenn beispielsweise ein Teammitglied blind den Anweisungen eines Vorgesetzten folgt, eine Analyse so zu verfassen, dass sie den Ansichten des Vorgesetzten entspricht, kann dies die Objektivität der Analyse durchaus gefährden. Wenn Anweisungen zu einem Bereich gegeben werden, der nicht zum Fachgebiet des betreffenden Vorgesetzten gehört, kann es sinnvoll sein, zusätzliche Informationen einzuholen, um potenzielle Probleme zu minimieren (Team Asana 2024).

Vermeiden von Autoritätsgläubigkeit.

- **Stellen von Fragen.** Fragen an Vorgesetzte, um Hinweise zu erhalten, inwiefern ein HR-Ansatz wirklich gut durchdacht war oder ob hier nur die Autorität des/der Vorgesetzten relevant sein könnte.
- **Anstellen von Nachforschungen.** Eigene Recherchen zu bestimmten HR- und Recruiting-Themen, um verschiedene Quellen oder Expertisen zu ermitteln und zu sehen, ob diese den Vorschlägen der Vorgesetzten entsprechen.

Selbstüberschätzung.

Ein Bias durch Selbstüberschätzung, der sogenannte Overconfidence Bias, entsteht durch die Tendenz, die eigenen Fähigkeiten und Fertigkeiten zu überschätzen. Diese fehlerhafte Selbstbewertung beruht häufig auf einer falschen Vorstellung vom eigenen Wissen oder von Kontrollmöglichkeiten. Sie verleitet dazu, unüberlegte Entscheidungen zu treffen. Frühere Erfolge oder positive Erfahrungen können zu einem überhöhten Selbstbild führen, was wiederum zu Selbstüberschätzung führt. Logische Denkmuster werden außer Acht gelassen, die Entscheidungsfindung wird beeinträchtigt (Team Asana 2024).

Vermeiden des Overconfidence Bias.

- **Bedenken von Konsequenzen.** Vor dem Treffen von HR-Entscheidungen sollten deren mögliche Folgen erwogen werden, um sicherzustellen, dass man im Unternehmen darauf vorbereitet ist und als HR-Team mit diesen umgehen kann.
- **Bitten um Feedback.** Einholen von Team-Feedback und konstruktiver Kritik, um Optimierungspotenziale in HR und Recruiting zu identifizieren – unabhängig von eigenen Leistungen oder Ideen.

Wahrnehmungsfehler.

Wahrnehmungsverzerrungen entstehen, wenn man andere Menschen anhand oft ungenauer, übermäßig vereinfachter Stereotype und Vorurteile über die soziale Gruppe, denen sie angehören, beurteilt oder behandelt. Dabei können Vorurteile bezüglich Geschlecht, Alter oder Aussehen eine Rolle spielen. Diese Art von Unconscious Bias kann zu sozialer Ausgrenzung, Diskriminierung sowie zu einem Herabsetzen der Diversitätsziele von Unternehmen führen. Kognitive Verzerrungen können es erschweren, ein objektives Bild von Mitgliedern verschiedener sozialer Gruppen zu bekommen (Team Asana 2024).

Vermeiden von Wahrnehmungsfehlern.

- **Hinterfragen von Vorannahmen.** Reflektieren vorgefasster Meinungen bezüglich dessen, wie gut man eine Person oder die soziale Gruppe, der sie angehört, kennt – die davon abhalten, »neue« Menschen als Bewerber:innen kennenzulernen oder miteinzubeziehen.
- **Nachdenken über die Richtigkeit von Aussagen.** Kritisches Hinterfragen der Nutzung von Begriffen wie »alle«, »immer« oder »nie« bei der Beschreibung bestimmter sozialer Gruppen, um sich zu fragen, wie zutreffend derartige Beschreibungen tatsächlich sind.

Scheinkorrelation.

Scheinkorrelationen treten auf, wenn man zwei Variablen, das heißt Ereignisse oder Handlungen, miteinander in Verbindung bringt, obwohl sie tatsächlich keinen Zusammenhang haben – beispielsweise wenn Recruiter:innen im Vorstellungsgespräch Fragen stellen, die nichts mit der eigentlichen Vakanz zu tun haben, um Einblicke in die Persönlichkeit der Bewerber:innen zu bekommen, Bewerber:innen Schwierigkeiten haben, diese Fragen zu beantworten und daraufhin Recruiter:innen entscheiden, dass diese Bewerber:innen nicht zum Unternehmen passen. Derartige falsche Korrelationen führen dazu, dass Entscheidungen getroffen werden, die auf ungenauen oder irreführenden Annahmen beruhen (Team Asana 2024).

Vermeiden von Scheinkorrelationen.

- **Weitreichende Informationen.** Man sollte als Recruiter:in versuchen, mehr über die Arbeits- und Unternehmensbereiche zu erfahren, mit denen man nicht umfassend vertraut ist, was dabei helfen kann, Belege zu finden, die entsprechende Korrelationen stützen oder widerlegen.
- **In-Betracht-Ziehen aller Möglichkeiten.** Beim In-Verbindung-Bringen zweier Sachverhalte sollte die Wahrscheinlichkeit von Ursache und Wirkung stets berücksichtigt werden – unter anderem mittels des Verwendens von Kontingenztafeln, um die Beziehung zwischen Ursache und Wirkung zu veranschaulichen.

Affektheuristik.

Heuristiken sind mentale Abkürzungen, die uns helfen, effizientere und bessere Entscheidungen zu treffen. Das Entstehen dieser Form des Unconscious Bias ist dadurch bedingt, dass wir uns bei der Entscheidungsfindung auf unsere Emotionen verlassen. Dadurch können wir schneller zu einer Schlussfolgerung gelangen, die allerdings nicht immer korrekt oder fair ist. Ein Beispiel: Ein Bewerber macht im Vorstellungsgespräch eine unbedachte Bemerkung, die eine Personalverantwortliche beleidigt, obwohl das nicht seine Absicht war. Die Personalverantwortliche lehnt den Bewerber ab, weil sie sich über seine Bemerkung geärgert hat, obwohl er der am besten qualifizierte Kandidat war. Da Emotionen das Urteilsvermögen trüben können, sollte man versuchen, Entscheidungen stets mit Bedacht zu treffen (Team Asana 2024).

Vermeiden von Voreingenommenheit durch Affektheuristik.

- **Bewusstsein für Emotionen.** Schaffen des Bewusstseins für bestimmte Emotionen in HR- und Recruiting-Situationen, um Abstand von derartigen Bewertungs- und Entscheidungsmomenten zu gewinnen und diese rationaler beziehungsweise logischer zu bewerten.
- **Zeit zum Nachdenken.** Nachdenken über Interview- und Recruiting-Situationen, um Abstand zu Emotionen zu gewinnen, die voraussichtlich nicht mehr so ausgeprägt sein werden wie während der entsprechenden HR-Situation, und wodurch man eher in der Lage ist, zu einer objektiveren und rationaleren Personalbeurteilung und -entscheidung zu gelangen.

Rezenz-Effekt.

Der Rezenz-Effekt tritt auf, wenn man aktuellen Ereignissen eine größere Bedeutung beimisst als vergangenen, weil man sich leichter an diese erinnern kann. Diese Voreingenommenheit wird oft verstärkt, wenn man mit einer Vielzahl von Informationen konfrontiert ist. Vor allem Personalverantwortliche, die häufig eine große Anzahl von Bewerbungen sichten müssen, können Schwierigkeiten haben, sich im Laufe eines Tages an bestimmte Bewerber:innen zu erinnern, deren Unterlagen sie bereits am Morgen gesichtet haben. Während des Bewerbungsprozesses kann sich der Rezenz-Effekt auch dadurch zeigen, dass Personalverantwortliche Entscheidungen eher anhand des letzten Bewerbers treffen, den sie gerade gesprochen haben. Um diesem Bias entgegenzuwirken, können Methoden zur Verbesserung der Merkfähigkeit hilfreich sein – beispielsweise mittels der Verwendung von Notizen, strukturierter Bewertungskriterien oder regelmäßiger Pausen während des Bewerbungsprozesses, um sicherzustellen, dass alle Bewerber:innen gleich fair und objektiv bewertet werden (Team Asana 2024).

Vermeiden von Rezenz-Effekten.

- **Erstellen von Notizen.** Detaillierte Notizen bei jedem Bewerbungsgespräch sowie Sichtung dieser, um geeignete Bewerber:innen nicht aus dem Auge zu verlieren – unabhängig davon, wann das Gespräch geführt worden ist.
- **Einlegen von Pausen.** Zeitliche Auszeiten zwischen mehreren Vorstellungsgesprächen, um geistig wach zu bleiben und relevante Bewerberinformationen aufnehmen und speichern zu können.

Idiosynkratischer Bewertungsfehler.

Ein sogenannter idiosynkratischer Bewertungsfehler beeinflusst die Art und Weise, wie man die Leistung anderer beurteilt. Häufig bewertet man andere basierend auf subjektiven Interpretationen von Bewertungskriterien. Ursachen für Bewertungsfehler können verschiedene Verzerrungen sein, darunter der Halo-Effekt, Affinitätsverzerrungen und Bestätigungsfehler (Team Asana 2024).

Vermeiden idiosynkratischer Bewertungsfehler.

- **Festlegen konkreter und klarer Bewertungskriterien.** Erstellen von Rubriken oder konkreter Standards für die Bewertung von Bewerber:innen, wodurch Personalentscheider:innen dazu aufgefordert werden, Belege zu erbringen, die auf der Leistung der entsprechenden Kandidat:innen beruhen, um deren Qualifikation sicherzustellen.
- **Durchführen von Multi-Rater-Bewertungen.** HR-Teammitglieder erhalten zusätzlich zur Selbsteinschätzung Feedback von Kolleg:innen und Vorgesetzten. Mehrere Bewertungen können Vorgesetzten helfen, einen umfassenderen Überblick über die Eignung von Bewerber:innen zu bekommen.

WIE UNBEWUSSTE VORURTEILE BEKÄMPFT WERDEN KÖNNEN.

Verschiedene Maßnahmen, um unbewusste Vorurteile zu reduzieren, werden im Folgenden beschrieben (Team Asana 2024):

- **Das Erkennen unbewusster Vorurteile.** Essenziell ist der Schritt, unbewusste Voreingenommenheiten zu erkennen und zu realisieren, dass diese unternehmensintern existieren und sich unter anderem negativ auf das Recruiting, die Mitarbeiterzufriedenheit und die Mitarbeiterbindung auswirken. Wichtig ist auch die Erkenntnis, dass man Voreingenommenheit überwinden kann.
- **Das Aufdecken unbewusster Vorurteile.** Mit Tests wie dem Impliziten Assoziationstest (IAT) können persönliche Vorurteile von Mitarbeiter:innen und Management aufgedeckt werden. Der IAT misst beispielsweise die Geschwindigkeit von Antworten, um festzustellen, ob hinsichtlich der Eignung von Kandidat:innen unbewusste negative Assoziationen existieren.
- **Das Identifizieren unbewusster Vorurteile.** Unbewusste Voreingenommenheit kann durch die Suche nach Mustern für Einstellungs- und Beförderungsentscheidungen aufgedeckt werden. Sofern bestimmte Gruppen von Mitarbeiter:innen in einigen Bereichen überdurchschnittlich stark vertreten sind oder aber von bestimmten Positionen ausgeschlossen werden, kann das durch unbewusste Voreingenommenheit begründet sein. Zudem ist das Einholen von Feedback der Mitarbeiter:innen sinnvoll, um Themen zu identifizieren, wenn Mitarbeiter:innen beispielsweise das Gefühl haben, ungerecht behandelt zu werden oder es generell an Vielfalt im Unternehmen mangelt.

- **Das Nicht-Leugnen unbewusster Vorurteile.** Unbewusste Voreingenommenheit ist nicht beziehungsweise kaum sichtbar. Daher kommen viele Unternehmen in Versuchung, diese Problematik zu leugnen oder herunterzuspielen, anstatt sie aktiv anzugehen und an Lösungsansätzen zu arbeiten. Unternehmen können ihre Mitarbeiter:innen vor Vorurteilen und daraus gegebenenfalls resultierender Diskriminierung schützen, indem sie mehr über organisationsinterne Vorurteile erfahren und darüber, welche Maßnahmen seitens Management und Unternehmen unternommen werden, um diese zu beseitigen.
- **Das Aufzeigen von Best Practices.** Personalverantwortliche Unternehmensvertreter:innen sollten ihren Mitarbeiter:innen Beispiele für positive, das heißt vorurteilsfreie, Verhaltensänderungen und Entscheidungsfindungen geben. Schulungen wie Eingliederungstrainings können Mitarbeiter:innen dabei unterstützen, die eigenen Vorurteile zu identifizieren und aufzudecken, wie sich diese auf ihre Entscheidungen auswirken können.
- **Das Aufbrechen von Stereotypen.** Das Überwinden von Stereotypen kann zu einem Schärfen des Bewusstseins von Teams und unternehmensinternen Gruppen führen. Zum Fördern des Überwindens eignet sich das Einrichten von Mitarbeiter-Ressourcengruppen, um Mitarbeiter:innen aus Minderheitengruppen ein Forum zu bieten, in welchem sie Erfahrungen austauschen und sich am Arbeitsplatz unterstützt fühlen können. Gleichzeitig sind Veranstaltungen von Vorteil, bei denen Mitarbeiter:innen mehr übereinander erfahren, um Vorurteile abzubauen.
- **Das Konzentrieren auf Wachstumspotenziale.** Wenn festgestellt wird, dass Mitarbeiter:innen, Führungskräfte oder die allgemeine Arbeitsplatzkultur mit Voreingenommenheit zu kämpfen haben, ist es wichtig, den Fokus auf das Wachstumspotenzial zu richten, statt an den Fehlern der Vergangenheit festzuhalten. Die Konzentration auf die Zukunft beinhaltet die Entwicklung eines Plans, der die Änderung von Richtlinien und Praktiken, die Integration von Schulungen zu Vorurteilen in die Entwicklungszyklen der Mitarbeiter:innen sowie die Bereitstellung umfassender Unterstützung einschließt. Hierdurch können Unternehmen beginnen, unbewusste Vorurteile anzugehen beziehungsweise abzubauen.
- **Das Fördern der Rechenschaftspflicht.** Das Lösen von einer Kultur der Schuldzuweisung und das gleichzeitige Übernehmen von Verantwortung für das eigene Handeln kann Voreingenommenheit reduzieren. Auf Unternehmensebene kann man Verantwortung übernehmen, indem man Fehler eingesteht und Veränderungen nicht nur zulässt, sondern aktiv umsetzt. Dazu gehört die Notwendigkeit, aktiv an der Beseitigung von Vorurteilen und diskriminierenden Verhaltensweisen zu arbeiten.
- **Das Fördern von Vielfalt im Recruiting.** Das Aktualisieren von Talentmanagement-Strategien durch ein Erhöhen von Vielfalt in der Belegschaft kann durch ein entsprechend vielfältiges Gremium von Interviewer:innen sowie durch das Erstellen einer Liste wesentlicher Qualifikationen für ausgeschriebene Stellen gewährleistet werden. Dabei sollte darauf geachtet werden, keine Kandidat:innen zu bevor-

zugen, die dem eigenen Erscheinungsbild ähneln. Um Vorurteile zu erkennen und zu beseitigen, müssen vorhandene Daten geprüft und Muster identifiziert werden. Wenn beispielsweise bei der Besetzung einer technischen Stelle mehr männliche als weibliche Bewerber:innen die Endrunde erreichen, sollte analysiert werden, inwiefern es eventuell Probleme mit Bewerberinnen, den Interviewer:innen oder innerhalb des gesamten Bewertungsprozesses gab. Anhand dieser Analyse können Strategien entwickelt werden, um Vorurteile zu beseitigen.

- **Das Setzen von Zielen für Vielfalt und Integration.** Das unternehmensinterne und -externe Engagement im Bereich Diversity, Equity und Inclusion (DEI) sollte die gleiche Aufmerksamkeit erhalten wie jedes andere Unternehmensziel. Dazu gehören die Festlegung realistischer, aber auch ehrgeiziger Ziele, die regelmäßige Messung des Fortschritts und das Verantwortlichmachen aller Mitarbeiter:innen. Hilfreich ist beispielsweise ein Team für Vielfalt und Integration, das dabei unterstützt, DEI-Ziele zu formulieren und zu priorisieren.

WARUM DAS VERMEIDEN UNBEWUSSTER VORURTEILE SINNVOLL IST.

Die Vorteile eines vorurteilsfreien Recruitings und eines entsprechenden Personalmanagements werden im Folgenden dargestellt (Team Asana 2024) sowie in Abbildung 12 zusammengefasst:

- **Steigerung der Unternehmensrentabilität.** Teams, die über Problemlösungs- und Entscheidungsfindungskompetenzen verfügen, schaffen unternehmerische Wettbewerbsvorteile, insbesondere eine überdurchschnittliche Rentabilität.
- **Gewinnung einer diversifizierten Belegschaft.** Durch das Umsetzen inklusiver Einstellungsstrategien können Unternehmen eine größere Anzahl von Bewerber:innen adressieren, denn Arbeitssuchende bewerben sich mittlerweile eher bei Unternehmen, die Wert auf Diversität legen.
- **Steigerung des Innovationspotenzials.** Diverse, das heißt,vielfältig aufgestellte Teams können eine Vielzahl innovativer Ideen einbringen und kreative Lösungen entwickeln, die unter anderem den Umsatz steigern.
- **Steigerung der Unternehmensproduktivität.** Am Beispiel von Technologiefirmen, die mit vielfältigen Management-Teams arbeiten, lässt sich sehen, dass diese eine überdurchschnittlich hohe Produktivität aufweisen.
- **Förderung eines stärkeren Mitarbeiterengagements.** Untersuchungen zeigen, dass Vielfalt in Unternehmen in direktem Zusammenhang mit dem Mitarbeiterengagement steht, das heißt mehr Vielfalt, mehr Einsatz. Das wiederum kann zu einer größeren Mitarbeiterzufriedenheit und zu einer niedrigeren Fluktuationsrate führen.
- **Effizientere Geschäftsentscheidungen.** Inklusive Teams können laut Studien bessere Entscheidungen im Unternehmensinteresse treffen, wobei diese Geschäftsentscheidungen wiederum dazu beitragen können, Leistung und Umsatz von Unternehmen zu steigern.

- **Unbewusste Voreingenommenheit bewusst machen.** Sobald sich Unternehmen ihrer unbewussten Voreingenommenheiten und Denkmuster bewusst sind, können sie Schritte unternehmen, um deren Auswirkungen zu mindern – beispielsweise mittels des Optimierens von Vorlagen für Vorstellungsgespräche oder des Förderns teamübergreifender Zusammenarbeit.

Abb. 12: Vorteile des Vorbeugens von Vorurteilen (in Anlehnung an Team Asana 2024)

ALTERSDISKRIMINIERUNG.

Altersdiskriminierung zeigt sich häufig in Form eines Unconscious Bias gegenüber Altersgruppen und stellt als eine soziale sowie ökonomische Benachteiligung von Personen oder Gruppen aufgrund ihres »zu« jungen oder »zu« alten Lebensalters ein mittlerweile bedeutsames Element im Personalwesen dar. Den betroffenen Arbeitnehmer:innen wird es durch Altersdiskriminierung erschwert, in adäquater Weise am Arbeitsleben teilnehmen und sich einbringen zu können (FasterCapital 2014). Das Identifizieren und Sich-bewusst-Machen von Altersdiskriminierung in Unternehmen stellt daher einen Wettbewerbsvorteil, zugleich aber auch eine Herausforderung für Arbeitgeber dar (Abbildung 13).

WAS. Was Altersdiskriminierung gegenüber Älteren ist.

Die Erfahrung und das (Fach-)Wissen älterer Arbeitnehmer:innen wird im Arbeitsleben und auf dem Arbeitsmarkt häufig unterschätzt oder nicht (mehr) wertgeschätzt. So sehen sich viele ältere Arbeitnehmer:innen immer wieder mit unterschiedlichen Formen von Altersdiskriminierung konfrontiert, beispielsweise in Form von nicht genehmigten Weiterbildungen, nicht erfolgten Beförderungen, Kämpfen gegen negative Stereotype oder sogar gegen (insb. verbale) Belästigungen (FasterCapital 2014).

WARUM. Warum Altersdiskriminierung in Erscheinung tritt.

Das Auftreten der Diskriminierung Älterer am Arbeitsplatz, gepaart mit negativen Stereotypen über ältere Arbeitnehmer:innen, beruht in der Regel auf einem unzureichenden Verständnis für den Wert und für die Erfahrung älterer Arbeitnehmer:innen.

Zudem treibend ist die Zielvorgabe von Führungskräften und Budgetverantwortlichen, Kosten zu senken, was unter anderem durch das Einstellen jüngerer Mitarbeiter:innen ermöglicht wird. Denn da spielen erfahrenere Mitarbeiter:innen ganz einfach in einer anderen, das heißt oft zu hohen Gehaltsliga. Arbeitgeber neigen teils auch dazu, älteren Arbeitnehmer:innen die Kompetenz bezüglich des Erlernens beziehungsweise des Beherrschens neuer (digitaler) Technologien oder beispielsweise agiler Arbeitsweisen abzusprechen (FasterCapital 2014).

WIE. Wie sich Altersdiskriminierung auswirkt.

Altersdiskriminierung am Arbeitsplatz ist ein Thema, das in den letzten Jahren an Aufmerksamkeit gewonnen hat. Einerseits widerspricht es der Gesetzgebung, Arbeitnehmer:innen aufgrund ihres Alters zu benachteiligen. Dennoch ist es ein Problem, mit dem (immer noch zu) viele und leider primär ältere Arbeitnehmer:innen zu kämpfen haben. Denn Altersdiskriminierung kann nennenswerte Auswirkungen in Form von beispielsweise Entmutigung und Frustration haben. Es wird das Gefühl vermittelt, trotz jahrelanger Berufserfahrung und umfangreichen Fachwissens nicht als gleichwertige und noch weniger als zukunftsträchtige Mitglieder von Teams angesehen zu werden. Eine ganz besondere Herausforderung stellt dies für ältere Mitarbeiter:innen dar, die noch arbeiten müssen, um sich selbst zu finanzieren und/oder um ihre Familie zu unterstützen (FasterCapital 2014).

WIE. Wie sich Altersdiskriminierung für Betroffene und Arbeitgeber anfühlt.

Ältere Arbeitnehmer:innen reagieren auf Altersdiskriminierung häufig mit Frustration oder Wut sowie mit Entmutigung bis Depression. Sie erleben durch herabsetzendes oder ungerechtes Verhalten bedingt auch finanzielle Engpässe, wenn sie allein aufgrund ihres Alters keine oder zumindest nur schwer Arbeit finden. Für Arbeitgeber hingegen kann Altersdiskriminierung einen Verlust erfahrener Arbeitnehmer:innen führen, die kündigen oder zu verschiedenen Varianten des sogenannten Quiet Quitting, das heißt einer inneren Kündigung, die sich insbesondere durch die Minderung der Produktivität, des Engagements und der Anteilnahme oder durch einen höheren Krankenstand seitens benachteiligter (oder sich benachteiligt gefühlter) Mitarbeiter:innen zeigt (FasterCapital 2014).

WODURCH. Wodurch Arbeitgeber Altersdiskriminierung vorbeugen können.

Um Altersdiskriminierung am Arbeitsplatz vorzubeugen oder diese abzuschaffen, eignen sich Aufklärungskampagnen, um Mitarbeiter:innen und Management über den Wert und den Nutzen älterer Arbeitnehmer:innen zu informieren – sowie über das Umsetzen von Gesetzen und Richtlinien zur Förderung von Vielfalt und Inklusion, über das Vorleben einer Kultur des Respekts und über das Wertschätzen sowie Schaffen von Respekt für Mitarbeiter:innen jeden Alters – insbesondere eines »höheren« Alters. Zusätzlich sollten Arbeitgeber versuchen sicherzustellen, dass die jeweiligen Einstellungs-, Entwicklungs- und Beförderungsprozesse idealerweise seitens der Personalverantwortlichen unvoreingenommen sind und keine negativen Stereotypen über ältere Arbeitnehmer:innen die Personalentscheidungen beeinflussen (FasterCapital 2014).

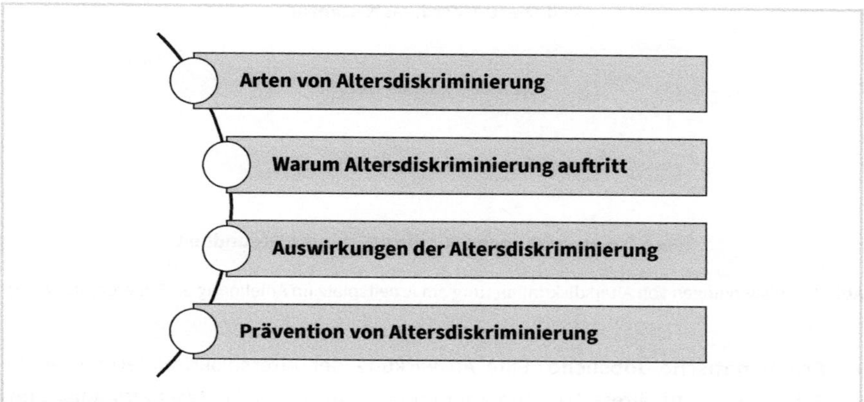

Abb. 13: Identifizieren und Definieren von Altersdiskriminierung am Arbeitsplatz (in Anlehnung an FasterCapital 2024)

WORAN. Woran man Altersdiskriminierung erkennen kann.

Altersdiskriminierung zeigt sich beispielsweise, wenn ältere Arbeitnehmer:innen bei Beförderungen weniger beziehungsweise gar nicht berücksichtigt werden – meistens zugunsten jüngerer Kolleg:innen. Weiterbildungs- und Schulungsmöglichkeiten werden Älteren erschwert oder verweigert, da die Arbeitgeber davon ausgehen, dass ihre älteren Mitarbeiter:innen keine neuen Fähigkeiten erlernen können oder wollen – oder aber diese nicht mehr benötigen. Ältere Arbeitnehmer:innen werden zudem oft als weniger produktiv, weniger wissbegierig, weniger belastbar, weniger flexibel beziehungsweise agil, weniger anpassungsfähig, weniger motiviert und/oder weniger kreativ beziehungsweise innovationsaffin eingeschätzt – erneut im Gegensatz zu jüngeren Kolleg:innen (FasterCapital 2014).

Konkret stellt das Thema Altersdiskriminierung ältere Arbeitnehmer:innen (und in der Folge größtenteils auch Arbeitgeber sowie Wirtschaft und Gesellschaft) vor eine Vielzahl an rationalen und emotionalen Herausforderungen (FasterCapital 2014), wie Abbildung 14 zeigt.

RATIONALE HERAUSFORDERUNGEN.

Rationale und sicher belegbare Hürden, die Altersdiskriminierung mit sich bringen kann, sind die Folgenden (FasterCapital 2014):

- **Reduzierte Arbeitsplatzsicherheit.** Für ältere Arbeitnehmer:innen besteht die Gefahr, dass diese in schwierigen wirtschaftlichen Zeiten eher entlassen werden – insbesondere je mehr sie sich dem Rentenalter nähern. So entstandene längere Perioden der Arbeitslosigkeit führen zu erheblichen Auswirkungen auf die finanzielle Stabilität der Betroffenen.

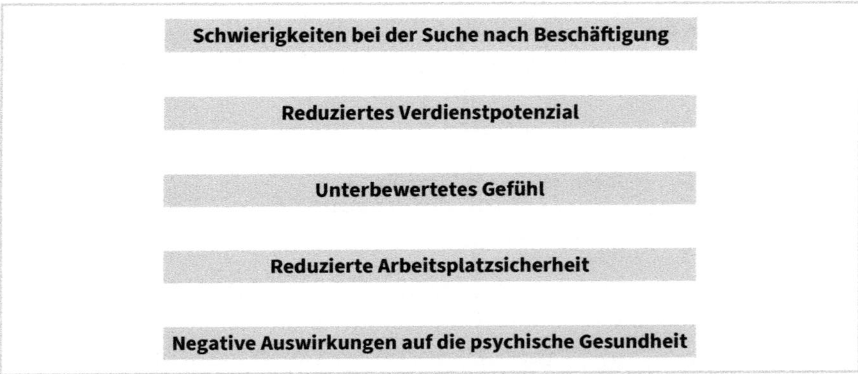

Abb. 14: Auswirkungen von Altersdiskriminierung am Arbeitsplatz (in Anlehnung an FasterCapital 2024)

- **Problematische Jobsuche.** Eine Auswirkung der Altersdiskriminierung ist die Schwierigkeit für ältere Arbeitnehmer:innen, eine berufliche Beschäftigung zu finden. Nicht wenige Arbeitgeber zeigen sich zögerlich, wenn es darum geht, ältere Arbeitnehmer:innen einzuladen beziehungsweise einzustellen. Viele Arbeitgeber glauben, dass Ältere weniger produktiv, belastbar oder engagiert sind – und daher letztlich weniger effizient im Einsatz und somit teurer. Zudem gehen viele Arbeitgeber davon aus, dass Ältere grundsätzlich Probleme haben oder Unwillen zeigen, wenn es um das Lernen neuer Techniken und Technologien geht.
- **Reduziertes Verdienstpotenzial.** Das Verdienstpotenzial älterer Mitarbeiter:innen bewegt sich häufig auf einem geringeren Level, insbesondere wenn es um Neueinstellungen geht. Dies zeigt sich unter anderem in niedrigeren Startgehältern, in einem langsameren Gehaltswachstum oder auch in mangelnden Möglichkeiten zur individuellen Weiterentwicklung. Zu einem Einkommensverlust kommt es ebenfalls, wenn ältere Arbeitnehmer:innen gekündigt werden und Schwierigkeiten haben, eine neue Beschäftigung zu finden, die auf demselben Gehaltslevel wie ihre frühere Tätigkeit bleibt. Dies kann zu finanziellen Engpässen führen. So sehen sich ältere Arbeitnehmer:innen eventuell gezwungen, ihre Ersparnisse anzugreifen, eine Teilzeittätigkeit zu übernehmen oder auf staatliche Unterstützung zurückzugreifen.
- **Finanzielle Stabilität.** Die Auswirkungen der Altersdiskriminierung auf die finanzielle Stabilität können weitreichend und schwerwiegend sein, beispielsweise verlorene Löhne oder Schwierigkeiten, eine Beschäftigung zu finden. Altersdiskriminierung kann sich finanziell besonders negativ auswirken auf Beschäftigte, die dem Rentenalter nahestehen oder aber bereits im Ruhestand sind.
- **Reduzierte Leistungsvorteile.** Ältere Mitarbeiter:innen haben möglicherweise keinen Zugang zu den gleichen Leistungen wie ihre jüngeren Kolleg:innen wie Fitnessclubbeiträge, Krankenversicherungen, bezahlte Freizeit oder Altersvorsorge. Dies kann zu zusätzlichen finanziellen Belastungen für Ältere führen, die gerade

diese (finanziellen) Vorteile eventuell eher als jüngere Arbeitnehmer:innen benötigen.

- **Niedrigeres Ruhestandseinkommen.** Ältere Arbeitnehmer:innen werden teils früher als nötig beziehungsweise früher als geplant in den Ruhestand verabschiedet, was zu einem niedrigeren Ruhestandseinkommen führt. So müssen sie sich auch früher als ursprünglich geplant mit den jeweiligen Altersvorsorgeeinsparungen auseinandersetzen, was wiederum langfristige (negative) Konsequenzen nach sich ziehen kann. Die Reihe negativer Faktoren, wie verringerter Zugang zu Altersvorsorge, geringerer Altersvorsorgeeinsparungen oder Entlassung aus der Beschäftigung, stellt ein ausgesprochen herausforderndes Thema für ältere Arbeitnehmer:innen dar, die jahre- beziehungsweise jahrzehntelang ihre Altersvorsorgeeinsparungen und -planungen für Zukunft und Alter aufgebaut haben.
- **Reduzierte Altersvorsorgevorteile.** Viele Arbeitgeber bieten Altersvorsorge wie Renten oder unternehmensindividuelle Pensionspläne für die Altersvorsorge ihrer Mitarbeiter:innen an. Diese Vorteile können jedoch für ältere Arbeitnehmer:innen, die von Unternehmen als weniger »wertvoll« betrachtet werden, weniger häufig beziehungsweise weniger leicht zugänglich sein. Dies wiederum kann zu verringerten Einsparungen für den Ruhestand und letztendlich zu einer geringeren Lebensqualität im Ruhestand führen.
- **Höhere Gesundheitskosten.** Mit zunehmendem Alter können Arbeitnehmer:innen mehr beziehungsweise schwerwiegendere gesundheitliche Probleme haben, die dann eine medizinische Versorgung erfordern. Dies tritt vor allem bei Älteren auf, die aufgrund von Altersdiskriminierung keine Arbeit finden oder nur schwer beziehungsweise nach längerer Arbeitslosigkeit – und so möglicherweise keinen Zugang zu adäquaten Krankenversicherungsleistungen haben. Dies kann zu deutlich höheren Gesundheitskosten im Ruhestand führen, was auch die Lebensqualität der Älteren weiter deutlich beeinflussen kann.
- **Körperliche Gesundheitsprobleme.** Die Auswirkungen von Altersdiskriminierung können sich auch auf die körperliche Gesundheit auswirken. Der Stress und die durch Diskriminierung verursachten Ängste können in einer Vielzahl körperlicher Beschwerden münden, beispielsweise Bluthochdruck oder Herz- sowie Herz-Kreislauf-Erkrankungen.

EMOTIONALE HERAUSFORDERUNGEN.

Die emotionalen und eher psychologischen Herausforderungen und Hürden, die Altersdiskriminierung mit sich bringen kann, werden im Folgenden und in Abbildung 15 dargestellt:

- **Wahrgenommene Unterbewertung.** Altersdiskriminierung kann dazu führen, sich unterschätzt oder nicht ausreichend wertgeschätzt zu fühlen – was vor allem auf Mitarbeiter:innen zutrifft, die viele Jahre im Unternehmen verbracht haben, über eine Fülle von Erfahrung und Fachwissen verfügen und sich mit jüngeren Kolleg:innen sowie Vorgesetzten »konfrontiert« sehen.

- **Verringertes Selbstwertgefühl.** Als Folge kann Altersdiskriminierung zu einer Reduzierung des Selbstwertgefühls älterer Mitarbeiter:innen führen. Wenn diese aufgrund ihres Alters nicht gerecht behandelt oder grundsätzlich negativ beurteilt werden, kann das zu einem Gefühl von Wertlosigkeit und so zu einem geringen Selbstwertgefühl führen.
- **Verlorenes Vertrauen.** Ältere Arbeitnehmer:innen verlieren häufig das Vertrauen in sich – und damit ihr Selbstvertrauen – und ihre Umgebung. Als Folge von Altersdiskriminierung tendieren sie dazu, an ihren Fähigkeiten zu zweifeln und ihren Wert als Mitarbeiter:innen infrage zu stellen. Dieser (Selbst-)Vertrauensverlust macht es ihnen teils noch schwieriger, eine neue Beschäftigung zu finden oder sich beruflichen Chancen zu stellen.
- **Psychische Erkrankungen.** Altersdiskriminierungstypische Gefühle der Entmutigung, Frustration oder Hoffnungslosigkeit können die psychische Gesundheit beziehungsweise das geistige Wohlbefinden älterer Arbeitnehmer:innen maßgeblich beeinträchtigen. Dies wiederum führt zu einem erhöhten Maß an Stress oder Angst und teils – und das nicht selten – zu Depressionen.
- **Emotionale Angst.** Altersdiskriminierung kann zu Angstgefühlen und Depressionen führen. Der Stress und der Druck diskriminiert zu werden, kann die geistig-psychologische Gesundheit Älterer derart beanspruchen, dass Gefühle der Hoffnungslosigkeit und Verzweiflung entstehen oder sogar Überhand nehmen.
- **Soziale Isolation.** Altersdiskriminierung kann auch zu der sozialen Isolation von Älteren führen: Ältere Arbeitnehmer:innen fühlen sich durch die tatsächliche oder teils auch nur durch die gefühlte Diskriminierung teils geächtet und von gesellschaftlichen Ereignissen oder Aktivitäten ausgeschlossen, was zu Einsamkeit und Isolation führt.
- **Kognitiver Rückgang.** Altersdiskriminierung kann sich ebenfalls auf die kognitive Gesundheit älterer Mitarbeiter:innen auswirken. Diese zeigen als Folge häufig einen Rückgang ihrer kognitiven Funktionen, beispielsweise Gedächtnisverlust oder Schwierigkeiten bei der Entscheidungsfindung.

GESELLSCHAFTLICHE AUSWIRKUNGEN VON ALTERSDISKRIMINIERUNG.

Altersdiskriminierung kann dazu führen, dass sich ältere Arbeitnehmer:innen entmutigt und nicht wertgeschätzt fühlen. Ältere Mitarbeiter:innen nicht zu unterstützen und auch nicht zu fördern, kann erhebliche wirtschaftliche, soziale, psychische und gesundheitliche Konsequenzen nach sich ziehen. Aus wirtschaftlicher Sicht kann Altersdiskriminierung zu deutlichen Produktivitätsverlusten sowie zu einer Verringerung der Unternehmensergebnisse führen. Aus einer sozialen Perspektive kann eine Benachteiligung älterer Mitarbeiter:innen sowohl zu einer erhöhten sozialen Isolation führen als auch zu einem Bruch des Generationenvertrags und der generationsübergreifenden Beziehungen. Das (teils begründete) Gefühl der Unterschiede bis zu vollständigen gesellschaftlichen oder beruflichen Gräben zwischen Älteren und Jüngeren sowie das wenig vorhandene Verständnis und die mangelnde Empathie zwischen den

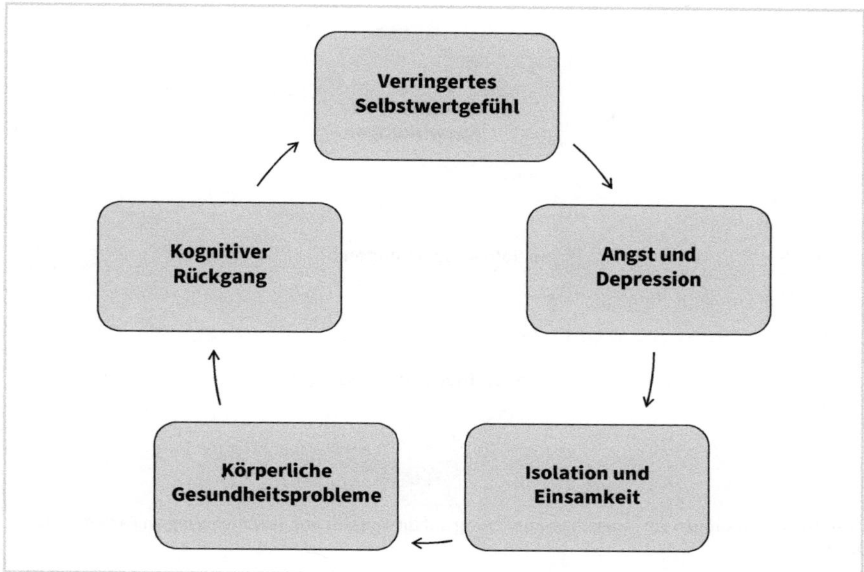

Abb. 15: Auswirkungen von Altersdiskriminierung auf Arbeitnehmer:innen (in Anlehnung an FasterCapital 2024)

verschiedenen Generationen führt zu Unsicherheit, Enttäuschung und Demotivation. So kann Altersdiskriminierung zu negativen Stereotypen und Vorurteilen führen, die zu verzerrten und sich negativ auswirkenden Vorstellungen über ältere Menschen (im beruflichen Kontext) führen. Die wirtschaftlichen, sozialen und gesundheitlichen Auswirkungen der Altersdiskriminierung auf die Gesellschaft sind folgendermaßen zu zusammenzufassen (FasterCapital 2014), wie auch in Abbildung 16 dargestellt:

- **Wirtschaftliche Auswirkungen.** Altersdiskriminierung kann zu deutlichen Produktivitätsverlusten und einer Verringerung der Leistung und der Qualität der gesamten Belegschaft führen. Die erhöhten Gesundheitskosten ziehen gleichzeitig eine Verringerung der Steuereinnahmen nach sich.
- **Soziale Auswirkungen.** Altersdiskriminierung kann zu einer erhöhten sozialen Isolation und zu einem Bruch in den generationsübergreifenden Beziehungen führen. Sie kann negativ belastete Stereotype und Vorurteile aufbauen sowie negative Vorstellungen über das Altern und über Ältere erzeugen.
- **Gesundheitliche Auswirkungen.** Ältere können einem höheren Risiko ausgesetzt sein, stressbedingte Krankheiten wie Depression, Angstzustände und Herz-(Kreislauf-)Erkrankungen zu entwickeln sowie einen erschwerten Zugang zu Gesundheitsversorgung und anderen Dienstleistungen zu haben, was die altersbedingten Gesundheitsunterschiede weiter verstärkt.

Abb. 16: Auswirkungen von Altersdiskriminierung auf die Gesellschaft (in Anlehnung an FasterCapital 2024)

BEKÄMPFUNG VON ALTERSDISKRIMINIERUNG.

Altersdiskriminierung ist zwar gesetzeswidrig, dennoch stehen viele ältere Arbeitnehmer:innen allein wegen ihres Alters vor beruflichen Herausforderungen (bspw. Übergangen-Werden bei Beförderungen, Gehaltserhöhungen oder Weiterbildungen). Dies kann zu sich entmündigt fühlenden älteren Arbeitnehmer:innen führen, die angesichts einer gänzlich fehlenden oder nicht ausreichenden Wertschätzung, angesichts mangelnden Vertrauens, einer (unterstellten) Abnahme der Produktivität und des Gefühls der Isolation leiden. Maßnahmen, die sowohl Arbeitgeber als auch Arbeitnehmer:innen angehen können, um gegen Altersdiskriminierung am Arbeitsplatz anzugehen, sind beispielsweise (FasterCapital 2014):

- **Aufklärungskampagnen.** Arbeitgeber können ihre Belegschaft mittels interner Unternehmenskommunikation über die Bedeutung von Vielfalt und Inklusion insbesondere älterer Mitarbeiter:innen informieren beziehungsweise aufklären. Das führt zu einem (ausgeprägteren) Bewusstsein für die Probleme, die Altersdiskriminierung mit sich bringen kann.
- **Altersblindeinstellung.** Arbeitgeber können als eine weitere Maßnahme gegen Altersdiskriminierung Altersangaben aus dem gesamten Einstellungsprozess entfernen, beispielsweise indem man Geburts-, Examens- und Abschlussdaten aus Bewerbungsunterlagen und insbesondere aus Lebensläufen entfernt. So können (unbewusste) Vorurteile gegenüber bestimmten Altersklassen verhindert und es kann sichergestellt werden, dass alle Kandidat:innen ausschließlich aufgrund ihrer Qualifikation bewertet und eingestellt werden.
- **Arbeitsflexibilität.** Flexibel gestaltete Arbeitsvereinbarungen, beispielsweise Remote-, Tele- oder Teilzeitarbeit, kommen den Anforderungen älterer Arbeit-

nehmer:innen an Arbeiten im Alter in großen Teilen entgegen. Denn sie stehen in dieser Lebensphase häufig Herausforderungen wie Pflegeverantwortung oder gesundheitlichen Schwierigkeiten gegenüber, was zu einem erhöhten Zeitbedarf und somit an unter anderem Teilzeit führt. Durch diese Maßnahmen schafft man es als Arbeitgeber, ältere Arbeitnehmer:innen zu halten und zu binden, die ansonsten aufgrund mangelnder Flexibilität in ihrer aktuellen beruflichen Tätigkeit eventuell den (vorgezogenen) Ruhestand erwägen.

- **Mentoring-Programme.** Arbeitgeber können durch die Einführung und Umsetzung von Mentoring-Programmen ältere und jüngere Mitarbeiter:innen als Zweierteams und Mentor-Mentee-Paarungen zusammenführen. Dadurch können beide beziehungsweise mehrere Generationen ihre Kenntnisse und Fähigkeiten generationenübergreifend teilen und voneinander lernen. Auf diese Weise können die Zusammenarbeit und die Kommunikation von generationenübergreifenden Teams am Arbeitsplatz gesteigert werden.
- **Ageism-Schulungen.** Schulungen für Manager:innen und Mitarbeiter:innen, um Altersdiskriminierung zu erkennen und entsprechend lösungsorientiert angehen zu können, sind eine weitere sinnvolle Maßnahme gegen Altersdiskriminierung. So können die Altersvielfalt im Rekrutierungsprozess gefördert sowie die Meinungen und Perspektiven älterer Arbeitnehmer:innen aktiv aufgegriffen und im Unternehmensinteresse genutzt werden.
- **Altersdiversitäts-Richtlinien.** Das Entwickeln von Richtlinien für Altersvielfalt fördert eine unternehmensinterne Kultur der Inklusion und des (altersunabhängigen) Respekts aller Mitarbeiter:innen untereinander. So kann ein positives Arbeitsumfeld geschaffen werden, in welchem sich alle Mitarbeiter:innen unabhängig vom Alter nicht allein wertgeschätzt, sondern auch unterstützt und weiterhin sowohl gefördert als auch gefordert fühlen.

Durch die geschilderten Maßnahmen (Abbildung 17) kann ein integrativeres Arbeitsumfeld geschaffen werden, vielfältigere Teams werden gefördert und Mitarbeiter:innen aller Altersgruppen können so zum Unternehmenserfolg beitragen.

ARBEIT OHNE ALTERSDISKRIMINIERUNG.

Die Facetten von Altersdiskriminierung reichen dabei von eher subtil und wenig offensichtlich – umso relevanter ist es, sich der unternehmensinternen Vorurteile bewusst zu werden – bis zu eindeutig. Denn diese spiegeln sich eventuell in den Einstellungs-, Entwicklungs- und Förderungspraktiken sowie -programmen des Unternehmens wider. Durch das Erkennen und Anerkennen derartiger Vorurteile können Schritte angegangen werden, um diesen professionell entgegenzuwirken und sicherzustellen, dass sowohl alle Bewerber:innen als auch Mitarbeiter:innen allein anhand ihrer Fähigkeiten (und nicht anhand ihres Alters) bewertet und gefördert werden. Das Beenden von Altersdiskriminierung am Arbeitsplatz ist nicht nur moralisch richtig und ethisch wichtig, vielmehr ist es auch ein teils unterschätzter Faktor des Erfolgs von Unter-

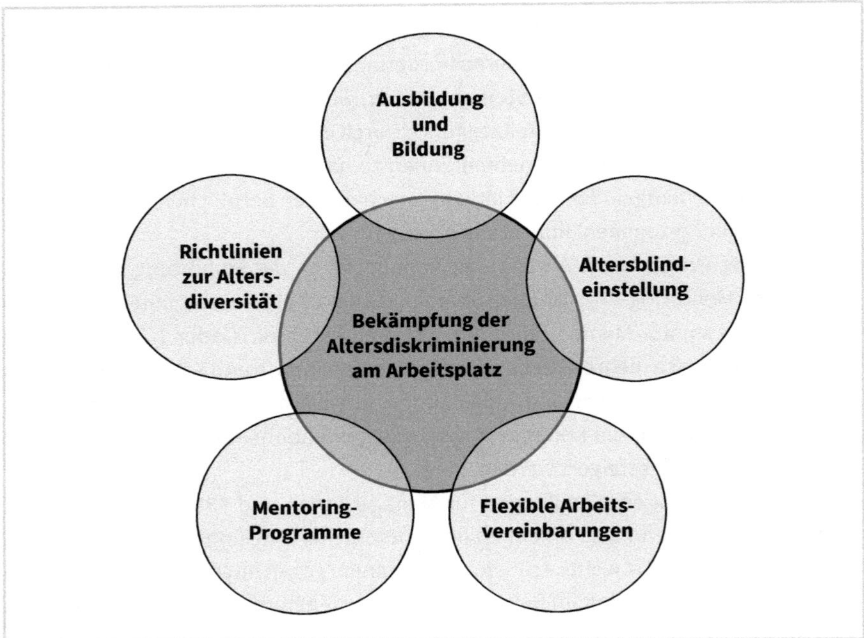

Abb. 17: Instrumente des Bekämpfens von Altersdiskriminierung am Arbeitsplatz (in Anlehnung an FasterCapital 2024)

nehmen. Ältere Arbeitnehmer:innen anzuerkennen und individuell zu adressieren, Altersvielfalt unternehmensintern zu fördern sowie Älteren Unterstützung zu bieten, kann eine nicht nur integrativere, sondern zudem produktivere Belegschaft schaffen, in dem jede Person (unabhängig vom Alter) ihr individuelles Potenzial ausschöpfen kann, will und auch wird (FasterCapital 2014).

STATUS QUO und REALITÄT. Altersdiskriminierung.

Trotz vieler Bemühungen, Maßnahmen und Initiativen stellt Altersdiskriminierung weiterhin ein Problem für Arbeitnehmer:innen und so auch für Arbeitgeber dar. Die Realität, wie schwierig der Umgang mit dem Thema Altersdiskriminierung für alle Stakeholder sein kann, wird anhand eines gerichtlichen Urteils skizziert (Knospe 2024):

- **Altersdiskriminierung bei Einstellungen.** Das Bundesarbeitsgericht (BAG) in Erfurt hat ein deutliches Urteil zu Altersdiskriminierung gefällt: Demnach ist es zulässig, bei Einstellungen jüngere Kandidat:innen älteren vorzuziehen, um eine ausgewogene Beschäftigungsverteilung zwischen den Generationen zu fördern. Diese Entscheidung wurde durch den Fall eines ehemaligen Lehrers aus Nordrhein-Westfalen (NRW) angestoßen, der gegen diese Praxis geklagt hatte. Anfang 2018 hatte er die tarifliche Regelaltersgrenze erreicht und war seither im Ruhestand. Trotz seines Ruhestands war er mehrfach befristet für das Land tätig. Im

Dezember 2021 bewarb er sich erneut auf eine Vertretungsstelle, diese wurde jedoch einem 30-jährigen Mitbewerber zugeteilt.

- **Generationengerechtigkeit als Begründung.** Der pensionierte Lehrer betrachtete sich im Vergleich zu seinem Konkurrenten als besser qualifiziert und verlangte eine Entschädigung wegen Altersdiskriminierung. Die Richter des BAG stellten zwar eine Diskriminierung aufgrund des Alters fest, wiesen die Klage jedoch ab. Das Urteil begründete das Gericht mit dem legitimen Arbeitgeberziel einer besseren Beschäftigungsverteilung zwischen den Generationen. Laut Urteil des BAG liegt das legitime Ziel darin, jüngeren Bewerber:innen den Zugang zur Beschäftigung zu erleichtern, ihnen Berufserfahrungen zu ermöglichen und Aufstiegschancen in höhere Vergütungsgruppen zu bieten. Denn dies trage zur Generationengerechtigkeit bei und diene letztlich der gesamten Gesellschaft.
- **Gesellschaftliche Relevanz.** Das Thema Altersdiskriminierung im Arbeitsleben ist nicht allein von wirtschaftlicher, sondern ebenfalls von gesellschaftlicher Relevanz. Eine Umfrage im Auftrag des Karrierenetzwerks XING ergab, dass bereits mehr als jeder vierte aktuell oder früher Erwerbstätige über 50 Jahre das Gefühl hatte, aufgrund seines Alters diskriminiert worden zu sein. Gründe dafür sind unter anderem die Zuteilung von Aufgaben unterhalb ihres Anforderungsprofils, Beschränkungen ihrer Tätigkeitsbereiche oder Benachteiligungen bei Beförderungen.

3 Babyboomer. Potenziale als Arbeits-, Fach- und Führungskräfte.

Trotz Fachkräftemangels haben die meisten Unternehmen bislang zu wenig unternommen, um den Babyboomern individuelle Wege zu einer Weiterbeschäftigung nach dem Erreichen des Renteneintrittsalters aufzuzeigen und ihr Know-how in den Betrieben zu bewahren. Das ist vor allem der jahrelang abwartenden Haltung der Arbeitgeber geschuldet, die zwar wussten, was mit dem demografischen Wandel auf sie zukommt, aber vorrangig ihr operatives Tagesgeschäft im Blick hatten. Viele Unternehmen betreiben bezüglich ihrer Personalpolitik tatsächlich bis heute eine Art Vogel-Strauß-Politik und gehen den Problemen des demografischen Wandels so weit und so lange wie möglich aus dem Weg (Schnabel 2023).

Allerdings handelt es sich hier um ein (HR-)Problem, für das es bereits nennenswerte Lösungsansätze gibt. Eine nähere Betrachtung der Arbeitnehmerzielgruppe Babyboomer lohnt sich daher, um als Arbeitgeber die Anforderungen sowie die Möglichkeiten und Grenzen beim Motivieren von Mitarbeiter:innen sowie beim Rekrutieren von Arbeitnehmer:innen der Generation der Babyboomer realistisch einschätzen zu können.

Die »Silver Society«. Eine Zukunftsgeneration.

Die Generation der Babyboomer als einflussreiche »Silver Society« zu sehen, sollte von arbeitgebenden Unternehmen längst als strategischer Vorteil betrachtet werden. Am Ende des Erwerbslebens stehend und zugleich mit wertvollen Erfahrungswerten und Know-how gewappnet, stellen sie eine bedeutende Stakeholder-Gruppe auf dem Arbeitsmarkt dar. Arbeitgeber und Unternehmen müssen sich daher unter anderem mittels einer attraktiven Arbeitgebermarke (Abbildung 18) deutlich engagierter um ältere Mitarbeiter:innen bemühen und versuchen, sie intensiver einzusetzen beziehungsweise zu binden als bisher (El-Dabbagh 2022).

Mit den Babyboomern verlassen wichtige Schlüsselpersonen die Arbeitswelt, die jüngeren Generationen als Vorbilder zur Seite standen beziehungsweise weiterhin stehen könnten. Daher wird es in Zukunft an Rollenvorbildern fehlen, an welchen sich die nachfolgenden Generationen X, Y und Z im Berufsleben und auf ihrem Werdegang orientieren können. Gleichzeitig sinkt die Diversität in Unternehmen, wenn überdurchschnittlich viele Personen bestimmter Altersgruppen in den Ruhestand gehen. Und es fehlt aufgrund des Weggangs der pensionierten Fachkräfte auf dem Arbeitsmarkt schlichtweg an Manpower, da nur ein Teil der wegfallenden Stellen nachbesetzt werden kann. Denn es gibt nicht genug junge Arbeitnehmer:innen, die die aktuellen und zukünftigen Personallücken füllen können. Für Personalexpert:innen beinhaltet der Wandel in der Altersstruktur bezüglich Demografie und Arbeitsmarkt größtenteils sich völlig konträr gegenüberstehende Problematiken: Einerseits nehmen der Fachkräftemangel und die Erwartungen junger Bewerber:innen ständig zu. Andererseits fallen immer mehr Wissensträger:innen in Unternehmen weg, die Talente einarbeiten und sie von ihrem Erfahrungsschatz profitieren lassen könnten (El-Dabbagh 2022).

Durch die Silver Society ergeben sich somit drei große »Baustellen« für HR-Expert:innen:

- bestehende Erfahrungsträger:innen im Unternehmen halten,
- eine Arbeitgebermarke schaffen, die auch für ältere High Potentials attraktiv ist sowie
- das unternehmensinterne Wissensmanagement ausbauen.

Dabei kommt den Arbeitgebern entgegen, dass viele Rentner:innen gerne (deutlich) länger arbeiten würden. In der Altersgruppe der 55- bis 70-Jährigen ist der Trend zum Unruhestand erkennbar, immer mehr arbeiten nach dem eigentlichen Renteneintritt weiter. Ein Vorteil für den HR-Bereich: Wenn Personalexpert:innen es schaffen, »Silver Worker« über das Rentenalter hinaus zu beschäftigen, besteht eine Chance, die Fachkräftelücke abzumildern. Zudem blieben den Unternehmen langjährige Erfahrungswerte länger erhalten und unternehmensintern erfolgt kein vollständiger Generationenwechsel, sobald die Babyboomer die Unternehmen verlassen (El-Dabbagh 2022).

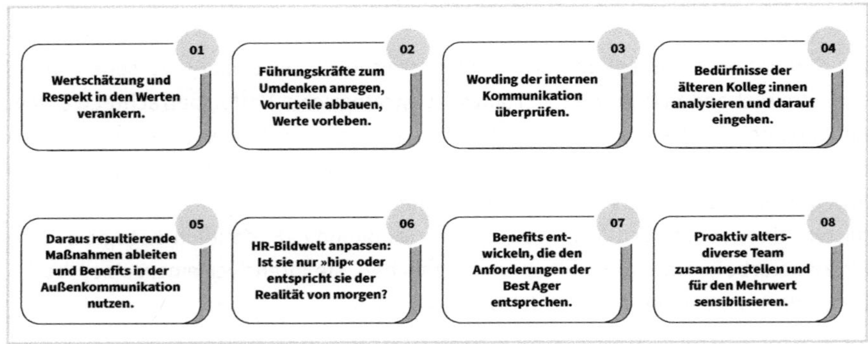

Abb. 18: Altersunabhängige Attraktivität von Arbeitgebermarken (in Anlehnung an El-Dabbagh 2022)

Im Hinblick auf die wachsende Anzahl erwerbstätiger Rentner:innen, die weiterhin beruflich aktiv bleiben wollen, zeigt sich, dass nicht alle Älteren nahtlos in den Ruhestand übergehen. Für viele von ihnen entwickelt sich der Wunsch nach einer beruflichen Tätigkeit erst nach einer gewissen Phase der Orientierung. Um dies als Arbeitgeber zu begleiten beziehungsweise zu unterstützen, bedarf es einer geeigneten Ansprache und Rahmenbedingungen, um diese HR-Potenziale zu gewinnen. Schließlich steht ein Großteil älterer Arbeitnehmer:innen noch vor einer Vielzahl aktiver Lebensjahre, wobei die Suche nach persönlicher Erfüllung in dieser Phase zu einer persönlichen Herausforderung werden kann. Einige Ältere begegnen dem Ruhestand mit gemischten Gefühlen, während andere erst im Laufe der Zeit erkennen, dass ihre Vorstellungen vom Ruhestand sich von der Realität unterscheiden. Daher überrascht es nicht, dass die Zahl der erwerbstätigen Rentner:innen auf einem Höchststand ist. Denn Arbeit bietet die Möglichkeit, das Bedürfnis nach einer sinnvollen Tätigkeit und sozialen Kontakten zu befriedigen (Leyhausen & Klute 2023a).

Ältere Mitarbeiter:innen setzen sich in der Regel ca. zwei bis drei Jahre vor dem geplanten Ruhestand mit diesem Thema aktiv und bewusst auseinander. Genau in dieser Orientierungsphase sollten Unternehmen berufliche Optionen vorstellen, damit die Angebote zur Ruhestandsplanung seitens Arbeitgeber durch die Mitarbeiter:innen frühzeitig aufgenommen und im Idealfall auch berücksichtigt beziehungsweise umgesetzt werden können. Mit der Option, im Ruhestand weiter tätig zu sein, wird der Weg geebnet, dass sich die zukünftigen Rentner:innen nicht zu spät und bewusst mit ihrem Ruhestand sowie adäquaten Alternativen auseinandersetzen (Leyhausen & Klute 2023b).

Ältere Menschen, die im Ruhestand tatsächlich einer Erwerbstätigkeit nachgehen, lassen sich in zwei Gruppen einteilen: die »Weitermacher«, die kontinuierlich weiterarbeiten möchten (RETENTION), und die »Wiederkehrer«, die nach einer (eher kurzen) Phase des Ruhestands zur Arbeit und eventuell zu ihrem bisherigen Arbeitgeber zurückkehren (REACTIVATION).

Die Weitermacher planen bereits während ihrer beruflichen Tätigkeit, über das reguläre Rentenalter hinaus zu arbeiten und kommunizieren dies meist (pro)aktiv gegenüber ihrem Arbeitgeber. So können Arbeitnehmer:innen und Arbeitgeber rechtzeitig gemeinsam beruflich Perspektiven für die Zukunft entwickeln. Die Situation der Wiederkehrer ist anders gelagert: Die Mehrheit von ihnen tritt in den Ruhestand ein und erkennt (erst) nach einer gewissen Zeit, dass ihnen etwas fehlt. Diese Erkenntnis reift oft in den ersten acht bis zehn Monaten des Ruhestands heran (Leyhausen & Klute 2023a).

Fakt ist: Viele Babyboomer wollen weiterarbeiten. Obwohl sich ab einem Alter von etwa 60 Jahren viele Arbeitnehmer:innen die Frage stellen, wann ein Übergang in den Ruhestand für sie angemessen ist, und obwohl bereits einige vor dem regulären Renteneintrittsalter aus dem Berufsleben ausscheiden, zeichnet sich zugleich ein gegenläufiger Trend ab: Immer mehr Menschen in Deutschland gehen mittlerweile auch zwischen dem 63. und 67. Lebensjahr weiterhin einer Erwerbstätigkeit nach. In den letzten Jahren ist die Beschäftigungsquote in dieser Altersgruppe um 26% gestiegen. Laut Statistischem Bundesamt hat die Erwerbsbeteiligung der 60- bis 64-Jährigen in den vergangenen Jahren einen deutlichen Anstieg verzeichnet, der mit keiner anderen

Altersgruppe vergleichbar ist: Sie stieg von 47% im Jahr 2012 auf 63% im Jahr 2022 an. Darüber hinaus hat sich der Anteil der Erwerbstätigen jenseits des regulären Renteneintrittsalters von 11% im Jahr 2012 auf 19% im Jahr 2022 erhöht, das heißt, Personen im Alter von 65 bis 69 Jahren stehen weiterhin aktiv im Berufsleben. Im Jahr 2022 waren 1,52 Millionen Menschen in dieser Altersgruppe, in der der Renteneintritt möglich ist, erwerbstätig. Angesichts dieser Entwicklung sprechen sich Arbeitgeber zunehmend gegen die »Rente mit 63« aus. Die vorzeitige Pensionierung (physisch und psychisch) gesunder und (größtenteils) gut verdienender Menschen mit 63 Jahren wird nicht mehr als tragbar angesehen. Vielmehr bedarf es Anreize, damit Menschen bereit sind, länger zu arbeiten, anstatt die Rente mit 63 zu beziehen. Diese Anreize sollten sowohl seitens staatlicher Stellen, Gesetzgebung und Politik als auch seitens der Unternehmen, Arbeitgeber und der Wirtschaft geschaffen werden (Handelsblatt 2024).

Länger arbeiten. Trotz oder wegen der Rente.

In der Personalwirtschaftsbranche werden daher verschiedene Vorschläge diskutiert, unter anderem die Anhebung der Regelaltersgrenze, die Abschaffung der »Rente ab 63« und die Einführung eines flexibleren Renteneintritts. Angesichts des steigenden Beschäftigungsanteils älterer Arbeitnehmer:innen liegt es in der Verantwortung der Arbeitgeber, ihren Mitarbeiter:innen angemessene Beschäftigungsmöglichkeiten anzubieten, um sie dazu zu ermutigen, freiwillig länger zu arbeiten. Viele ältere Menschen fühlen sich jedoch gezwungen, aufgrund ihrer geringen Renten weiterzuarbeiten. Das Arbeitseinkommen wird von vielen älteren Menschen daher entweder als notwendige finanzielle Unterstützung oder als willkommene Zusatzeinnahme betrachtet. Laut Statistischem Bundesamt ist neben der Anhebung des Rentenalters auch das gestiegene Bildungsniveau ein Grund für den Anstieg der Beschäftigten über 65 Jahren. So geht ein höherer Bildungsabschluss oft mit einer längeren Erwerbstätigkeit einher, weshalb der Anteil hoch qualifizierter älterer Arbeitnehmer:innen überdurchschnittlich ist. Die Beschäftigung im Rentenalter kann einerseits bedeuten, weiterhin aktiv am gesellschaftlichen Leben teilzunehmen, und andererseits dazu beitragen, einer drohenden Altersarmut entgegenzuwirken: Etwa 40% der älteren Erwerbstätigen ab 65 Jahren beziehen ihr Haupteinkommen aus ihrer aktuellen Tätigkeit, während die Mehrheit dieses Einkommen als zusätzliche Einnahmequelle neben Rente oder Vermögen betrachtet (Handelsblatt 2024).

Arbeiten im Alter. Unter guter Führung.

Die Bereitschaft von Arbeitnehmer:innen aller Altersgruppen, ihren Job zu wechseln, erreicht mittlerweile einen Höchststand: 37% zeigen sich offen für einen neuen Arbeitsplatz oder haben bereits konkrete Schritte unternommen, um eine neue berufliche Tätigkeit zu finden. Gleichzeitig kämpft jedes zweite Unternehmen (52%) mit Rekrutierungsproblemen und hat Schwierigkeiten, geeignete Bewerber:innen zu finden. Im Hinblick auf ältere Kandidat:innen bietet sich Unternehmen eine Chance, wenn sie ihre Rekrutierungsstrategien individuell auf diese Zielgruppe zuschneiden. Als entscheidende Faktoren für ein längeres Arbeiten zeigen sich bei älteren Arbeitnehmer:innen mit zunehmendem Alter das Priorisieren des eigenen Wohlbefindens und ihrer Gesundheit, eines möglichst hohen Maßes an Arbeitszeitsouveränität sowie der Führungsstil, in dessen Rahmen sie nach Erreichen des Rentenalters tätig sein wollen. Ihr Hauptaugenmerk liegt auf dem Wunsch nach gutem Führungsverhalten (61%), gefolgt von Flexibilität bei der Arbeitszeiteinteilung (54%) und der persönlichen Erfüllung im Job (53%). Ebenso werden Aspekte wie Gesundheitsvorsorge (43%) und das Arbeitgeberengagement für deren (psychisches) Wohlbefinden (46%) von Babyboomern als wichtig erachtet. Finanzielle Anreize spielen für Ältere bei der Suche nach einer (neuen) beruflichen Aufgabe eine eher untergeordnete Rolle, da sie altersbedingt in der Regel bereits besser verdienen. Angesichts der Erwartungen der Babyboomer an einen Arbeitsplatz im Alter dürfen Arbeitgeber nicht länger auf ein sogenanntes Gießkannenprinzip im Recruiting setzen. Gleichzeitig stimmen die Motivationen, aus denen ältere Arbeitnehmer:innen einen Arbeitgeber wählen, häufig nicht mit den Gründen überein, aus denen sie bei einem Arbeitgeber bleiben. Daher sind unter anderem intelligente New-Hiring-Strategien von großer Bedeutung, um das Recruiting zu individualisieren und den sich im Laufe der Zeit ändernden Bedürfnissen älterer Arbeitnehmer:innen gerecht zu werden. Unternehmen, die das Rekrutieren älterer Mitarbeiter:innen als strategischen Erfolgsfaktor erkennen, eröffnen sich Chancen beim Finden von (qualifizierten) Arbeitskräften. Durch den Einsatz moderner HR-Tools können Unternehmen ihr Recruiting gezielt auf Ältere ausrichten oder über Active Sourcing geeignete Senior Talente ansprechen. Gefragt sind HR-Lösungen, die eine proaktive und personalisierte Ansprache älterer Mitarbeiter:innen ermöglichen (New Work SE 2022).

3.1 Babyboomer. Ältere Arbeitnehmer:innen motivieren und rekrutieren.

Ältere Arbeitnehmer:innen sollten aufgrund ihrer individuellen Erwartungen an eine weitergehende berufliche Tätigkeit seitens HR unterschiedlich adressiert und motiviert werden: So gilt es einerseits, erfahrene Babyboomer im Unternehmen zu halten (RETENTION) und andererseits diese als zurückkehrende oder neue Mitarbeiter:innen zu gewinnen (REACTIVATION).

Gerade wenn immer mehr ältere Menschen nicht wegen des Geldes und Gehalts (FOCUS online 2024a), sondern wegen des Spaßes an der Arbeit und aufgrund ihres Bedürfnisses nach sozialen Kontakten arbeiten, sollte es Arbeitgebern leicht(er) fallen, die Motivation dieser Kandidat:innen zu steigern. Denn die sozialen Motive für eine Erwerbstätigkeit im Alter spielen teils eine größere Rolle als finanzielle Motive bei der Entscheidung für das Arbeiten im Alter (Wahl & Gehlsen 2023).

Um ältere Mitarbeiter:innen langfristig im Unternehmen zu halten beziehungsweise erfahrene Arbeitnehmer:innen als neue Mitarbeiter:innen zu gewinnen, sollten Arbeitgeber mit gezielten Maßnahmen in den Bereichen Wertschätzung und Weiterbildung, flexibles Arbeiten und Gesundheitsprävention bei der älteren Zielgruppe zu »punkten« versuchen. Das Ziel von Wirtschaft und Unternehmen sollte sein, diese Generation bis nach dem Renteneintrittsalter motiviert im Beruf zu halten oder sie erneut von einer beruflichen Tätigkeit zu überzeugen. Relevant ist daher das Verstehen älterer Mitarbeiter:innen (mit dem Ziel RETENTION) und Arbeitnehmer:innen (mit dem Ziel REACTIVATION). Interessant sind dabei Maßnahmen, die Unternehmen ergreifen können, um für die Babyboomer-Generation das Arbeiten für weitere Jahre attraktiv zu gestalten (Günthner 2023).

WERTE. Babyboomer legen Wert auf »andere« Werte.

Die Babyboomer sind seit vielen Jahren auf dem Arbeitsmarkt aktiv und haben ihn maßgeblich geprägt. Ihrerseits aufgewachsen mit Werten wie Autorität, Disziplin und Konformität sehen sie ihre Arbeit oft als integralen Bestandteil ihrer Identität. Daher messen sie ihren Selbstwert an ihren Karriereerfolgen, ihrer beruflichen Entwicklung und der Wertschätzung, die ihnen im Beruf entgegengebracht wird. Als geburtenstarke Generation haben sie früh gelernt, sich durch herausragende Leistungen zu profilieren und eine hohe Position zu erreichen. Sie sind hoch engagiert und fleißig, erwarten jedoch auch, dass ihr Engagement angemessen anerkannt wird. Babyboomer bevorzugen oft klassische Rollenverteilungen und eine klare Hierarchie in der Arbeitswelt. Sie fühlen sich daher in einem traditionellen, gut strukturierten Arbeitsumfeld am wohlsten und sind ihren Arbeitgebern oft über Jahre oder sogar Jahrzehnte treu – vorausgesetzt, sie fühlen sich wertgeschätzt und gebraucht (viele dieser Generation möchten als »unersetzlich« betrachtet werden). Obwohl sie mit neuen Technologien relativ problemlos umgehen können, benötigen sie meistens mehr Zeit, um sich daran zu gewöhnen und die Vorteile dieser Tools schätzen zu lernen. Gleichzeitig betrachten sie die Arbeit im Homeoffice eher mit Skepsis, da sie unter anderem befürchten, den Anschluss zu verlieren oder weil sie eine sinkende Produktivität einzelner Teammitglieder befürchten (Günthner 2023).

Arbeitgeber haben bereits heute die Möglichkeit, Anreize zu schaffen, um ältere Arbeitnehmer:innen dazu zu motivieren beziehungsweise zu ermutigen, ihren Renteneintritt (um einige Jahre) zu verzögern – beispielsweise flexible Übergänge in den Ruhestand, die problemlose Rückkehr aus dem Ruhestand in Teilzeitbeschäftigung, verschiedene flexible Arbeitsmodelle für ältere Mitarbeiter:innen wie Teilzeit oder Jobsharing, die Einführung von Lebensarbeitszeitkonten und Überstundenkonten, Ergonomie am Arbeitsplatz, Sabbatical- und Pflegezeitangebote, zusätzliche Urlaubstage, Weiterbildungsmöglichkeiten, Gesundheitsförderungsmaßnahmen für ältere Mitarbeiter:innen oder die Förderung einer positiven Wahrnehmung älterer Mitarbeiter:innen bei (jüngeren) Kolleg:innen (El-Dabbagh 2022).

Um die Babyboomer bis zum geplanten Renteneintrittsalter mittels Retention-Maßnahmen im Unternehmen zu halten, ist es wichtig, beim Schaffen dieser Anreize mit Empathie und Fingerspitzengefühl vorzugehen sowie ihre grundlegenden Bedürfnisse zu berücksichtigen (Günthner 2023), welche im Folgenden beschrieben werden:

- **Wertschätzung zeigen.** Babyboomer legen großen Wert darauf, dass ihre Arbeit gesehen, anerkannt und wertgeschätzt wird. Besonders bedeutsam ist für sie die öffentliche Anerkennung, sei es durch lobende Worte (idealerweise vor dem gesamten Team) oder durch eine Beförderung mit einem neuen Titel (und ggf. weiteren Statussymbolen). Zudem schätzen sie die persönliche Kommunikation und regelmäßige Feedbackgespräche mit ihren Vorgesetzten, um ihre Anliegen sowie Ideen zu besprechen (Günthner 2023). Ältere Mitarbeiter:innen wollen nicht das Gefühl haben, nur noch als »zum alten Eisen gehörend« wahrgenommen zu werden. Sie sitzen nicht einfach ihre Zeit ab und streben auch nicht unbedingt den frühestmöglichen Renteneintritt und das Abschied aus dem Unternehmen an. Damit sich diese Generation im Unternehmen sowohl wahrgenommen als auch wertgeschätzt und somit wohlfühlt, sollten im Rahmen des (Senior) Employer Branding folgende Themen berücksichtigt werden: Verankerung von Wertschätzung und Respekt in den Unternehmenswerten, Anregen eines Umdenkens in Führungskräftekreisen im Hinblick auf die Beschäftigung älterer Mitarbeiter:innen, Abbau von Vorurteilen und Vorleben von Werten, Überprüfen eines Senior-Expert-freundlichen Wordings im Rahmen der internen und externen Kommunikation (insb. UK und HR) sowie Anpassen der entsprechenden Bildwelten, Analyse der Bedürfnisse älterer Kolleg:innen und Entwickeln von Benefits, die den Anforderungen der Best Ager entsprechen, sowie die Sensibilisierung aller Mitarbeiter:innen für den Mehrwert altersdiverser Teams (El-Dabbagh 2022).
- **Arbeitszeit flexibel halten.** Unternehmen sollten bei der zeitlichen Beanspruchung von Arbeitnehmer:innen das Motto »Alles kann, nichts muss« verfolgen. Je nach den individuellen Bedürfnissen der Mitarbeiter:innen und den Möglichkeiten des Unternehmens können verschiedene Modelle für jede Altersgruppe in Betracht gezogen werden: Teilzeitmodelle bieten Älteren mehr Freiheit und Zeit für persönliche Interessen, während auch eine schrittweise Reduzierung der Arbeitszeit als Übergang zur Rente für viele Babyboomer attraktiv sein könnte. Unkonventionelle Modelle wie Jobsharing, bei dem ein Vollzeitjob zwischen mehreren Personen aufgeteilt wird, können ebenfalls helfen, die Arbeitsbelastung im Alter zu verringern, um Schritt für Schritt in den Ruhestand zu gehen (Günthner 2023).
- **Wissen weitergeben.** Die jahrzehntelange Erfahrung und die Fachkenntnisse der Babyboomer sind von unschätzbarem Wert für Arbeitgeber. Beim Übergang ganzer Arbeitsbereiche der Babyboomer zu den nachfolgenden jüngeren Generationen kann sich das Wissensmanagement daher als eine der größten Herausforderungen beziehungsweise Chancen für Unternehmen herauskristallisieren (El-Dabbagh 2022). Durch beispielsweise Mentorenprogramme oder Workshops können Ältere als Mentor:innen ihr Wissen an jüngere Kolleg:innen weitergeben,

was nicht nur den Wissenstransfer im Unternehmen sichert, sondern auch zu einer verbesserten intergenerationellen Zusammenarbeit beiträgt und zudem die Leistung der Babyboomer würdigt (Günthner 2023). Oder aber Unternehmen initiieren Reverse Mentoring Programme, bei dem erfahrene Kolleg:innen von jüngeren Kolleg:innen lernen – und vice versa. Viele Punkte lassen sich auch digital umsetzen, zum Beispiel indem man auf Basis des Wissens einzelner Personen Gruppentrainings entwickelt und so dieses Know-how mehreren Kolleg:innen wenig aufwendig zugänglich macht. Die Fragen, die sich Personalabteilungen dabei stellen müssen, sind unter anderem: Wie viel Vorplanung braucht die sogenannte Kenntnis-Konservierung? Wie viele Zeitressourcen brauchen diese Maßnahmen und was kostet das? (El-Dabbagh 2022) Inwiefern ist ein derartiges Angebot die Folge des wertschätzenden Umgangs mit den älteren Mitarbeiter:innen? Gelingt es dadurch, den Älteren das Gefühl zu vermitteln, nicht bereits im Abseits zu stehen? (Leyhausen & Klute 2023b) Der Faktor des generationenübergreifenden Wissenstransfers ist ein nicht zu unterschätzender Aufwand für die Fachabteilungen und mit einer entsprechenden Vorlaufzeit zu planen (El-Dabbagh 2022).

- **Weiterbildung ermöglichen.** Entwicklung und Weiterbildung sind für Babyboomer auch am Ende des Arbeitslebens wichtig. Viele Ältere haben den Wunsch, sich weiterzuentwickeln und neue Fähigkeiten zu erlernen. Besonders in dynamischen Arbeitsumgebungen und bei der Nutzung komplexer Technologien sollten Unternehmen daher Schulungen und Weiterbildungsangebote bereitstellen, um ältere Mitarbeiter:innen weiter einzubinden und ihre Motivation aufrechtzuerhalten (Günthner 2023).
- **Gesundheit managen.** Gesundheitsthemen gewinnen gerade im Alter an Bedeutung. Unternehmen sollten daher verschiedene Maßnahmen zur Förderung und zum Erhalt der Gesundheit älterer Mitarbeiter:innen anbieten wie Rückenschulen, Präventionskurse oder Ernährungsberatung. Zudem ist es wichtig, die Arbeitsumgebung für Ältere ergonomisch zu gestalten und regelmäßig an die Bedürfnisse der Mitarbeiter:innen anzupassen, um arbeitsbedingte Fehlbelastungen insbesondere im Alter zu vermeiden. Höhenverstellbare Tische, ergonomische Tastaturen und spezielle Arbeitsplatzbeleuchtung können dabei von Vorteil sein (Günthner 2023).
- **Finanzen nutzen.** Trotz der Bedeutung der sozialen Treiber und Motive, die für eine längere Erwerbstätigkeit sprechen, sehen viele Unternehmen auch die finanziell vorteilhaften Aspekte für ältere Arbeitnehmer:innen. Da Arbeitgeber das Potenzial älterer Mitarbeiter:innen verstärkt einsetzen wollen (und müssen), versuchen sie die finanziellen Vorteile einer längeren Beschäftigung bekannt zu machen. Beispielsweise können durch die Fortsetzung der Arbeit und durch die fortgesetzte Beitragszahlung nach Erreichen der Regelaltersgrenze zusätzliche Rentenansprüche sowie Zuschläge generiert werden (Wahl & Gehlsen 2023).

MOTIVATION. Babyboomer für Unternehmen begeistern.

Studien zeigen, dass ältere Mitarbeiter:innen, die eine starke emotionale Bindung zum Arbeitgeber und Unternehmen haben, nicht nur zufriedener sind, sondern auch einen erheblichen Mehrwert für und in Unternehmen schaffen: Denn selbst ältere motivierte und zufriedene Mitarbeiter:innen weisen weniger Fehlzeiten auf, sind seltener in Arbeitsunfälle verwickelt, zeigen geringere Qualitätsmängel, verbessern Kundenkennzahlen, steigern die Produktivität und bleiben überdurchschnittlich lange im Unternehmen. Arbeitgeber und Führungskräfte können die Motivation ihrer Mitarbeiter:innen durch verschiedene Maßnahmen erheblich beeinflussen (Abbildung 19). Dabei lassen sich drei Arten der Mitarbeitermotivation unterscheiden: materielle, immaterielle sowie hybride Motivation, die wiederum eine Mischform der ersten beiden Motivationsarten ist:

- **Materielle Mitarbeitermotivation.** Sie umfasst finanzielle Anreize für Ältere wie Gehalt, Boni, Versicherungsleistungen, Firmenwagen, Mitarbeiterbeteiligungen und andere monetäre Zusatzleistungen wie Jobtickets und Essensgutscheine.
- **Immaterielle Mitarbeitermotivation.** Sie bezieht sich auf weniger greifbare Aspekte wie persönliches Wachstum, Vertrauen, Beziehungen zu Kolleg:innen und Vorgesetzten sowie Autonomie und Anerkennung. Obwohl diese Aspekte schwerer zu beeinflussen sind, können Unternehmen hier den größten Motivationswert schaffen und am meisten von ihren auf diesem Weg motivierten Mitarbeiter:innen profitieren.
- **Hybride Mitarbeitermotivation.** Sie vereint materielle und immaterielle Aspekte, wobei die Mitarbeiter:innen einen geldwerten Vorteil erhalten, der zugleich einen hohen immateriellen Wert hat – beispielsweise Sport- und Freizeitangebote, Fortbildungen, gesunde Verpflegung in der Kantine, ansprechende Arbeitsplatzgestaltung, Betriebsausflüge, Wellnessangebote und Homeoffice-Regelungen.

Abb. 19: Elemente der Mitarbeitermotivation (in Anlehnung an Honestly 2024)

Elemente der Mitarbeiterzufriedenheit.

Die Zufriedenheit älterer Mitarbeiter:innen wird nicht allein durch Faktoren wie Vergütung, Zusatzleistungen und Arbeitsumgebung gesteigert. Obwohl diese Elemente wichtig sind, reichen sie nicht aus, um sie langfristig zu Höchstleistungen und zum Verbleib im Unternehmen zu motivieren. Konkrete Einflussfaktoren, die zu einer Steigerung der Mitarbeitermotivation sowie -zufriedenheit führen werden im Folgenden beschrieben.

BÜROAUSSTATTUNG.

Büro. Pflanzen verschönern nicht nur optisch das Büro, sondern verbessern auch die Luftqualität, indem sie Sauerstoff produzieren. Ein aufgeräumter und sauberer Arbeitsplatz von Bürotischen über Aufenthaltsräume bis zu Toiletten und Besprechungsräumen ist gerade für ältere Mitarbeiter:innen wichtig, die Ordnung schätzen. Denn sie entstammen einer Generation, die beispielsweise Wert legt auf »ordentliche« Kleidung und unter anderem eher formelle Aspekte im Arbeitsumfeld. Vernachlässigungen wie überfüllte beziehungsweise nicht entleerte Mülleimer können daher negative Auswirkungen haben, da sie gegebenenfalls die Toleranz für weitere Nachlässigkeiten erhöhen.

Instrumente. Ältere Mitarbeiter:innen sollten aber nicht nur die erforderliche Hardware für ihre Arbeit haben, sondern auch solche, die sie in ihrer Arbeit fördert. Dies gilt insbesondere für Software und Büroausstattung, die Älteren das Arbeiten erleichtern. Hilfreich sind Befragungen von Mitarbeiter:innen, um nach gegebenenfalls fehlender Ausstattung (wie höhenverstellbare Schreibtische, Stehpulte oder orthopädische Sitzauflagen) zu fragen, was direkte Ansatzpunkte liefert, um die Zufriedenheit und Produktivität der älteren Mitarbeiter:innen zu steigern. Ein weiteres Mittel der Mitarbeitermotivation ist das Thema Kaffeemaschine. Guter Kaffee ist aus Mitarbeiterperspektive rein emotional und psychologisch ein Zeichen von Wertschätzung seitens Arbeitgeber. Physiologisch hat Kaffee zudem eine nachweislich antioxidative Wirkung und reduziert das Risiko von beispielsweise Herzkrankheiten, was gerade Ältere zu schätzen wissen. Demzufolge wirkt sich Kaffee positiv auf die Produktivität und Motivation von Mitarbeiter:innen aus. Interessanterweise trägt nicht nur das enthaltene Koffein dazu bei, sondern auch die Kaffeepause selbst. Studien haben gezeigt, dass die soziale Interaktion während der Kaffeepausen die Motivation aller Mitarbeiter:innen steigert.

MONETÄRES.

Gehalt. Ein faires Gehalt ist zwar wichtig, damit sich die älteren Mitarbeiter:innen auch im Alter keine existenziellen Sorgen machen müssen – allerdings konnte in Studien bislang keine signifikante Korrelation zwischen Gehalt und Mitarbeitermotivation festgestellt werden. Dies liegt am natürlichen Spannungsfeld zwischen extrinsischer und intrinsischer Motivation, wodurch äußere Anreize wie Gehaltserhöhungen die innere Motivation von Arbeitnehmer:innen durchaus (negativ wie positiv) beeinträchtigen können.

Jobtickets. Arbeitgeber können auch ihren älteren Mitarbeiter:innen steuer- und sozialversicherungsfreie Sachbezüge in Form von Jobtickets gewähren. Die Übernahme oder Bezuschussung von Jobtickets ist eine kleine, aber geschätzte Geste gegenüber allen Mitarbeiter:innen, die zur Motivation beiträgt.

ENTWICKLUNG.

Befähigung. Die Befähigung älterer Mitarbeiter:innen umfasst alle (Weiterbildungs-) Instrumente, die ein Unternehmen einsetzen kann, um sicherzustellen, dass erfahrene Mitarbeiter:innen ihre volle Effektivität und Effizienz erreichen können – und nicht etwa »abgehängt« werden. Die Gefahr der Beeinträchtigung besteht vor allem im Bereich der neuen Technologien. Empfehlenswert sind beispielsweise Schulungen in den Bereichen Social Media, Digitales und KI.

Weiterentwicklung. Die persönliche Weiterentwicklung ist auch im Alter ein Hauptfaktor der Mitarbeitermotivation. Die Möglichkeit, (unabhängig von Alter, Wissen und Erfahrung) persönlich und beruflich weiterzukommen, ist generationenübergreifend für alle Mitarbeiter:innen von unschätzbarem Wert – tritt bei älteren Mitarbeiter:innen seitens Unternehmensführung jedoch häufig in den Hintergrund, sodass ihnen Weiterbildungen nicht angeboten oder nicht genehmigt werden. Unternehmen sollten auch ihren bereits erfahrenen Mitarbeiter:innen ein persönliches Bildungsbudget bieten, das sie frei nutzen können, solange eine sinnvolle und relevante Bildungsabsicht erkennbar ist.

MITEINANDER.

»Show and Tell«. Meetings, die auf Initiative eines oder mehrerer Mitarbeiter:innen angesetzt werden und an denen freiwillig teilgenommen werden kann, haben sich als geeignetes Instrument entwickelt, um die generationenübergreifende Zusammenarbeit zu fördern und generationenbedingte Themen und Probleme zu diskutieren. Diese selbst organisierten Meetings sind ein effektives HR-Instrument, um Fachwissen zu teilen und die persönliche Entwicklung der Mitarbeiter:innen zu fördern – was sich positiv auf die Mitarbeitermotivation auswirkt.

Mentorenprogramme. Sie ermöglichen es Mentor:innen, sich einzubringen und Mentees, ihre Lernkurve effizienter zu steigern, als wenn sie sich Wissen allein erarbeiten müssten. Die Mentor:innen haben so die Möglichkeit, Führungsfähigkeiten zu entwickeln beziehungsweise auszubauen sowie ihr Wissen zu reflektieren und zu festigen. Die Beziehung zwischen Mentor:innen und Mentees fördert zudem die soziale Interaktion in Unternehmen. Ähnlich verhält es sich auch mit internen Weiterbildungsprogrammen, die im Sinne eines »Wir für Euch!« eine Plattform bieten, auf welcher sich jüngere und ältere Mitarbeiter:innen austauschen sowie die Älteren ihren branchenspezifischen Wissens- und Erfahrungsschatz beispielsweise in den Bereichen Controlling, Human Resources, Marketing, Sales oder Research & Development an die Jüngeren weitergeben können.

Teamveranstaltungen. Je nach Unternehmensgröße kann es sinnvoll sein, einmal pro Woche ein gemeinsames Mittagessen mit dem Team zu organisieren, das vom Unternehmen bezahlt wird. Abteilungsübergreifende Lunchevents sind ideal, um Barrieren zwischen Abteilungen abzubauen und den Zusammenhalt zu stärken. Darüber hinaus umfassen Teamveranstaltungen obligatorische Weihnachtsfeiern und regelmäßige Betriebsausflüge, um die Gemeinschaft zu fördern.

WERTSCHÄTZUNG.

Feedback. In der Regel wird Feedback nur im Rahmen von jährlichen Mitarbeiterbeurteilungsgesprächen gegeben. Zudem wird gerade bei älteren Mitarbeiter:innen oft auf Feedback verzichtet – zum einen, da man die Betreffenden bereits seit Längerem kennt, zum anderen, da diese voraussichtlich keine allzu lange Karriere mehr vor sich haben und sich ausführliches beziehungsweise regelmäßiges Feedback »nicht zu lohnen« scheint. Zudem haben die meisten Mitarbeiter:innen und so auch die Erfahrenen eher selten die Gelegenheit, selbst Feedback zu Vorgesetzten, Teams oder der Unternehmenskultur zu geben. Mitarbeiterfeedback bietet jedoch konkrete Ansatzpunkte, um die Unternehmenskultur zu verbessern und (ältere) Mitarbeiter:innen zu halten. Regelmäßige Einzelgespräche zwischen Vorgesetzten und erfahrenen Mitarbeiter:innen sind ein wichtiges Instrument, um gegenseitig Feedback zu geben und zu erhalten – und um die Beziehung zwischen Vorgesetzten und älteren Mitarbeiter:innen zu verbessern.

Anerkennung. Die Anerkennung der jahre- oder jahrzehntelang erbrachten Leistung ist eine der Grundlagen für ein motiviertes und produktives Miteinander von Arbeitgebern und erfahrenen Mitarbeiter:innen. Die Wertschätzung der Leistung und des Wissens älterer Mitarbeiter:innen sollte spezifisch und nicht zu allgemein sein, aber auch spontanes und konkretes Lob ist geeignet, um ihnen kontinuierlich ein adäquates Gefühl von Anerkennung zu vermitteln.

BINDUNG. Babyboomer an Unternehmen binden.

Das Konzept der Bindung von Mitarbeiter:innen an Unternehmen umfasst unterschiedliche Maßnahmen, die dazu genutzt werden können, auch ältere Mitarbeiter:innen an Unternehmen zu binden und ihre Loyalität langfristig zu fördern. Verschiedene Optionen zum Binden erfahrener Mitarbeiter:innen werden im Folgenden beschrieben (Hufenreuter 2023):

- **Selektive Mitarbeiterbindung.** Bei der selektiven Bindung älterer Mitarbeiter:innen sollte ein Schwerpunkt darauf liegen, die Top-Performer unter den Älteren im Unternehmen zu identifizieren und zu halten – dies sind in der Regel Fachexpert:innen, Mitarbeiter:innen mit strategischer Bedeutung oder herausragende Leistungsträger:innen. Ebenso wichtig ist es, die sogenannten Mittel-Performer zu betrachten, da sie häufig einen Großteil der Belegschaft ausmachen und das Potenzial haben, sich auch im Alter einzubringen oder zu Top-Performern zu entwickeln. Grundsätzlich sollte sich die selektive Bindung älterer Mitarbeiter:innen daher primär auf die Top- und Mittel-Performer konzentrieren.

- **Verantwortung für Mitarbeiterbindung.** Die Verantwortung für die Bindung älterer Mitarbeiter:innen liegt nicht nur bei einzelnen Akteur:innen im Unternehmen, sondern sollte von allen unternehmensinternen Stakeholdern geteilt werden – unabhängig von hierarchischen Ebenen, Abteilungen oder Unternehmensbereichen. In der Praxis liegt die Hauptverantwortung jedoch meistens bei den Personalabteilungen, Führungskräften und dem Management. Ideal wäre jedoch ein spezifisches Senior Talent Management-Team, das sich ausschließlich auf die Belange älterer Mitarbeiter:innen konzentriert.
- **Bedeutung der Mitarbeiterbindung.** Eine positive Arbeitsumgebung sowie ein wertschätzendes und unterstützendes Arbeitsumfeld tragen maßgeblich zur Zufriedenheit älterer Mitarbeiter:innen bei und erhöhen ihre Motivation und Leistungsbereitschaft. Zufriedene ältere Mitarbeiter:innen verbessern das Betriebsklima, teilen ihre Erfahrungen mit anderen, auch Älteren, und können dazu beitragen, die Fluktuationsrate niedrig sowie die Verbleiberate im Unternehmen hochzuhalten, was Unternehmen Zeit und Budget spart. Diese Maßnahmen fördern zudem eine emotionale Bindung der älteren Mitarbeiter:innen an das Unternehmen, was sich positiv auf deren langfristige Identifikation mit den Marken, Produkten und Dienstleistungen des Unternehmens auswirkt.
- **Auswahl der Mitarbeiterbindungsmaßnahmen.** Bei der Auswahl passender Maßnahmen zur Bindung älterer Mitarbeiter:innen ist es wichtig, ihre Bedürfnisse und Erwartungen rechtzeitig und regelmäßig zu hinterfragen, zu berücksichtigen sowie sicherzustellen, dass die passenden Maßnahmen umgesetzt werden. Mitarbeiterbefragungen können helfen, die Bedürfnisse aller und insbesondere älterer Mitarbeiter:innen regelmäßig zu ermitteln und die Wirksamkeit der umgesetzten Maßnahmen zu evaluieren.

Vorteile der Bindung älterer Mitarbeiter:innen.

- **Leistung.** Mitarbeiter:innen mit langjähriger Erfahrung und einem tiefgreifenden Wissensschatz bleiben aufgrund von Mitarbeiterbindungsmaßnahmen länger im Unternehmen und erhöhen dadurch die unternehmensinternen Wissens- und Leistungsstandards.
- **Produktivität.** Teams, die generationenübergreifend arbeiten und die Kompetenzen der Mitarbeiter:innen unterschiedlicher Altersgruppen nutzen, verbessern nachweislich das Betriebsklima und fördern eine intensivere und produktivere Teamarbeit.

- **Kundenbindung.** Kund:innen können (insbesondere im B2B-Bereich) langfristig aufgebaute Beziehungen zu ihren bekannten Senior-Expert-Ansprechpartner:innen im Unternehmen aufrechterhalten, da diese im Unternehmen verbleiben.
- **Arbeitgebermarke.** Unternehmen werden auch für potenzielle ältere Bewerber:innen attraktiver. Ein auch auf Ältere ausgerichtetes Employer Branding kann die Wahrnehmung des Unternehmens als attraktiven Arbeitgeber insbesondere für ältere Mitarbeiter:innen fördern.
- **Zielerreichung.** Unternehmensziele werden leichter erreicht, da durch das Engagement älterer Mitarbeiter:innen die Leistungsbereitschaft und Performance konstant bleibt.

3.2 Babyboomer. Instrumente von RETENTION und REACTIVATION.

Im Folgenden werden konkrete Maßnahmen und Instrumente beschrieben, die dazu beitragen, erfahrene Mitarbeiter:innen an Unternehmen zu binden (RETENTION) oder erneut zu gewinnen (REACTIVATION):

STARTPHASE. Grundlagen der Bindung und Gewinnung älterer Mitarbeiter:innen.

Die folgenden HR-Maßnahmen und -Instrumente bilden die Basis für die erfolgreiche Ansprache, Bindung und Gewinnung (sowie im Idealfall auch Begeisterung) älterer Mitarbeiter:innen.

Instrument. Demografielotsen.

Um auf der Grundlage eines effizienten und bedarfsgerechten HR-Recruitings langfristig erfolgreich zu sein, arbeiten immer mehr Unternehmen mit sogenannten Demografielotsen. Diese analysieren unternehmensinterne Altersstrukturen und leiten daraus die entsprechenden HR-Maßnahmen ab. Im Fokus stehen die Qualifikationen der erfahrenen Mitarbeiter:innen, ihr Stand in der Unternehmenshierarchie, das Konservieren und Weitergeben des unternehmensinternen Wissens sowie das Begleiten der Mitarbeiter:innen.

Instrument. Senior Recruiting.

Der gesamte Rekrutierungsprozess bei der Ansprache und dem Gewinnen älterer Arbeitnehmer:innen sollte sich spezifisch auf deren individuelle Erwartungen ausrichten – die entsprechenden Stellhebel sind im Folgenden dargestellt (KOFA 2024).

- **Ältere HR-Zielgruppen spezifisch ansprechen.** Wenn Unternehmen ältere Mitarbeiter:innen für sich gewinnen möchten, ist es wichtig, sie gezielt entsprechend ihrer Erfahrungen anzusprechen und wertzuschätzen. In Stellenausschreibungen sollten Unternehmen daher nicht nur erwähnen, sondern vielmehr betonen, dass Bewerbungen von Kandidat:innen jeden Alters erwünscht sind und gerade Erfahrung im Unternehmen wertgeschätzt wird. Das aktive Ansprechen einer älteren HR-Zielgruppe hat sich als Erfolg versprechendes Instrument bewiesen, denn das passive Warten auf Bewerbungen älterer Mitarbeiter:innen hat größtenteils ausgedient. Vielmehr ist Wertschätzung gegenüber der Berufserfahrung der Älteren und Erfahrenen einer der Schlüssel zum Recruiting-Erfolg der HR-Zielgruppen Senior Experts und Senior Professionals.

- **Altersvielfalt deutlich darstellen.** Zum Gewinnen einer älteren HR-Zielgruppe sollten Unternehmen sich als bezüglich Alter und Generationen vielfältig aufgestellte Arbeitgeber darstellen und altersgemischte Teams auf die Agenda setzen (Abbildung 20). Die Vorstellung unterschiedlichster Mitarbeiter:innen auf Website und Karriereportal, die Beiträge älterer Mitarbeiter:innen oder Unterseiten mit Karriere- beziehungsweise Weiterbildungschancen für Ältere lassen potenzielle Bewerber:innen erkennen, dass sie nicht trotz, sondern gerade wegen ihres Alters zum Team passen – was wiederum die Wahrscheinlichkeit von Bewerbungen älterer Arbeitnehmer:innen steigert.

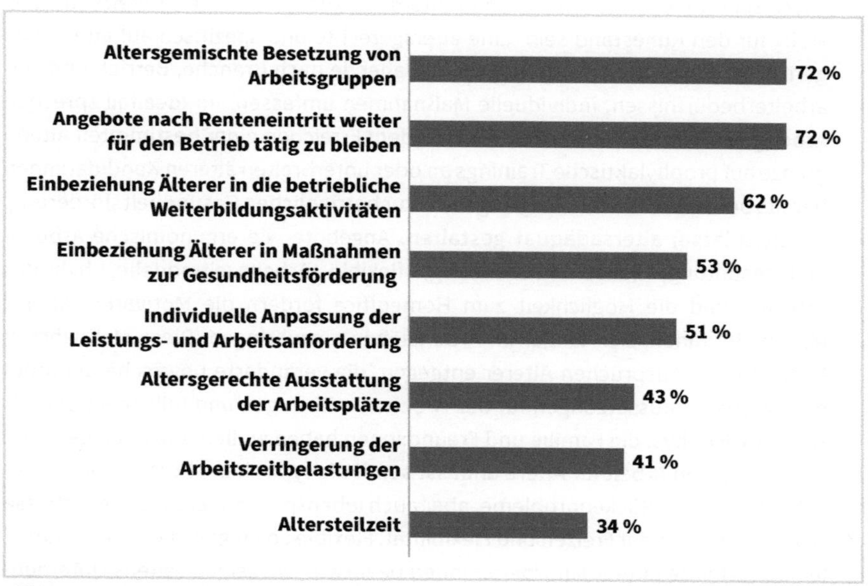

Abb. 20: Betriebliche Maßnahmen zur Förderung älterer Mitarbeiter:innen (in Anlehnung an KOFA 2024)

- **Ältere Hierarchie-divers einstellen.** Arbeitgebern bieten sich zum Rekrutieren älterer Arbeitnehmer:innen das Konzept der Senior Talents oder Senior Azubis an. Älteren Arbeitnehmer:innen wird die Möglichkeit gegeben, in einem Unternehmen als Trainee oder Auszubildende:r zu starten. Hierbei wird mittels einer entsprechenden Führungs- und Unternehmenskultur sichergestellt, dass die Ausbildung Älterer von allen Teams und vom Management getragen wird und grundsätzlich auf eine positive Resonanz stößt. Unternehmen, die ältere Arbeitnehmer:innen im Rahmen eines Senior-Trainee-Programms oder einer Senior-Ausbildung beschäftigen und qualifizieren, können zudem von öffentlichen Fördermöglichkeiten profitieren (z. B. mittels Eingliederungszuschuss oder Förderung nach dem Qualifizierungschancengesetz).

- **Weiterbildung und Entwicklung forcieren.** Arbeitgeber sollten allen Mitarbeiter:innen, unabhängig vom Alter, Weiterbildungsmöglichkeiten anbieten (und ggf. sie dazu motivieren), um zu zeigen, dass sie als Arbeitgeber auch in Mitarbeiter:innen investieren, die sich in fortgeschrittenen Lebensphasen und Karrierestufen befinden. Diese lohnen sich, da die Mitarbeiter:innen sich ernst genommen fühlen, dann oft länger im Unternehmen bleiben und auch nach dem Erreichen des Renteneintrittsalters weiter beruflich tätig sind.
- **Gesundheit begleiten und fördern.** Eine Problematik für ältere Arbeitnehmer:innen ist der altersbedingte Leistungsabfall beziehungsweise der vorzeitige Verschleiß der Arbeitsfähigkeit. Vor allem durch langjährige, körperlich und gegebenenfalls einseitig belastende Tätigkeiten oder eine überdurchschnittliche psychische Beanspruchung können ältere Arbeitnehmer:innen bereits mit 50+ »reif« für den Ruhestand sein. Eine altersgerechte und spezifisch auf ältere ausgerichtete Gesundheitsförderung sollte daher, je nach Branche, Betrieb und Mitarbeiterbedürfnissen, individuelle Maßnahmen umfassen. Im Idealfall sprechen Arbeitgeber ältere Mitarbeiter:innen vor dem Erreichen einer bestimmten Altersgrenze auf prophylaktische Trainings an oder unterbreiten älteren Kandidat:innen bereits bei deren Rekrutierung Angebote zur betrieblichen Gesundheitsförderung.
- **Arbeit(splätze) altersadäquat gestalten.** Angebote wie ergonomische Arbeitsplatzgestaltung, Teilzeit, Jobsharing, flexible Arbeitszeitmodelle, hybrides Arbeiten und die Möglichkeit zum Homeoffice fördern die Motivation älterer Mitarbeiter:innen, sich länger im Arbeitsleben einzubringen. Diese Maßnahmen kommen den Ansprüchen Älterer entgegen, die veränderte physische und/oder psychische Voraussetzungen für das Arbeiten mitbringen und teils mehr Zeit für sich, ihre Hobbys, die Familie und Freund:innen haben wollen. Die altersgerechte Gestaltung von Arbeit für Ältere umfasst somit die typischen altersbedingten Gegebenheiten wie Rückenprobleme, aber auch lebensphasenbedingte Bedürfnisse sowie das nach mehr Freizeit und Flexibilität. Flexible Lösungen, die die individuellen Bedürfnisse älterer Mitarbeiter:innen beantworten, zeigen seitens Unternehmen eine Bereitschaft, die Bedürfnisse der Älteren ernst zu nehmen und auf diese einzugehen.
- **Flexirente proaktiv anbieten.** Die Flexirente stellt für Arbeitgeber und Arbeitnehmer:innen ein attraktives Angebot dar, um Ältere länger im Unternehmen zu halten. Sie ist jedoch kein eigenständiges Rentenmodell, sondern umfasst unterschiedliche Änderungen im Rahmen der gesetzlichen Rente, die mit dem soge-

nannten Flexirentengesetz eingeführt wurden – mit dem Ziel, den Übergang in den Ruhestand für beide Seiten deutlich flexibler zu gestalten. Indem Arbeitgeber gezielt auf die monetären, zeitlichen oder gesundheitlichen Bedürfnisse ihrer Mitarbeiter:innen eingehen und entsprechende Maßnahmen anbieten, lässt sich die Attraktivität der Arbeitgebermarke und zugleich auch die Bindung älterer Arbeitnehmer:innen stärken (KOFA 2024).

Instrument. Bleibegespräch.

Das Bleibegespräch ist eine HR-Maßnahme, um potenzielle Kündigungen älterer Teammitglieder abzuwenden und sie trotz Erreichen des Renteneintrittsalters im Unternehmen zu halten. Unternehmen erkennen zunehmend, dass der Verlust erfahrener Mitarbeiter:innen nicht nur kostspielig ist, sondern auch langfristig den Unternehmenserfolg gefährden kann. Bleibe- und Mitarbeitergespräche bieten daher eine effektive Möglichkeit, die Mitarbeiterzufriedenheit zu verbessern und Abwanderungen vorzubeugen. Der Erfolg eines Bleibegesprächs hängt dabei maßgeblich von einer sorgfältigen Vorbereitung und Durchführung seitens HR und Vorgesetzten ab (Abbildung 21).

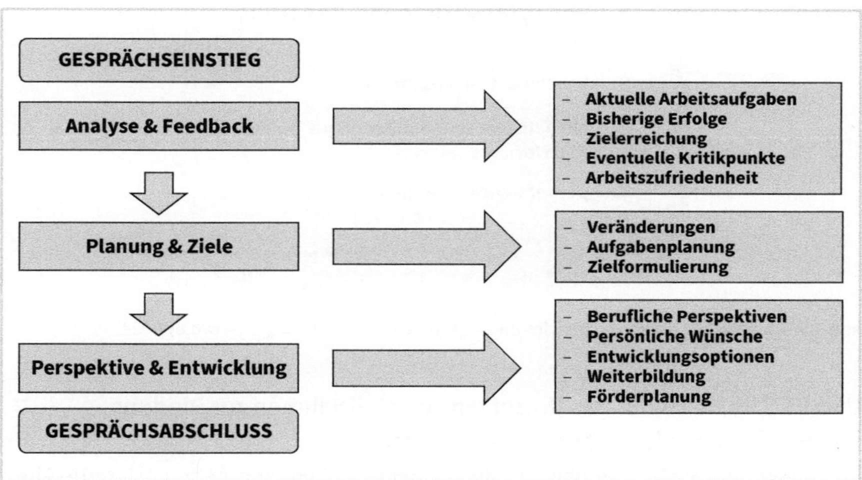

Abb. 21: Ablauf von Bleibe- und Mitarbeitergesprächen (in Anlehnung an karrierebibel.de 2024)

Arbeitgeber sollten frühzeitig versuchen, mögliche Anzeichen für die Unzufriedenheit oder Kündigungsbereitschaft sowie die entsprechenden Warnzeichen bei Vertreter:innen der älteren Belegschaft zu erkennen und proaktiv auf die betroffenen Mitarbeiter:innen zuzugehen (Abbildung 22). Eine offene und vertrauensvolle Gesprächsatmosphäre ist dabei wichtig, um das ehrliche Feedback der älteren Mitarbeiter:innen zu erhalten und individuelle Lösungsansätze für sie zu entwickeln. Denn ältere Mitarbeiter:innen können sich in einer späten Phase ihrer Karriere befinden, in der sie sich nach weiteren beziehungsweise neuen Herausforderungen (neuen Aufgaben und/oder Zielen) sehnen oder nach einer besseren Work-Life-Balance streben. Durch (Bleibe-)Gespräche, die auf die Bedürfnisse älterer Mitarbeiter:innen eingehen, können Unternehmen zeigen, dass sie diese wertschätzen und bereit sind, in eine langfristige Bindung zu investieren. Die Durchführung erfolgreicher Bleibegespräche erfordert eine aktive Beteiligung seitens der Führungskräfte und der Mitarbeiter:innen. Beide Seiten sollten aufrichtig und konstruktiv kommunizieren, um gemeinsam nach Lösungen suchen, die den Bedürfnissen und Zielen beider Seiten gerecht werden (Mai 2023, Jerzy 2023).

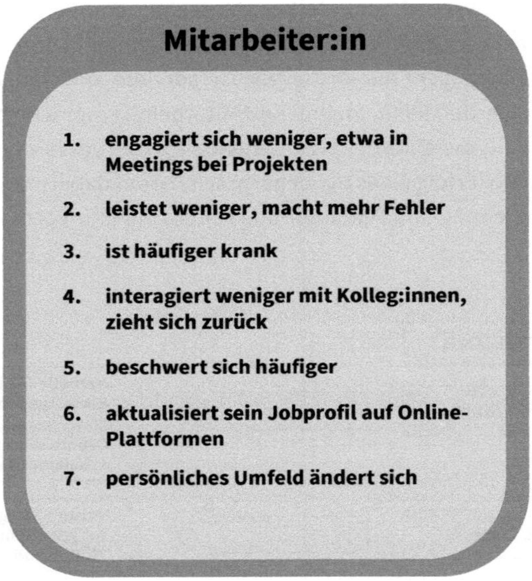

Mitarbeiter:in

1. **engagiert sich weniger, etwa in Meetings bei Projekten**
2. **leistet weniger, macht mehr Fehler**
3. **ist häufiger krank**
4. **interagiert weniger mit Kolleg:innen, zieht sich zurück**
5. **beschwert sich häufiger**
6. **aktualisiert sein Jobprofil auf Online-Plattformen**
7. **persönliches Umfeld ändert sich**

Abb. 22: Warnzeichen als Vorzeichen des Bleibegesprächs (in Anlehnung an wiwo.de 2024)

UMSETZUNGSPHASE. Das Umsetzen von Maßnahmen zur Bindung und Gewinnung älterer Mitarbeiter:innen.

Die folgenden HR-Maßnahmen und -Instrumente stellen unternehmensinterne Alternativen für das erfolgreiche Ansprechen, Binden und Gewinnen älterer Mitarbeiter:innen dar.

PERSONALPROZESSE.

Instrument. Arbeits(zeit)modelle.

Der klassische Nine-to-Five-Job steht infrage und ist im Wandel. Immer mehr Arbeitgeber überlassen ihren Beschäftigten die Entscheidung über Ort und vor allem Zeit der Arbeit. Auch älteren Arbeitnehmer:innen ist das Wann des Arbeitens mittlerweile immer wichtiger. Der Wunsch nach flexiblen Arbeitszeiten ist groß, Arbeitnehmer:innen wollen selbst bestimmen, wann sie arbeiten. Was genau flexible Arbeitszeit ist und welche Arbeitszeitmodelle es gibt, wird im Folgenden dargestellt.

GLEITZEIT. Hier können Arbeitnehmer:innen unter Einhaltung bestimmter Regeln den Beginn und das Ende ihrer Arbeitszeit selbst bestimmen. Der Vorteil für die Beschäftigten liegt auf der Hand: Berufs- und Privatleben lassen sich besser miteinander vereinbaren. Doch auch Unternehmen profitieren: Es kommt zu weniger Kurzfehlzeiten, da die Mitarbeiter:innen private Termine einfacher in den Joballtag integrieren können. Zudem können Mitarbeiter:innen ihre Arbeitszeiten und -abläufe bedarfsgerechter gestalten. Die Arbeitszeit wird an saisonale Auftragsschwankungen angepasst und Teams, die mit Kund:innen in anderen Zeitzonen zu tun haben, gestalten ihren Arbeitsalltag entsprechend effektiver.

KERNARBEITSZEIT. Die Kernarbeitszeit ist ein Teil der flexiblen Arbeitszeitmodelle wie etwa der Gleitzeit und gibt einen Rahmen für die eigentliche Arbeitszeit von Teams und Teammitgliedern vor. Die Kernarbeitszeit beschreibt die vom Unternehmen vorgegebene Zeitspanne, während der Anwesenheitspflicht für alle Mitarbeiter:innen besteht. Ist die Kernarbeitszeit im Betrieb beispielsweise von 10 bis 15 Uhr festgelegt und liegt der Gleitzeitrahmen zwischen 7 und 10 Uhr sowie 15 und 18 Uhr, so ist die Anwesenheitspflicht von 10 bis 15 Uhr festgelegt. Ob man als Mitarbeiter:in also morgens um 7 Uhr kommt und um 15 Uhr Feierabend macht oder von 10 bis 18 Uhr arbeitet, bleibt jedem und jeder Einzelnen überlassen. Sowohl die Kernarbeitszeit als auch der Gleitzeitrahmen werden in der Regel im Arbeitsvertrag festgelegt.

ARTEN VON GLEITZEIT. Neben der häufigsten Form, der Gleitzeit mit Kernarbeitszeit, gibt es drei weitere Varianten:

- Gleitzeit ohne Kernarbeitszeit,
- Gleitzeit mit Funktionszeit,
- Gleitzeit mit Jahresarbeitszeit.

Bei der Gleitzeit ohne Kernarbeitszeit wird eine Funktionszeit mit frühestem Beginn und spätestem Ende festgelegt, zum Beispiel 7 Uhr und 18 Uhr. Wann die Arbeitnehmer:innen kommen und gehen, ist ihnen freigestellt, solange sie die vereinbarte Arbeitszeit einhalten. Das Arbeitszeitmodell der Gleitzeit ohne Kernarbeitszeit eignet sich daher vor allem für Unternehmen, deren Mitarbeiter:innen weitestgehend autonom arbeiten. Teamarbeit, Absprachen mit Kolleg:innen und Kund:innen sind bei Gleitzeit ohne Kernarbeitszeit allerdings nur eingeschränkt möglich.

Die Gleitzeit mit Funktionszeit gibt wie die Kernarbeitszeit einen zeitlichen Rahmen vor. Diese unterscheidet sich in dem Punkt, dass nicht jede:r Mitarbeiter:in während der Funktionszeit vor Ort sein muss. Es reicht aus, wenn einzelne Abteilungen innerhalb des vorgegebenen Zeitrahmens ausreichend besetzt sind, damit der Betrieb reibungslos ablaufen kann. Im Rahmen dieser Vorgaben legen die Mitarbeiter:innen ihre Arbeitszeit in Absprache mit den Kolleg:innen fest und können eine Ein- und Ausgleitphase vor und nach der Funktionszeit nutzen. Gleitzeit mit Funktionszeit wird vor allem in Betrieben eingesetzt, in denen sich die Mitarbeiter:innen fachlich gegenseitig vertreten können.

Bei der Gleitzeitvariante mit Jahresarbeitszeit kann man im Rahmen der betrieblichen Vorgaben die Dauer der täglichen Arbeitszeit selbst bestimmen. Wichtig ist nur, dass die wöchentliche Arbeitszeit im Jahresdurchschnitt der vertraglich vereinbarten Wochenarbeitszeit entspricht. Im Rahmen der betrieblichen Vorgaben hat man als Arbeitnehmer:in die Möglichkeit, die tägliche Arbeitszeit an das Arbeitsvolumen und die anfallenden Aufgaben anzupassen. Auf einem Arbeitskonto werden Mehr- oder Minderstunden festgehalten, sodass man als Arbeitnehmer:in den Überblick über das Jahr behält. Dieses Modell wird vor allem in Branchen angewendet, die von saisonalen Aufträgen abhängig sind, zum Beispiel im Baugewerbe.

GLEITZEITTAGE. Beim Gleitzeitmodell sammelt man Überstunden auf einem Arbeitszeitkonto. Wann und wie man diese Plusstunden abbaut, kann man als Arbeitnehmer:in weitgehend frei entscheiden. Man ist nicht verpflichtet, dafür kürzere Arbeitstage zu nehmen. Wenn genügend Stunden auf dem Konto sind, kann man beispielsweise einen ganzen Tag als Gleitzeitausgleich nehmen. Doch dabei darf man das Gleitzeitkonto als Arbeitnehmer:in nicht aus den Augen verlieren, denn wenn man den Gleitzeitsaldo nicht bis zu einem bestimmten Zeitpunkt abbaut, verfallen diese Stunden. Unklarheiten über den Umgang mit Überstunden oder Mehrarbeit gibt es nur, wenn diese aufgrund von Personalmangel oder anderen Gründen nicht abgebaut werden können. Solche Unklarheiten sollten zu Beginn des Arbeitsverhältnisses geklärt werden, zum Beispiel in einer Betriebsvereinbarung, die alle Punkte der Arbeitszeitregelung enthält. Die Gleitzeitvereinbarung ist wie ein Vertrag aufgebaut, muss von Arbeitgeber und Arbeitnehmer:in unterschrieben werden und beinhaltet beispielsweise die folgenden Fragen: Welches Arbeitszeitmodell gilt im Betrieb? Für welchen Zeitraum ist der Gleitzeitrahmen definiert? Wann müssen die Mitarbeiter:innen im Rahmen der Kernarbeitszeit anwesend sein? Welche tägliche und wöchentliche Höchstarbeitszeit darf nicht überschritten werden?

FLEXIBLE ARBEITSMODELLE. Flexible Arbeitsmodelle haben sich weitgehend in der freien Wirtschaft etabliert und gelten mittlerweile als neuer Standard. Trotzdem gibt es bestimmte Branchen und Tätigkeitsbereiche, in denen ein flexibles Arbeitszeitmodell wie die Gleitzeit nicht umsetzbar ist. In Bereichen wie Schicht- und Fließbandarbeit ist ein solches Modell nicht praktikabel, da die Arbeitszeiten der Mitarbeiter:innen nahtlos aufeinanderfolgen müssen, um Produktionsausfälle zu vermeiden – ebenso wenig im Bildungsbereich. Unabhängig davon, ob es sich um Vorlesungen, Schulstunden oder Lehrgänge handelt, erfordert die Natur der Tätigkeit, dass alle Teilnehmer:innen gleichzeitig anwesend sind. Darüber hinaus eignet sich kein Beruf für Gleitzeit, bei dem eine kontinuierliche Erreichbarkeit für Kund:innen und Geschäftspartner:innen erforderlich ist. Für ältere Arbeitnehmer:innen ist eine ausgewogene Work-Life-Balance von großer Bedeutung. Viele von ihnen sind daher bereit, Gehaltseinbußen hinzunehmen, um mehr Freizeit zu genießen. Flexible Arbeitszeitmodelle mit Gleitzeit ermöglichen es älteren Arbeitnehmer:innen, Beruf und Privatleben besser zu vereinbaren, ohne dabei auf einen angemessenen Verdienst verzichten zu müssen (Avantgarde Experts 2023).

Instrument. Wahlarbeitszeit.

Das Modell der Wahlarbeitszeit bietet eine alternative Herangehensweise zur traditionellen Arbeitszeitregelung. Hier haben Mitarbeiter:innen die Möglichkeit, ihre Wochenarbeitszeit jährlich festzulegen, innerhalb eines bestimmten Rahmens, beispielsweise von 15 bis 40 Stunden. Diese Flexibilität ermöglicht es Mitarbeiter:innen, ihre Arbeitszeit je nach ihren individuellen Bedürfnissen anzupassen. Besonders für ältere Arbeitnehmer:innen eröffnet das Modell der Wahlarbeitszeit interessante Perspektiven. Die Option, die Arbeitszeit bei Bedarf zu reduzieren, erleichtert vielen den Übergang in die Altersteilzeit oder den Ruhestand. Denn dadurch können sie schrittweise von ihrem beruflichen Engagement zurücktreten und gleichzeitig flexibel bleiben, um sich anderen Interessen und Verpflichtungen zu widmen.

Instrument. Anti-Defizitmodell.

Unternehmen sollten verstärkt in ältere Beschäftigte investieren und Weiterbildung bis zum Ruhestand anbieten, um nachhaltig von ihrer Erfahrung zu profitieren. Weiterbildung für Ältere gewinnt zunehmend an Relevanz, da sich die Anforderungen an ältere Arbeitnehmer:innen gerade im Zuge der Digitalisierung besonders schnell verändern. Das sogenannte Defizitmodell des Alters, bei dem sich ausschließlich darauf konzentriert wird, dass ältere Menschen körperliche und geistige Fähigkeiten verlieren, sollte daher durch eine kompetenzorientierte Perspektive ersetzt werden, da Studien zeigen, dass es bis zu einem bestimmten Alter meistens nur einen schwachen Zusammenhang zwischen Alter und Leistung gibt. Dabei können körperliche Einschränkungen größtenteils durch Erfahrung, Routinen und effektive Ressourcennutzung kompensiert werden, während mit dem Alter Selbstsicherheit, Ausgeglichenheit und Einsatzbereitschaft zunehmen.

Instrument. Personalagenturen.

Unternehmensinterne Personalagenturen fungieren als Vermittler zwischen Unternehmen und ehemaligen Mitarbeiter:innen, die temporäre Einsätze oder projektbasierte Arbeit suchen. Auf diese Weise können Senior Expert:innen gezielt für spezifische Aufgaben oder Projekte rekrutiert werden, basierend auf ihren Fähigkeiten und Erfahrungen. Durch diese flexiblen Beschäftigungsmodelle bleiben ältere Mitarbeiter:innen weiterhin mit dem Unternehmen verbunden, ohne sich dauerhaft an eine feste Position binden zu müssen. Der Einsatz von Senior Experts auf temporärer Basis bietet Unternehmen zahlreiche Vorteile: Sie können auf einen talentierten Pool erfahrener Fachkräfte zurückgreifen, um Engpässe zu überbrücken oder Projekte voranzutreiben. Gleichzeitig ermöglicht es älteren Mitarbeiter:innen, ihre Expertise weiterhin einzubringen, sich beruflich zu engagieren und ihren Beitrag zum Unternehmenserfolg zu leisten (Schnabel 2023).

Instrument. Projektarbeit.

Die Nutzung der Erfahrung und Expertise älterer Mitarbeiter:innen in Form von Projektarbeit gewinnt zunehmend an Bedeutung. Unternehmen erkennen den Wert, den erfahrene Kräfte mitbringen und setzen verstärkt auf deren Mitarbeit, sei es in Form von Projekten oder als Unterstützung während der Elternzeit und Sabbaticals anderer Mitarbeiter:innen. Sie können zudem aufgrund ihrer Branchenkenntnisse und Netzwerke bei der Entwicklung neuer Strategien und Geschäftsmöglichkeiten unterstützen. Projektarbeit bietet älteren Mitarbeiter:innen eine ideale Möglichkeit, ihr Fachwissen und ihre Fähigkeiten gezielt für einen begrenzten Zeitraum einzusetzen, ohne sich dauerhaft an eine bestimmte Position oder an ein Unternehmen binden zu müssen. Darüber hinaus bietet die Einbindung verrenteter Mitarbeiter:innen in befristete Projekte viele Vorteile für Unternehmen: Diese HR-Zielgruppe verfügt oft über eine hohe Motivation, ihre Expertise weiterhin einzubringen und ist in der Regel flexibel hinsichtlich ihrer Verfügbarkeit. Sie können Engpässe während der Auszeiten anderer Teammitglieder überbrücken und somit den reibungslosen Betrieb sicherstellen. Sie bleiben weiterhin beruflich aktiv, können ihre Fähigkeiten aufrechterhalten und erweitern sowie ihr soziales Netzwerk pflegen und durch das schrittweise Reduzieren ihres Engagements einen sanften Übergang in den Ruhestand gestalten.

Instrument. Projektpool.

Manche Unternehmen verfügen über einen Pool von ehemaligen Mitarbeiter:innen, die (älter und dementsprechend erfahren sowie mit einem oft exzellenten Netzwerk) befristet für unternehmensinterne Projekt- und Beratungsaufgaben vermittelt werden. Durch diese Angebote bleibt Unternehmen das größtenteils über Jahrzehnte erworbene Wissen erhalten und kann aus erster Hand mit jüngeren Beschäftigten geteilt werden. Unternehmen nutzen so das Know-how der Älteren, die weiterarbeiten und sich einbringen wollen. Zwar verfügt nicht jedes Unternehmen über die Ressourcen, um die Potenziale erfahrener Mitarbeiter:innen über ihr Ausscheiden hinaus zu nutzen, aber viele Unternehmen setzen situativ Ruheständler:innen ein. Die meisten

Unternehmen haben jedoch kein System, um ältere Mitarbeiter:innen weiterhin sinnvoll und effektiv an sich zu binden. Vielfach werden persönliche Kontakte von aktiven Mitarbeiter:innen zu Ehemaligen genutzt, um diese für die Beratung, operative Unterstützung oder eine Interimsvertretung einzusetzen. Gleichzeitig wird deutlich, dass viele Ruheständler:innen nicht zurück in ihren üblichen Job wollen, zugleich sucht die Mehrheit eine zeitlich begrenzte Beschäftigung, die mit (Freizeit-)Aktivitäten verbunden werden kann (Leyhausen & Klute 2023a).

PERSONALMANAGEMENT.

Instrument. Senior Employee Engagement.

Durch eine systematische Evaluation des Senior Employee Engagements erhalten Mitarbeiter:innen eine Stimme, potenzielle HR-Negativtrends werden frühzeitig erkannt und sowohl die Teamproduktivität als auch die Unternehmensleistung werden gesteigert. Senior Employee Engagement beschreibt die emotionale Bindung, Motivation und Verpflichtung älterer Mitarbeiter:innen gegenüber ihrem Arbeitgeber und ihrer Tätigkeit. Es reflektiert die Identifikation der älteren Mitarbeiter:innen mit den Unternehmenszielen und -werten sowie ihr langfristiges Engagement für ihre Aufgaben. Unternehmen können ihr Senior Employee Engagement durch verstärkte Kommunikation, Karrieremöglichkeiten, ein angenehmes Arbeitsumfeld, regelmäßiges Feedback, die Berücksichtigung von Work-Life-Balance und eine positive Unternehmenskultur im Hinblick auf die Interessen älterer Mitarbeiter:innen verbessern. Diese Maßnahmen können individuell angepasst und kombiniert werden, um das beste Ergebnis für das Senior Employee Engagement zu erzielen. Die kontinuierliche Überprüfung und Anpassung dieser Maßnahmen ist jedoch entscheidend, um sicherzustellen, dass sie die gewünschten Ergebnisse liefern.

Um das Employee Engagement älterer Mitarbeiter:innen zu messen, sollten HR-Verantwortliche sich die folgenden Fragen stellen:

- WARUM. Was ist das übergeordnete Ziel der Messung des Senior Employee Engagements?
- WAS. Welche Daten sollen erhoben werden, welche liegen vor und welche können beschafft werden?
- WIE. Wie erfolgen die Datenerhebung und die Datenauswertung?

Die Kontroll- und Erfolgsgrößen (Key Performance Indicators, KPIs) des Employee Engagement lassen sich wie folgt zusammenfassen:

- **Engagement Index.** Diese Kennzahl leitet sich aus Engagement-Studien ab, beispielsweise mit Fragen zur Motivation sowie zu gegenwärtigem und zukünftigem Commitment der älteren Mitarbeiter:innen (»Ich bin immer noch stolz darauf, bei X zu arbeiten« – »Ich sehe mich auch in zwei Jahren noch bei X arbeiten«). Der jeweilige Score wird im Vergleich zu vorherigen Umfragen analysiert, insbesondere bezüglich des Aspekts, welche Themen von einzelnen Abteilungen und Bereichen besonders hoch bewertet wurden.

- **Anzahl freiwilliger Kündigungen.** Ein moderater Wechsel seitens älterer Mitarbeiter:innen ist normal. Doch zu viele Kündigungen oder zu wenige Ältere, die trotz Erreichen des Renteneintrittsalters im Unternehmen verbleiben, sind ein Warnsignal. Deshalb sollte man sich ständig die Anzahl der älteren Mitarbeiter:innen anschauen, die das Unternehmen von sich aus frühzeitig oder direkt beim Erreichen des Renteneintrittsalters verlassen haben. Das gibt Hinweise auf die Stimmung und Motivation der Älteren im Team.
- **Kündigungen neuer Mitarbeiter:innen.** Wenn ältere Mitarbeiter:innen kurz nach ihrem Wiedereinstieg kündigen, ist das ein direkter Hinweis, dass der Job oder das Unternehmen nicht ihren Erwartungen entsprechen oder sie sich im Team nicht wohlgefühlt haben. Sollte die sogenannte Early-Attrition-Rate zu hoch sein, muss seitens HR nachjustiert werden. Ähnlich verhält es sich mit der Abwesenheitsquote: Wenn die Abwesenheitsquote älterer Mitarbeiter:innen plötzlich zunimmt, können Demotivation oder mangelndes Engagement dahinterstecken.

Instrument. Senior Talent Management.

Senior Talents sind erfahrene Mitarbeiter:innen mit überdurchschnittlichen Fähigkeiten und herausragenden Leistungen, die weiterhin ein hohes Potenzial und Entwicklungsmöglichkeiten zeigen. Senior Talent Management ist daher ein strategischer Ansatz, der darauf abzielt, diese erfahrenen Talente zu identifizieren, langfristig im Unternehmen zu halten und kontinuierlich weiterzuentwickeln. Das Ziel ist es sicherzustellen, dass Schlüsselpositionen im Unternehmen stets mit den richtigen Mitarbeiter:innen besetzt sind, um den Unternehmenserfolg zu gewährleisten. Die HR-Abteilung gestaltet den Prozess des Senior Talent Management, wodurch Talent Management zu einem Alleinstellungsmerkmal und Wettbewerbsvorteil für Unternehmen werden kann. Auf diese Weise trägt es maßgeblich zum langfristigen Erfolg und zur Wettbewerbsfähigkeit von Arbeitgebern bei. Um geeignete ältere Talente anzusprechen, ist es wichtig, auf Personalmarketing und Employer Branding zu setzen. Dabei sind auch Active Sourcing und Social Recruiting wichtige Instrumente, um hoch qualifizierte ältere Fachkräfte zu gewinnen. Im Auswahlprozess helfen Potenzialanalysen und Eignungsdiagnostik dabei, erfahrene Kandidat:innen als Senior Talents zu identifizieren. Ein strukturierter Onboarding-Prozess trägt dazu bei, neue Senior Talents effektiv ins Team zu integrieren. Hervorragende Leistungen älterer Mitarbeiter:innen sollten dabei angemessen belohnt werden. Ein transparentes Vergütungssystem, insbesondere mit variablen Komponenten, kann Anreize schaffen und zur Zufriedenheit und Motivation der Senior Talents beitragen.

Instrument. Senior Expert Modell.

Das Umsetzen dieses HR-Modells ermöglicht es beispielsweise Unternehmen wie Bosch und Deutsche Bahn, das wertvolle Fachwissen und die langjährige Erfahrung älterer Mitarbeiter:innen auch nach deren Renteneintrittsalter zu nutzen, indem sie diese für zeitlich befristete Beratungs- und Projektaufgaben beauftragen. Das Senior Expert Modell ermöglicht es Unternehmen, auf das Fachwissen und die Erfahrung älterer beziehungsweise ehemaliger Mitarbeiter:innen zurückzugreifen, ohne sie fest an das Unternehmen zu binden. Viele Menschen im Rentenalter möchten weiterhin aktiv bleiben und ihr Wissen und ihre Fähigkeiten nutzen – dieses strategische Modell bietet diesen Personen die Möglichkeit, weiterhin einen Beitrag zu leisten, ohne sich vollständig an ein Unternehmen zu binden. Als strategischer Vorteil ermöglicht das Modell es Unternehmen, ihr internes Know-how zu bewahren und sicherzustellen, dass wichtige Projekte von erfahrenen Expert:innen unterstützt werden, was unter anderem deren Wettbewerbsfähigkeit stärkt. Zu den anspruchsvollen Aufgaben bei der Umsetzung dieses Modells gehören Fragen der Vergütung, der Arbeitszeitregelung und der Integration der ehemaligen Mitarbeiter:innen in bestehende Teams und Projektstrukturen.

Instrument. Senior Expert Entwicklung.

Die Entwicklung älterer Mitarbeiter:innen umfasst sämtliche Maßnahmen zur Förderung, Qualifizierung und Weiterbildung älterer Mitarbeiter:innen. Das langfristige Ziel dieser Facette der strategischen Personalentwicklung ist es, ältere Mitarbeiter:innen so zu qualifizieren, dass sie auch im fortgeschrittenen Alter und aufgrund ihrer Erfahrung weiterhin bestmöglich zum Unternehmenserfolg beitragen und gleichzeitig motiviert bleiben. Die systematische Personalentwicklung schafft eine Win-win-Situation, von der sowohl die älteren Mitarbeiter:innen (durch persönliche Weiterentwicklung) als auch das Unternehmen (durch optimalen Einsatz der HR-Ressourcen zur Erreichung der Geschäftsziele) profitieren.

Die Senior-Mitarbeiter-Entwicklung hilft Unternehmen und älteren Mitarbeiter:innen dabei, folgende Ziele zu erreichen (siehe auch Abbildung 23):

Unternehmen können

- ältere Mitarbeiter:innen sowohl fachlich als auch methodisch weiterbilden.
- ältere Mitarbeiter:innen in ihrer persönlichen Entwicklung unterstützen.
- die Motivation der älteren Belegschaft steigern oder aufrechterhalten.
- den Erfolg und die Zukunftsfähigkeit sichern.

UNTERNEHMEN können …	MITARBEITER:INNEN können …
Mitarbeiter:innen sowohl in fachlicher als auch in methodischer Hinsicht weiterbilden (u. a. in Projektmanagement).	ihre Potentiale besser nutzen und Schwächen ausgleichen.
Mitarbeiter:innen in persönlicher Hinsicht fördern (durch Selbstmanagement, Kommunikationstraining etc.).	ihr Aufgabengebiet entsprechend ihrer Stärken und Interessen wählen und gestalten.
den Personalstand sichern und besser planen.	ihre Position innerhalb des Unternehmens verbessern.
Nachwuchsführungskräfte erkennen und fördern.	ihre Position auf dem Arbeitsmarkt verbessern.
die Motivation der Belegschaft steigern bzw. aufrechterhalten.	mehr Geld verdienen.
den Erfolg und die Zukunftsfähigkeit des Unternehmens sichern.	das Selbstbewusstsein steigern.

Abb. 23: Ziele der Entwicklung älterer Mitarbeiter:innen (in Anlehnung an personio.de 2024)

Ältere Mitarbeiter:innen können

- ihre Potenziale besser nutzen und Schwächen ausgleichen.
- ihre Aufgabenbereiche entsprechend ihrer Stärken gestalten.
- den Personalbestand sichern und besser planen.
- ein höheres Gehalt verdienen.
- ihr Selbstbewusstsein steigern.
- ihre Position innerhalb des Unternehmens und auf dem Arbeitsmarkt verbessern.

Für die Phasen der Karrierelaufbahn älterer Mitarbeiter:innen stehen verschiedene Instrumente der Personalentwicklung zur Verfügung, die in On-the-Job-Maßnahmen (Mitarbeiter:innen) und Off-the-Job-Maßnahmen (Berufsaussteiger:innen) unterteilt werden können.

Für ältere Mitarbeiter:innen sind die folgenden HR-Instrumente relevant (on the Job):

- **Job Enlargement.** Ältere Mitarbeiter:innen haben die Möglichkeit, ihren Verantwortungsbereich quantitativ und qualitativ zu erweitern, vorausgesetzt, die neuen Aufgaben passen zu den vorhandenen und das Arbeitspensum bleibt angemessen.
- **Job Enrichment.** Ältere Mitarbeiter:innen können ihre Arbeitsinhalte mit höherwertigen Tätigkeiten anreichern, um ihre Entwicklung zu fördern.
- **Job Rotation.** Durch Wechsel in andere Rollen oder Abteilungen können ältere Mitarbeiter:innen zusätzliche Qualifikationen erlangen und den Horizont erweitern.

- **Job-Projekte.** Die Zusammenarbeit mit Kolleg:innen aus anderen Bereichen ermöglicht es älteren Mitarbeiter:innen, fachlich und persönlich zu wachsen.

Für ältere Berufsaussteiger:innen sind die folgenden HR-Instrumente relevant (off the Job):

- **Weiterbildungsmaßnahmen.** Ältere Mitarbeiter:innen, die das Unternehmen verlassen, können sich auf die Jobsuche vorbereiten, indem sie an Seminaren oder Coachings teilnehmen, die auf ihre zukünftigen beruflichen Ziele ausgerichtet sind.

Eine strategische Herangehensweise ist entscheidend, damit ältere Mitarbeiter:innen von der Personalentwicklung profitieren können. HR-Verantwortliche sollten sich mittels der folgenden Instrumente Informationen von älteren Mitarbeiter:innen einholen, um Ressourcen gezielt einzusetzen:

- **Bedarfsanalyse.** Die Bedarfsanalyse umfasst Fragen wie: Wer wird in den nächsten Jahren in den Ruhestand gehen? Welche Kompetenzen benötigt das Unternehmen in Zukunft? Wo und wie können diese Kompetenzen entwickelt werden? Welche älteren Mitarbeiter:innen sind besonders förderungswürdig?
- **Zieldefinition.** Die Zieldefinition beinhaltet Fragen wie: Was sind die Wachstumsziele des Unternehmens? Welche Positionierung strebt das Unternehmen an?
- **Personalentwicklung.** Anschließend folgen operativ umgesetzte Personalentwicklungsmaßnahmen, bei denen HR eine zentrale Rolle spielt. Dazu gehören zum Beispiel Compliance-Trainings, Kommunikationskurse oder Vorträge über Führung.

HR sollte ihre älteren Mitarbeiter:innen dabei eher als Coach unterstützen und sie bei der persönlichen Weiterentwicklung begleiten. Ein 360-Grad-Feedback kann helfen, ein umfassendes Bild über die Entwicklungsmöglichkeiten älterer Mitarbeiter:innen zu erhalten.

UNTERNEHMENSKOMMUNIKATION.

Instrument. Externe Kommunikation.

Die externe Unternehmenskommunikation spielt eine entscheidende Rolle beim Gewinnen und Ansprechen älterer Mitarbeiter:innen. Durch gezieltes Wahrnehmungsmanagement kann die Reputation des Unternehmens geprägt werden, was wiederum Vertrauen und Glaubwürdigkeit bei den älteren Mitarbeiter:innen stärkt. Um diese wirkungsvoll anzusprechen, ist es wichtig, individuelle Wahrnehmungsgrößen wie Vertrauen und Glaubwürdigkeit zu berücksichtigen. Die Unternehmenskommunikation umfasst dabei neben der externen auch die interne Kommunikation sowie Public Relations gegenüber älteren Arbeitnehmer:innen. Unterschiedliche Ansätze wie Stakeholder Management, integrierte Kommunikation und Corporate Identity sollten gezielt genutzt werden, um ältere Mitarbeiter:innen gezielt anzusprechen und zu gewinnen. Es empfiehlt sich, zielgruppenspezifische Kommunikationsstrategien wie Mitarbeiterkommunikation einzusetzen und dabei auf gruppendynamische Prozesse einzugehen. Durch eine authentische und wertschätzende Kommunikation kann das Unternehmen sein Image als attraktiver Arbeitgeber für ältere Mitarbeiter:innen stärken und langfristig erfolgreich sein.

Instrument. Interne Kommunikation.

In einer zunehmend multigenerationalen Arbeitswelt erfordert die Vielfalt der Altersgruppen ebenfalls eine interne maßgeschneiderte Kommunikation. Mit den Babyboomern sowie den Generationen X, Y und Z arbeiten Mitarbeiter:innen mit unterschiedlichen Erfahrungen, Einstellungen und Kommunikationsstilen zusammen, was für Unternehmen eine Herausforderung hinsichtlich HR, Kommunikation und Change Management darstellt. Eine effektive interne Kommunikation, die alle Altersgruppen gleichermaßen anspricht, wird daher immer wichtiger. Während sich Unternehmen erst an die Wünsche und Werte der Generation Y angepasst haben, betreten bereits die Vertreter:innen der Generation Z den Arbeitsmarkt – und ihre Denkweise unterscheidet sich erneut stark. Für Unternehmen bedeutet dies, eine weitere Altersgruppe erfolgreich zu integrieren, was aufgrund unterschiedlicher Arbeitseinstellungen und Kommunikationsgewohnheiten eine Herausforderung darstellt. Altersgemischte Teams bieten Unternehmen zahlreiche Vorteile, darunter die Kombination verschiedener Kompetenzen und Perspektiven. Dennoch erfordert die Zusammenarbeit zwischen älteren und jüngeren Mitarbeiter:innen eine gezielte Förderung. Die Generationen haben unterschiedliche Präferenzen bezüglich der Kommunikation und der Nutzung von Technologie am Arbeitsplatz. Eine erfolgreiche interne Kommunikation muss daher die Vielfalt der Altersgruppen berücksichtigen und jeweils geeignete Kanäle und Tools bereitstellen, die von den Mitarbeiter:innen entsprechend ihrer Bedürfnisse akzeptiert und genutzt werden können.

UNTERNEHMENSKULTUR.

Instrument. Anti-Altersdiskriminierung.

Die altersdiversitätsbedingte Diskriminierung älterer Mitarbeiter:innen am Arbeitsplatz wird von Arbeitgebern oft übersehen oder zumindest unterschätzt – und das trotz des zunehmenden (HR-)Fokus auf Vielfalt. Altersdiskriminierung (Ageism) ist ein weitverbreitetes Phänomen, das zum Teil sogar stärker erlebt wird als Rassismus oder Sexismus. Ältere Mitarbeiter:innen werden nicht nur von Diversitätsdiskussionen ausgeschlossen, sondern sehen sich unabhängig davon mit Vorurteilen und Ausgrenzung konfrontiert. Studien zeigen eine teils alarmierende Entwicklung in Bezug auf Altersdiskriminierung: Viele jüngere Arbeitnehmer:innen finden, dass ältere Menschen wichtige berufliche und gesellschaftliche Rollen aufgeben sollten, um jüngeren

Platz zu machen. Zudem unterstützen viele eine Altersgrenze für politische Ämter und glauben, dass ältere Menschen wenig(er) zum gesellschaftlichen Fortschritt beitragen. Altersdiversität ist jedoch entscheidend für die heutige Arbeitswelt: Altersdiskriminierung hat nicht nur persönliche Auswirkungen, sondern trägt auch dazu bei, dass erfahrene Fachkräfte ihre Potenziale nicht voll ausschöpfen können, was wiederum negative Auswirkungen auf den Unternehmenserfolg hat. Gerade angesichts des Fachkräftemangels wird deutlich, dass die Ausgrenzung älterer Arbeitnehmer:innen nicht nur ethisch bedenklich, sondern auch wirtschaftlich unklug ist. Die Förderung von Altersdiversität ist daher nicht nur eine soziale Verpflichtung, sondern auch eine strategische Notwendigkeit für Unternehmen. Es gibt verschiedene Möglichkeiten, wie Unternehmen aktiv zur Förderung von Altersdiversität beitragen können, zum Beispiel durch Inklusion, strategische Einstellungspraktiken und Best-Practice-Beispiele erfolgreicher Programme. Altersdiskriminierung am Arbeitsplatz – das heißt, dass ältere Mitarbeiter:innen oft als inaktiv, konservativ oder unkreativ wahrgenommen werden, obwohl sie einen enormen Erfahrungsschatz und Lebenserfahrung mitbringen – wird immer noch unterschätzt und bagatellisiert (Bösel 2023, Leyhausen & Klute 2023b).

Viele Unternehmen beginnen daher aktiv nach Wegen zu suchen, um Altersdiskriminierung zu vermeiden. So sollten Vorgesetzte und Mitarbeiter:innen Schulungen zu den Themen Diskriminierung und Vielfalt erhalten. Diese Schulungen helfen, die Vorteile von Altersvielfalt und die Auswirkungen von Diskriminierung am Arbeitsplatz zu verstehen. Da sich die meisten Belegschaften aus bis zu vier verschiedenen Generationen zusammensetzen, müssen alle Mitarbeiter:innen wissen, wie sie zusammenarbeiten können. Diversity-Schulungen zu Themen wie Respekt, implizite Voreingenommenheit und Teambildung leisten dabei einen Beitrag zum Schaffen eines starken und altersintegrativen Arbeitsumfelds. Klare HR-Richtlinien und kulturelle Leitbilder sollten betonen, dass Arbeitgeber keine ungerechte Behandlung – auch nicht aufgrund des Alters – tolerieren. Führungskräfte, Management und Personalabteilungen müssen derartige Richtlinien durchsetzen, gegebenenfalls durch formale Disziplinarmaßnahmen. Eine weitere Lösung für jegliche Art von Altersdiskriminierung am Arbeitsplatz ist die Einführung eines leistungsorientierten Entlohnungssystems. Anstatt Belohnungen, Beförderungen oder gegebenenfalls auch Vorzugsbehandlungen von der Dauer der Betriebszugehörigkeit abhängig zu machen, sollten sie auf tatsächlichen Leistungsindikatoren basieren. Mitarbeiter:innen sollten Leistungen erhalten, die altersunabhängig auf ihrem Wert für das Unternehmen basieren. Darüber hinaus sollten Unternehmen allen Mitarbeiter:innen unabhängig von ihrem Alter oder ihrer Erfahrung die gleichen Aus- und Weiterbildungsmöglichkeiten bieten.

Eine weitere Möglichkeit, Altersdiskriminierung am Arbeitsplatz zu vermeiden, besteht darin sicherzustellen, dass man bei der Einstellung nicht unbeabsichtigt diskriminiert, beispielsweise anhand der folgenden Maßnahmen:

- Schalten von Anzeigen dort, wo sie jede HR-Zielgruppe sehen kann, zum Beispiel analog und digital, in Online-Jobbörsen oder Lokalzeitungen, in den sozialen Medien und Netzwerken.
- Entfernen potenziell diskriminierender Formulierungen aus Stellenbeschreibungen, zum Beispiel »Hochschulabsolvent:in« oder »jung«.
- Verzichten auf die Angabe des Geburtsdatums und auf Fotos in Bewerbungsformularen.
- Vermeiden altersbezogener Fragen im Vorstellungsgespräch.
- Vermeiden von Stereotypen über ältere Arbeitnehmer:innen.

Auch wenn es um Entlassungen oder Personalabbau geht, sollten Entscheidungen nicht vom Alter abhängig gemacht werden, das heißt, beispielsweise ältere Mitarbeiter:innen, die bald in Rente gehen, nicht per se als erste zu entlassen.

Das beste Instrument gegen Altersdiskriminierung ist die Förderung eines generationenübergreifenden Arbeitsumfelds und einer generationenübergreifenden Belegschaft. Das bedeutet anzuerkennen und wertzuschätzen, dass alle Mitarbeiter:innen, unabhängig von ihrem Alter, zum Unternehmenserfolg beitragen können. Dazu gehört das Schaffen einer Kultur, die Mitarbeiter:innen und deren einzigartige Stärken anerkennt – und dazu gehört eben auch deren Alter (Everfi Content Team 2023).

Instrument. Ältestenbeirat.

Die Beteiligung älterer Mitarbeiter:innen in Unternehmen spielt eine entscheidende Rolle im heutigen Arbeitsumfeld, besonders in Zeiten zunehmender Vielfalt und demografischen Wandels. Hier sind einige Schlüsselfaktoren zur Stärkung ihres Mitspracherechts und ihrer Mitbestimmung im Rahmen eines Ältestenbeirates:

- **Erfahrung und Fachkenntnisse.** Ältere Mitarbeiter:innen bringen einen reichen Erfahrungsschatz und Fachkenntnisse mit, die für den Erfolg eines Unternehmens von unschätzbarem Wert sind. Ihr Mitspracherecht als Ältestenbeiräte ermöglicht es, diese Ressourcen optimal zu nutzen, indem sie aktiv an Entscheidungsprozessen beteiligt werden.
- **Wertschätzung und Einbeziehung.** Die Mitbestimmung älterer Mitarbeiter:innen ist ein wichtiger Schritt zur Anerkennung ihrer Arbeit und zur Integration in den Unternehmensprozess. Wenn ältere Mitarbeiter:innen durch Initiativen wie einen Ältestenbeirat das Gefühl haben, dass ihre Meinungen gehört und respektiert werden, trägt dies zu einer positiven Arbeitsatmosphäre und ihrer Zufriedenheit bei.
- **Generationenübergreifendes Lernen und Zusammenarbeiten.** Das Mitspracherecht älterer Mitarbeiter:innen fördert den Austausch zwischen verschiedenen Generationen und schafft ein Umfeld des gemeinsamen Lernens. Durch den Austausch von Perspektiven entsteht eine dynamische Arbeitskultur, die Innovation und kontinuierliche Verbesserung unterstützt.

- **Förderung von Flexibilität und Anpassungsfähigkeit.** Das Mitspracherecht älterer Mitarbeiter:innen als Ältestenbeirat fördert die Flexibilität und Anpassungsfähigkeit von Unternehmen. Ihre langfristige Perspektive kann dazu beitragen, strategische Entscheidungen zu treffen und das Unternehmen auf Veränderungen vorzubereiten.
- **Förderung von Diversität und Inklusion.** Die Einbeziehung älterer Mitarbeiter:innen trägt zu Vielfalt und Inklusion im Unternehmen bei. Unterschiedliche Altersgruppen bringen unterschiedliche Sichtweisen und Lebenserfahrungen mit sich, die zu besseren Entscheidungen und einem umfassenderen Problemlösungsansatz führen.

Die Ernennung eines Ältestenbeirates und die dadurch erfolgende Stärkung des Mitspracherechts und der Mitbestimmung älterer Mitarbeiter:innen ist entscheidend, um ihr Potenzial voll auszuschöpfen und eine integrative Arbeitsumgebung zu schaffen, in der alle Mitarbeiter:innen unabhängig von Alter, Geschlecht oder Hintergrund gleichermaßen geschätzt und respektiert werden.

Instrument. Inklusion.

Die »Generation Silberhaar« wird unter anderem für ihre Stabilität und Zuverlässigkeit geschätzt. Mit einer ausgeprägten Arbeitsmoral und einem hohen Maß an Verantwortungsbewusstsein sind ältere Mitarbeiter:innen oft das Rückgrat eines Unternehmens. Ihre Pünktlichkeit und niedrige Fluktuationsrate tragen zur Steigerung der Produktivität und Effizienz bei, was letztendlich allen im Unternehmen zugutekommt. Eine altersgemischte Belegschaft bringt unterschiedliche Perspektiven und Arbeitsstile zusammen, was die Kreativität und Innovationskraft von Unternehmen steigert. Das Ziel sollte darin bestehen, eine vielfältige und ausgewogene Belegschaft aufzubauen, die das Unternehmen als Ganzes stärkt und die Fähigkeiten und Potenziale aller Mitarbeiter:innen optimal nutzt (Dindorf 2023).

Instrument. Generationenzusammenführung.

In vielen Unternehmen stehen junge, qualifizierte Mitarbeiter:innen vor der herausfordernden Aufgabe, Personen zu führen, die teils bedeutend älter sind als sie. Diese Führungskonstellation ist aus verschiedenen Gründen keine leichte – weder für die jungen Führungskräfte noch für die älteren Mitarbeiter:innen. Denn Führung dient als klares Signal der Hierarchie und wird nur akzeptiert, wenn sie von einer Person ausgeht, der man diese Autorität zuschreibt. Diese Hierarchie basiert in der Regel auf drei Faktoren:

- der formalen Position (Befugnisse und Rechte),
- der Kompetenz (Fähigkeiten, Glaubwürdigkeit) und
- der Zugehörigkeit zur Gruppe (Lebensalter, Berufserfahrung usw.).

Wenn diese drei Faktoren in einer Person vereint sind, wird die Führung in der Regel problemlos akzeptiert. Viele Mitarbeiter:innen sind bereit, von einer Führungskraft, die kompetent in ihrem Bereich und auch älter ist, geleitet zu werden. Für jüngere Führungskräfte ist es daher wichtig, älteren Mitarbeiter:innen gegenüber Anerkennung sowie Respekt zu zeigen (Abbildung 24), um der ungewöhnlichen Führungssituation gerecht zu werden. Wertschätzende Worte können helfen, die Verständigung zwischen Jüngeren und Älteren zu erleichtern. Bei der Mitarbeiterbeurteilung ist es besonders wichtig, die älteren Mitarbeiter:innen aktiv einzubeziehen und nach deren Erwartungen und Bedürfnissen an die jüngere Führungskraft zu fragen. Der Respekt vor der Erfahrung und dem Wissen älterer Mitarbeiter:innen seitens der jüngeren Kolleg:innen und Vorgesetzten ist dabei entscheidend. Dies kann durch die Anerkennung der erfahreneren Mitarbeiter:innen, die Nutzung ihres Erfahrungswissens und die Bitte um Unterstützung bei der Bewältigung der Führungsaufgaben zum Ausdruck gebracht werden. Dabei ist es wichtig, dass junge Führungskräfte auf überflüssige Machtsymbole verzichten und stattdessen eher Zeichen der Bescheidenheit zeigen. Höfliche Bitten oder motivierende Aufforderungen sind effektiver als Befehle und Ich-Botschaften besser geeignet als direktive Bewertungen oder Anweisungen. Besonders bei Kritik ist es wichtig, respektvoll zu kommunizieren und Ich-Botschaften zu verwenden. Die Beurteilung älterer Mitarbeiter:innen sollte so sachlich und objektiv wie möglich sein, während nicht fachliche Kategorien vermieden werden sollten, um unnötige Kränkungen zu vermeiden. Ältere Mitarbeiter:innen können jüngeren Kolleg:innen viel mitgeben, daher ist es wichtig, ihre Erfahrung anzuerkennen und adäquat zu nutzen. Jüngere Führungskräfte sollten sich daher vor Überheblichkeit schützen und stattdessen auf die Unterstützung älterer Kolleg:innen bauen – denn das größte Kompliment für ältere Mitarbeiter:innen ist die Anerkennung ihrer Generativität, Integrationskraft, Netzwerke und Erfahrung (perso-net 2024).

Jüngere, die ältere Mitarbeiter:innen für die ewältigung ihrer Führungsaufgabe um **Unterstützung** bitten.

Das **Erfahrungswissen** der älteren Mitarbeiter:innen ansprechen und nutzen, indem man sich von ihnen beraten lässt.

Höflichkeits- und Anstandsregeln beachten und ernst nehmen.

Diskretion bei schwierigen Themen mit biographischem Bezug zeigen (u. a. Lebenskrisen, Erkrankungen).

Nicht dem **Vorurteil** vom Alter als Einschränkung aufsitzen (bzgl. bspw. Motivation, Bildungs- und Entwicklungswillen, Leistungsbereitschaft).

Die Unterschiede in den **Motivlagen** ernst nehmen, die unterschiedliche Stände in der Berufsbiografie mit sich bringen.

Abb. 24: Elemente des Respekts und der Wertschätzung gegenüber älteren Mitarbeiter:innen (in Anlehnung an perso-net 2024)

Instrument. Wortwahl.

Untersuchungen zeigen, dass sich 60% der älteren Bewerber:innen im Alter von 45 bis 54 Jahren nicht angesprochen fühlen, wenn Stellenanzeigen das Wort »jung« enthalten. Bei den über 60-Jährigen sind es bereits 71%. Es ist daher problematisch, wenn Personalverantwortliche in Stellenausschreibungen Formulierungen wie »junges Team« verwenden, obwohl diesbezüglich ein Umdenken hinsichtlich des Fachkräftemangels längst erforderlich ist. Viele Unternehmen erkennen bereits, dass ältere Arbeitnehmer:innen wertvolle Beiträge leisten können und laden sie häufiger zu Bewerbungsgesprächen ein. Um vor diesem Hintergrund gerade ältere Bewerber:innen im Rekrutierungsprozess nicht abzuschrecken, sollten Unternehmen inklusiver kommunizieren und Formulierungen wie »dynamisch«, »jung« oder »jung geblieben« unbedingt vermeiden. Stattdessen sollten sie betonen, dass Bewerber:innen jeden Alters willkommen sind und nach »erfahrenen« oder »neuen« Mitarbeitern suchen (Reintjes 2022).

Instrument. Weiterbildung.

Lebenslanges Lernen ist in einer Ära des demografischen Wandels und einer alternden Belegschaft von entscheidender Bedeutung für den Erfolg von Unternehmen. Weiterbildung ist für sowohl ältere als auch jüngere Mitarbeiter:innen ein nicht zu unterschätzender Vorteil und sollte daher im Rahmen des Engagements und der Investments für Weiterbildungsmaßnahmen angemessen berücksichtigt werden. Der Begriff des lebenslangen Lernens entstand als Reaktion auf die Globalisierung und den raschen Wandel in der Arbeitswelt. In der heutigen Wissensgesellschaft ist die Fähigkeit, mit Wissen umzugehen, ein zentraler Bestandteil der Handlungsfähigkeit aller Mitarbeiter:innen. Angesichts der demografischen und technologischen Veränderungen sowie des Fachkräftemangels gewinnt das lebenslange Lernen zunehmend an Bedeutung, wird jedoch bei älteren Mitarbeiter:innen häufig unterschätzt oder übersehen. Denn oft besteht die Annahme, dass sich Investitionen in ältere Mitarbeiter:innen nicht lohnen, da ihr Eintritt in den Ruhestand unmittelbar bevorsteht.

Unternehmen bevorzugen daher häufig die Investition in jüngere Mitarbeiter:innen, obwohl deren langfristige Bindung an das Unternehmen unsicher ist. Dabei wird übersehen, dass dies eine Form der Diskriminierung älterer Mitarbeiter:innen darstellt. Trotzdem ist die Bereitschaft zur Weiterbildung nicht bei allen älteren Mitarbeiter:innen gegeben. Es bedarf daher angepasster Lernmethoden und eines altersadäquaten Lerntempos, um sie optimal zu unterstützen. Gezielte Weiterbildung kann Schwung in den Arbeitsalltag bringen, die Leistungsfähigkeit steigern und die vorhandene Erfahrung optimal nutzen. Weiterbildungsmöglichkeiten sollten daher für alle Mitarbeiter:innen unabhängig vom Alter zugänglich sein, da sie nicht nur die individuelle Entwicklung fördern, sondern auch das Unternehmensimage stärken.

Es ist daher sinnvoll, älteren Mitarbeiter:innen die Möglichkeit zu geben, sich weiterzubilden und ihr Wissen an jüngere Kolleg:innen weiterzugeben. Dabei spielen Schulungen für Führungskräfte eine wichtige Rolle, um ein unterstützendes Umfeld für Mitarbeiter:innen jeden Alters zu schaffen. Die Förderung eines heterogenen Altersmixes in Teams ermöglicht es, von verschiedenen Erfahrungsschätzen zu profitieren. Durch gezielte Trainings können mögliche Vorbehalte gegenüber Weiterbildungsmaßnahmen abgebaut werden, sodass auch ältere Mitarbeiter:innen diese positiv wahrnehmen und sich aktiv einbringen können (Hölscher 2019).

Abbildung 25 zeigt eine Übersicht der wichtigsten Instrumente der Mitarbeiterbindung.

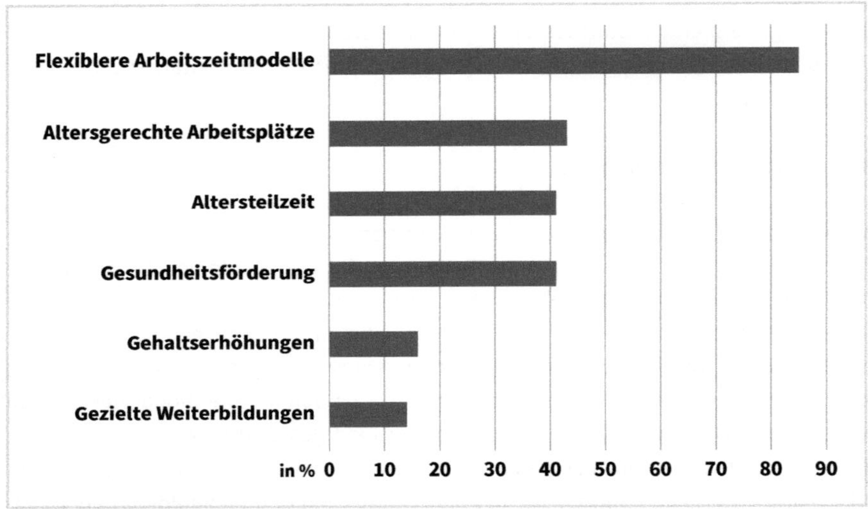

Abb. 25: Instrumente der Mitarbeiterbindung (in Anlehnung an Spiegel 2023)

Instrument. Psychische Gesundheit.

Die Bedeutung der psychischen Gesundheit für die langfristige Beschäftigung älterer Mitarbeiter:innen ist laut Studien überdurchschnittlich ausgeprägt. Sowohl körperlich als auch insbesondere mental gesunde Arbeitnehmer:innen tendieren dazu, ihren Ruhestand hinauszuzögern. Es zeigt sich ein deutlicher Zusammenhang zwischen den Fehlzeiten von Arbeitnehmer:innen in jüngeren Jahren und ihrer Bereitschaft, über das reguläre Renteneintrittsalter hinaus zu arbeiten. Die Förderung der psychischen Gesundheit am Arbeitsplatz ist somit ein wesentlicher Faktor für die Bindung und Motivation älterer Mitarbeiter:innen, was wiederum positive Auswirkungen auf ihre Arbeitsbereitschaft und -fähigkeit im fortgeschrittenen Alter hat (Lörcher 2024).

POSITIONIERUNG.

Instrument. Employer Value Proposition.

Die Employer Value Proposition (EVP) beschreibt alle Werte und Anreize, die ein Arbeitgeber (potenziellen) Mitarbeiter:innen bietet, um sie an das Unternehmen zu binden oder sie zu rekrutieren – jenseits von Vergütung und Urlaub. Als Mitarbeiterwerteversprechen umfasst sie die Arbeits- und Unternehmenskultur, das unternehmensinterne Klima, die Digitalisierungsmaßnahmen und/oder die strategische Weiterentwicklung von Talenten. Die EVP sollte die Einzigartigkeit des Arbeitgebers und der Arbeitgebermarke kommunizieren, die Motive des Unternehmens sowie dessen Zukunftsaussichten (Abbildung 26). Die EVP hat daher einerseits das Potenzial zur Identifikationsquelle und zum Binden älterer Mitarbeiter:innen, andererseits zur Differenzierung auf dem Arbeitsmarkt und zur Orientierung für ältere Bewerber:innen. Alle Maßnahmen der Kommunikation, die auf die Ansprache und das Gewinnen älterer Arbeitnehmer:innen ausgerichtet sind, sollten sich an der Employer Value Proposition orientieren. Eine gelungene und wirklich einzigartige EVP fördert die Identifikation mit dem arbeitgebenden Unternehmen und macht im Idealfall auch ältere Mitarbeiter:innen zu Botschafter:innen der Arbeitgebermarke (Junges Herz 2024).

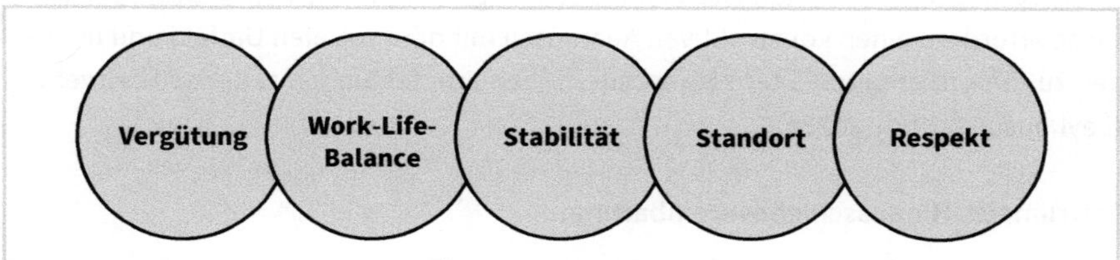

Abb. 26: Elemente der Employer Value Proposition (in Anlehnung an FiveTeams 2024)

Im Zusammenhang mit der EVP ist die Begrifflichkeit »WIIFM« als Instrument einer internen und externen Arbeitgeberkommunikation zu verstehen. Gerade ältere Arbeitnehmer:innen stellen sich immer häufiger die Frage »What's in it for me?« (WIIFM) – »Was habe ich davon?«. Sie suchen eine Antwort auf »Wofür (noch beziehungsweise weiter) arbeiten?« und fordern diese von Arbeitgebern ein. Unternehmen sollten daher nicht nur die eigenen HR-Bedürfnisse im Blick haben, sondern einen Zweck vermitteln, der auch für ältere Arbeitnehmer:innen sinn- und mehrwertstiftend ist. Die Sinnfrage »Wofür machen wir das eigentlich?« sollte mittels einer WIIFM-Argumentation geklärt werden, sodass die Motivation älterer Arbeitnehmer:innen gefördert wird. Das Beantworten der Frage »Wofür?« (statt »Warum?«) öffnet den Blick für den Purpose (Kapitel 1.1) und die Daseinsberechtigung von Unternehmen, von Arbeitgebern und von der eigenen beruflichen Tätigkeit. Sie lenkt den Schwerpunkt auf das Ziel, ältere Mitarbeiter:innen zu motivieren und Gründe zu liefern, um sich auch nach dem Erreichen des Renteneintrittsalters beruflich zu engagieren.

SCHLUSSPHASE. Das Beraten und Begleiten älterer Mitarbeiter:innen.

Instrument. Coaching.

Unternehmen können ältere Mitarbeiter:innen proaktiv beim Übergang in den Ruhestand begleiten. So können alle Bedürfnisse der Mitarbeiter:innen geklärt sowie die Entwicklung bis zum Ruhestand geplant und die Optionen zur Weiterbeschäftigung im (Renten-)Alter vorgestellt werden. Entsprechende Coaching-Programme gliedern sich in mehrere Schritte: Zuerst erarbeiten sich die Teilnehmer:innen über verschiedene Perspektiven ein klares Bild:

- Was benötigt man für ein erfülltes und glückliches Leben?
- Was davon ist mit dem ersten Tag im Ruhestand noch da – und was fehlt?

Auf dieser Basis können Arbeitgeber Ideen für die neue Lebensphase ihrer älteren Mitarbeiter:innen mitentwerfen. Danach geht es um die Analyse des sozialen Umfeldes, das heißt der Familie, der Freund:innen und Bekannten. Dabei sind unterstützende Beziehungen gesundheitsfördernd, die zu einem erhöhten Wohlbefinden beitragen – diese zu pflegen ist eine wichtige Aufgabe für Ältere. Darauffolgend werden die Teilnehmer:innen dabei unterstützt, klare Ziele zu formulieren und umzusetzen und die Veränderungen, die der Ruhestand mit sich bringt, deutlich zu kommunizieren. Denn diese erfordern einen konstruktiven Austausch mit dem sozialen Umfeld und um diesen zu führen, erhalten ältere Mitarbeiter:innen Empfehlungen seitens Arbeitgebern (Leyhausen & Klute 2023a).

Instrument. Hinausschiebevereinbarung.

Die Hinausschiebevereinbarung ermöglicht es, das Arbeitsverhältnis nicht wie bisher mit dem Erreichen der gesetzlichen Altersgrenze zu beenden, sondern erst zu einem späteren, individuell festgelegten Zeitpunkt. Während dieser Zeit können die älteren Beschäftigten weiterarbeiten und ihre Rente entsprechend später in Anspruch nehmen. Dies sollte als Flexibilisierungsinstrument verstanden werden, um eine Frühverrentung zu vermeiden, sofern beide Seiten dies wünschen. Dabei ist es wichtig, bei einer Verlängerungsvereinbarung lediglich den Beendigungstermin zu verschieben, ohne den Inhalt des Vertrags zu berühren, das heißt, Änderungen wie Anpassungen der Arbeitszeit oder Vergütung müssen separat vereinbart werden. Obwohl rentenberechtigte Arbeitnehmer:innen auch ohne eine Hinausschiebevereinbarung weiterarbeiten können, ist eine unbefristete Fortführung des Arbeitsverhältnisses selten im Interesse des Arbeitgebers.

Instrument. Flexibler Renteneintritt.

Die Einführung eines flexiblen Renteneintritts kann in Absprache mit dem Arbeitgeber erreicht werden, der die Festlegung eines variablen Renteneintrittszeitpunkts oder eines »Renteneintrittsfensters« ermöglicht. Ein festes Datum für den Übergang in die Regelaltersrente sollte vermieden werden, da bereits heute flexible Instrumente für Arbeitgeber und Arbeitnehmer:innen existieren. Eine Verschiebung des Renteneintritts kann erfolgen, indem Arbeitnehmer:innen in rentennahem Alter befristet weiter für ihren bisherigen Arbeitgeber tätig sind.

Instrument. Lebensplanung.

Bei der Planung der nächsten Lebensphase werden älteren Mitarbeiter:innen meist keine etablierten Unterstützungsformate seitens Arbeitgeber angeboten. So sind Ältere bei der Karriereplanung sowie bei der Planung der nächsten Lebensphase meistens auf sich selbst gestellt. Zudem fehlen ihnen häufig auch Orientierungspunkte sowie Vorbilder für die Gestaltung der Zukunft. Die Planung der nächsten 15 bis 20 Jahre wirft für Ältere viele Fragen auf, für die die Mehrheit sowie Arbeitgeber keine Antwort haben beziehungsweise deren Beantwortung eher gescheut wird. Der Übergang in den Ruhestand ist daher als kritisches Lebensereignis zu sehen, der beide Seiten unvorbereitet trifft. Denn zum einen fehlt es an Erfahrungswerten zum Rentenbeginn, zum anderen kommt die Komplexität der Veränderung im Rahmen dieser Lebensphase hinzu.

Kaum ein anderes Ereignis im (Berufs-)Leben greift so umfänglich in das persönliche Dasein ein, da die offensichtlichen Veränderungen beim Einkommen und in der Struktur der Zeit zu sehen sind. Die Einnahmen reduzieren sich bei den meisten im Alter beziehungsweise Ruhestand und auch die Ausgabenseite verändert sich. Zudem verliert die Zeit ihre bislang gewohnte Struktur: Wochenende und Wochentage unterscheiden sich nicht, Urlaub gilt nahezu unbegrenzt – es gibt keine wie von früher bekannte klare Arbeitszeit, nur noch eine andauernde Freizeit. Gleichzeitig stellt der Übergang für Ältere eine einmalige Chance dar, sich neu zu erfinden und neue Aufgaben zu entdecken, die ein Erleben von Autonomie und Kompetenz möglich machen. In der Partnerschaft, innerhalb der Familie und Freundschaften schwingt stets auch der Gedanke mit: »Wie werde ich als Rentner:in wahrgenommen? Etwa weniger bedeutend oder weniger aktiv beziehungsweise attraktiv?« Daher muss der Altersübergang auch biografisch bewältigt werden. Diese psychologischen Bedürfnisse kommen den Babyboomern in ihrem Streben nach Unabhängigkeit und Lebensqualität sowie nach Wertschätzung entgegen. Arbeitgeber können viel tun, damit ältere Mitarbeiter:innen in ihrem Unternehmen selbstbewusst und gesund älter werden, sodass der Ruhestand Arbeitgeber und Arbeitnehmer:innen nicht zwangsläufig trennt.

Ein systematisches Begleiten beim Übergang in den Ruhestand unterstützt ältere Beschäftigte, den nächsten und neuen Lebensabschnitt bewusst anzugehen. Denn das Ende des Berufslebens geht bei vielen Beschäftigten mit dem Verlust des sozialen (beruflichen) Umfelds sowie von Verantwortung, Aufgaben und Status einher, sodass oft nach der ersten Euphorie über die neu gewonnene Freiheit einige Zeit nach dem Eintritt in den Ruhestand eine Ernüchterung eintritt und eine Re-Orientierungsphase beginnt. Andererseits treten bei einigen Senior:innen auch bereits kurz vor dem Eintritt in den Ruhestand Ängste auf, die zu Beginn des Ruhestands, in der sogenannten Honeymoon-Phase, von der Euphorie über die neu gewonnene Freizeit und auch Autonomie (für kurze Zeit) überlagert werden. Nach einigen Monaten im Ruhestand tritt dann Ernüchterung ein, es beginnt eine Phase der Neuorientierung, etwa ein Jahr nachdem der Kontakt zum Arbeitgeber abgebrochen ist. Das Gefühl der Älteren, morgens aufzuwachen und zum ersten Mal seit Langem keine Aufgabe zu haben, ist nicht zu unterschätzen. Um den Übergang in den Ruhestand bewusst zu gestalten und die Option zu prüfen weiterzuarbeiten, ist ein Coaching seitens Arbeitgebern ratsam. Damit ältere Arbeitnehmer:innen für ihre bisherigen Arbeitgeber weiterhin arbeiten können und auch wollen, ist es seitens Unternehmen wichtig, Möglichkeiten zu schaffen, die den persönlichen Präferenzen, Verantwortlichkeiten und Wünschen älterer Mitarbeiter:innen entsprechen. Das Entwickeln und Begleiten eines individuellen Ruhestandsentwurfes und herauszufinden, was für den persönlich erfüllten Ruhestand erforderlich ist, kann ein sinnvolles HR-Instrument sein (Leyhausen & Klute 2023a).

Instrument. Ruhestandsplanung.

Eine Beratung älterer Mitarbeiter:innen durch den Arbeitgeber ist ein wichtiger Schritt, um den Übergang in den Ruhestand zu erleichtern und Mitarbeiter:innen beim Übergang in die nächste Lebensphase zu begleiten. Durch die Unterstützung in diesem entscheidenden Lebensabschnitt zeigen Arbeitgeber ihre Wertschätzung und investieren gleichzeitig in eine langfristige und nachhaltige Beziehung, was wiederum dazu führen kann, dass die Älteren ihren Ausstieg aus dem Berufsleben nochmals überdenken. Die Beratung bei der Ruhestandsplanung ist daher in mehrfacher Hinsicht ratsam für Arbeitgeber. Die folgenden Schritte eignen sich im Rahmen einer systematischen Ruhestandsplanung seitens Arbeitgebern (Leyhausen & Klute 2023b):

- **Potenziale erkennen.** Sich als Arbeitgeber einen Überblick mittels einer Altersstrukturanalyse für jeden Verantwortungsbereich verschaffen. Welche älteren Mitarbeiter:innen planen, in den nächsten drei Jahren das Unternehmen zu verlassen? Und wer kann die so entstehenden Vakanzen übernehmen (Leyhausen & Klute 2023a)?
- **Rechtzeitig planen.** Ein Drei-Jahres-Szenario für ältere Mitarbeiter:innen und potenzielle Ruheständler:innen entwerfen. Wie kann welchen älteren Mitarbeiter:innen dabei geholfen werden, in den Ruhestand überzugehen? Und welche können davon überzeugt werden, ihren Ruhestand später anzugehen (Leyhausen & Klute 2023a)?
- **Strukturiert planen.** Eindeutig beschriebene Angebote für die Weiterbeschäftigung nach dem beziehungsweise im Ruhestand entwickeln. Wie könnten interessierte ältere Mitarbeiter:innen weiterbeschäftigt werden (Leyhausen & Klute 2023a)?

Um die Planung möglichst objektiv und unvoreingenommen angehen zu können, sollten Arbeitgeber und Personalverantwortliche zuvor die folgenden Punkte hinterfragen (Leyhausen & Klute 2023a):

- **Stereotypen vorbeugen.** Eigene Einstellung in Bezug auf vorschnelle Urteile und Vorurteile gegenüber älteren Mitarbeiter:innen hinterfragen. Wie vorurteilsfrei beziehungsweise unbefangen werden ältere Teammitglieder hinsichtlich ihrer Leistung und Potenziale beurteilt?
- **Tabuzonen benennen.** Altersdiskriminierung im Team und auf Führungsebenen deutlich ansprechen. Wie kann man die Diskriminierung Älterer als Team aufdecken und ihr entgegentreten?

Zudem ist anschließend an die Ruhestandsplanung eine vorausschauende Nachfolgeplanung hilfreich, um als Unternehmen weniger unter Druck zu geraten, wenn wichtige Mitarbeiter:innen das Unternehmen verlassen. Durch eine Risikoabschätzung können potenzielle Vakanzen identifiziert und jüngere Talente frühzeitig für eine Nachfolgeplanung berücksichtigt werden. Es ist daher wichtig, einen Senior Talent Pool aufzubauen und regelmäßig mit älteren Talenten bezüglich ihrer Karrierepläne zu kommunizieren.

Interne Mobilitätsprogramme können helfen, älteren Talenten Entwicklungsmöglichkeiten zu bieten und ihre Karriere voranzutreiben. Um Mitarbeiter:innen im Alter zu halten oder sie im Ruhestand erneut zu gewinnen, sind daher eine frühzeitige interne Kommunikation und Analyse entscheidend. Es ist ratsam, bereits drei Jahre vor Renteneintrittsbeginn die Option einer Weiterbeschäftigung zu kommunizieren und entsprechende Rahmenbedingungen zu erläutern. Auch kann eine Begleitung bei der Planung des Ruhestands durch interne Bildungsformate angeboten werden. Die Unternehmensleitung sollte dabei klar signalisieren, dass ältere Mitarbeiter:innen im Rentenalter weiterhin im Unternehmen willkommen sind (Leyhausen & Klute 2023b).

Bevor diese älteren Mitarbeiter:innen, insbesondere auf Senior Level, in den Ruhestand gehen, sollten Personalverantwortliche daher mit einer entsprechenden Nachfolgeplanung beginnen. Von Vorteil ist das regelmäßige Selektieren älterer Arbeitnehmer:innen mit hohem Austrittsrisiko sowie die Suche nach Synergien. Wenn beispielsweise Ältere demnächst das Unternehmen verlassen, sollten diese mit Jüngeren zwecks Wissensaustausch zusammengebracht werden. So erhalten ältere Mitarbeiter:innen im Unternehmen Kontakt zu einzuarbeitenden Nachfolger:innen, während die Jüngeren vielfältige Karriereperspektiven bekommen. Arbeitgeber sollten das Altersprofil des Unternehmens gründlich analysieren, um Mitarbeiter:innen zu identifizieren, die in den nächsten fünf bis zehn Jahren in den Ruhestand gehen werden, sowie zu besetzende Schlüsselpositionen, die von Bedeutung sind (El-Dabbagh 2022).

Zusammengefasst sollten Unternehmen mit einer höheren Altersstruktur HR-Daten betrachten, sodass neben der Altersstruktur einzelne Bereiche analysiert werden, welche Kompetenzen in den nächsten Jahren verloren werden. Darüber hinaus wird regelmäßig geprüft, wo Mitarbeiter:innen demnächst in Rente gehen werden, um geeignete (Gegen-)Maßnahmen zu starten. Man evaluiert kontinuierlich die Entwicklung der unternehmensinternen Altersstruktur und richtet die Personalstrategie und -maßnahmen entsprechend langfristig aus. Eine vorausschauend strategische Personalplanung anstatt operativer HR-Planung entspricht einer adäquaten Antwort auf den heutigen HR-Druck hinsichtlich Personal- und Kompetenzplanung. Neben einer strategischen Personalplanung setzen viele Arbeitgeber zudem auf ihre Führungskräfte, deren Aufgabe es ist, die Qualifikation und Altersstruktur ihrer Teams fortlaufend im Blick zu haben (Schnabel 2023).

Um Beschäftigungsmöglichkeiten für eventuell bald ausscheidende ältere Mitarbeiter:innen zu schaffen, müssen Arbeitgeber daher Rahmenbedingungen definieren, in welchen die folgenden Fragen eine zentrale Rolle spielen: In welchen Bereichen wollen und können wir Mitarbeiter:innen einstellen? In welcher Form soll die Beschäftigung erfolgen? Sollen ältere Mitarbeiter:innen zentral oder dezentral organisiert werden? Werden interne und/oder externe Rentner:innen beschäftigt? (Leyhausen & Klute 2023a).

Basierend auf diesen Erkenntnissen entwickeln Personalverantwortliche einen Masterplan, der die Priorisierung eines verstärkten Recruitings oder der Bindung bestehender Mitarbeiter:innen vorgibt. Nur so können langfristig und strategisch attraktive Anreize erarbeitet werden, um potenzielle Rentner:innen dazu zu bewegen, länger im Unternehmen zu bleiben. Zudem kann so geprüft werden, ob das Unternehmen über die erforderlichen Tools verfügt, um diese HR-Aufgabe zu meistern – und ob eine Unternehmenskultur gegeben ist, die durch Akzeptanz, Toleranz und gegenseitige Wertschätzung geprägt ist. Ebenso relevant zum Binden und Motivieren älterer Mitarbeiter:innen ist das Implementieren von Maßnahmen zur Steigerung der Mitarbeiterzufriedenheit, denn je mehr Mitarbeiter:innen auch nach dem Rentenalter im Unternehmen verbleiben möchten, desto geringer werden potenzielle Probleme sein (El-Dabbagh 2022).

3.3 Ältere Mitarbeiter:innen integrieren. Und Jüngere nicht verschrecken.

Immer mehr Arbeitgeber stellen sich die Frage, wie ältere Mitarbeiter:innen über das Renteneintrittsalter hinaus motiviert, eingesetzt und gefördert werden können. Ältere Mitarbeiter:innen und Arbeitnehmer:innen, die sich deutlich länger als geplant beziehungsweise länger als »nötig« in ihrem Beruf und für ihren Arbeitgeber engagieren, sehen sich dann allerdings nicht selten mit verschiedenen Vorwürfen konfrontiert, beispielsweise mit einer mangelnden Work-Life-Balance oder dass sie den Jüngeren beruflich »im Weg stehen« und deren Karriere bremsen. Denn viele Jüngere fragen gleichzeitig, warum ältere Kolleg:innen so lange im Job bleiben und ihre Positionen besetzen – und nicht endlich den Weg für sie, die nächste Generation, freimachen (Gaßmann 2023).

Arbeitgeber stehen daher nicht allein vor der anspruchsvollen Aufgabe, ihre älteren Mitarbeiter:innen zu motivieren und zu integrieren, sondern sind auch gefragt, den jüngeren Belegschaftsvertreter:innen das längere Engagement zu erklären und letztendlich als Vorteil für das Unternehmen, für alle im Team und die gesamte Belegschaft herauszustellen.

HERAUSFORDERUNG »Ältere«. Motive für den (vorzeitigen) Ruhestand abbauen.

Viele Ältere würden »eigentlich« gerne länger arbeiten. Nur sinkt ihre Zufriedenheit mit Job und Arbeitgeber mit dem Alter teils drastisch, was sich meistens in Demotivation und innerer Kündigung (Silent Quitting) zeigt. Der (motivatorische) Rückzug und nicht selten danach auch ein früher Eintritt in den Ruhestand sind häufig die Folge dieser Art von Diskreditierung (Gaßmann 2023).

Solche Fehlverhalten und Fehleinschätzungen seitens Arbeitgebern und in der Unternehmenskultur werden besonders deutlich angesichts fehlender oder teils sogar peinlicher Verabschiedungsrituale sowie unklarer und undefinierter Offboarding-Prozesse. Diese Verhaltensweisen und Zeichen machen deutlich, wie wenig die gesamte Lebensarbeitsleistung älterer Mitarbeiter:innen beziehungsweise diese Mitarbeiter:innen überhaupt als Menschen und somit als Teil des Unternehmens geschätzt wurden und werden. Daher stellen sich viele Ältere die Frage: »Warum sollte ich überhaupt länger arbeiten als nötig – wenn es ohnehin niemand richtig zu schätzen weiß?!« (Gaßmann 2023)

Erfahrene und ältere Mitarbeiter:innen hadern mit einer Unternehmenskultur und einer Personalpolitik, bei denen nicht die persönlichen Stärken und Einblicke in die individuellen Kompetenzen von Mitarbeiter:innen über beispielsweise die Teilnahme an Fortbildungen, die Übernahme von Projekten, Karrierechancen und so weiter entscheiden – sondern häufig allein oder zumindest hauptsächlich das (vermeintlich zu hohe) Alter. Denn die meisten älteren Arbeitnehmer:innen nehmen es durchaus wahr, wenn sie nicht mehr selbstbestimmt über Teile ihrer beruflichen Tätigkeit entscheiden dürfen, sondern ihnen seitens Arbeitgebern aufgrund ihrer Zugehörigkeit zu einer Altersgruppe der Zugang zu den für sie interessanten Themen und Projekten verwehrt wird (Gaßmann 2023).

Fast jede:r Arbeitnehmer:in wird mit diesem »unsichtbaren Verfallsdatum« der eigenen Leistung konfrontiert – und daher mit den Vorurteilen hinsichtlich abnehmender Leistungsfähigkeit, mangelnder Kreativität und dem Gefühl, nicht mehr »jung, innovativ, inspirierend oder frisch genug« zu sein. Derartige Altersstereotype seitens Vorgesetzter und Kolleg:innen sind schwer zu überwinden, selbst wenn andere Vorteile, die Ältere mitbringen, wie Erfahrung, Netzwerke, Kundenkontakte oder Verlässlichkeit, deutlich sind beziehungsweise erkannt werden sollten (Gaßmann 2023).

Die Aufgabe für Arbeitgeber ist es daher, älteren Mitarbeiter:innen in der Endphase der beruflichen Laufbahn die Eigenschaften und Skills sowie Know-how und Kreativität, Flexibilität und Agilität, Innovations- und Anpassungsfähigkeit nicht abzusprechen, ihre Erfahrung, Leistung, Kontakte und Verlässlichkeit wertzuschätzen und ihnen valide Argumente für ein Weitermachen zu geben. Dazu gehören unter anderem das Identifizieren individueller Stärken und Kompetenzen, das selbstverständliche Anbieten und Genehmigen von Weiterbildungen, das Übertragen von (verantwortungsvollen) Projekten sowie eine Karriereplanung, die auch die Phase ab einem Alter von 55 Jahren umfasst (Gaßmann 2023).

Zum Ende der beruflichen Laufbahn hingegen sollte zu einer wertschätzenden Unternehmenskultur eine Abschiedskultur gehören, die älteren Mitarbeiter:innen Anerkennung für ihre Lebensleistung entgegenbringt. Strukturierte Prozesse für den Übergang tragen dazu bei, Wissen unternehmensintern zu bewahren und den Übergang sowohl für die ausscheidenden Mitarbeiter:innen als auch für das Unternehmen adäquat zu gestalten (Gaßmann 2023).

HERAUSFORDERUNG »Jüngere«. Verständnis für die Zusammenarbeit mit Älteren aufbauen.

Ein wichtiger Schritt beim Schaffen des Verständnisses für die Zusammenarbeit mit Älteren im Team ist das Verstehen und Kommunizieren der Vorteile einer alterssensiblen Unternehmenskultur. Das Befähigen von Führungskräften mittels unter anderem Trainings, negative Altersstereotype bei sich und bei (jüngeren) Teammitgliedern zu erkennen und so die Abwertung oder sogar Ausgrenzung von erfahrenen Mitarbeiter:innen zu vermeiden, ist ein erster wichtiger Schritt in Richtung einer Unternehmenskultur, die keine Altersvorurteile kennt und es jüngeren Mitarbeiter:innen erleichtert, den älteren entgegenzukommen. Hierbei werden die eigenen Stereotype (bspw. »Ältere Mitarbeiter:innen kennen sich nicht mit den neuen Technologien und sozialen Medien aus« oder »Ältere Kolleg:innen sind Innovationen gegenüber nicht aufgeschlossen«) hinterfragt und ein altersneutraler Blick auf die vorhandenen Kompetenzen von Mitarbeiter:innen entwickelt (Gaßmann 2023).

Der Aufbau und die Pflege eines fundierten Wissens über Mitarbeiter:innen und Kolleg:innen, die sich in der zweiten (bzw. dritten) Lebenshälfte befinden, über ihre Leistungsfähigkeit sowie ihren Antrieb, ihre Erwartungen und Wünsche, unterstützt ein generationenübergreifendes und -unabhängiges Miteinander und Zusammenarbeiten in Unternehmen (Gaßmann 2023).

Die Grundlage hierfür ist eine HR-geleitete Vision für eine inklusive und vor allem alterssensible Unternehmenskultur und das Gestalten dieser Vision in der Praxis. In diesem Rahmen müssen zuallererst Führungskräfte und danach auch die einzelnen Mitarbeiter:innen weitergebildet und trainiert werden, um diskriminierende Verhaltensweisen in Bezug auf das Alter frühzeitig zu erkennen, zu reflektieren und abzubauen oder zumindest Maßnahmen zu ergreifen, um die daraus entstehenden Probleme anzugehen (Gaßmann 2023).

Hierfür eignen sich sogenannte dialogische Räume, die einen individuellen und vor allem vertraulichen Erfahrungsaustausch ermöglichen. Diese geben jüngeren Mitarbeiter:innen den Raum und die Chance zu reflektieren, wie man mit älteren Kolleg:innen umgeht und wie man sie (ein)schätzt. Älteren Mitarbeiter:innen hingegen bietet sich eine Möglichkeit, über ihre Erfahrungen mit dem Altern am Arbeitsplatz und dem Umgang mit jüngeren Kolleg:innen zu reflektieren. In diesem Rahmen können Strategien für die weitere berufliche Laufbahn älterer Teammitglieder und für den Übergang in den Ruhestand entwickelt werden. Dieser Austausch sollte allerdings nicht isoliert, sondern altersübergreifend in Teams stattfinden sowie unternehmensintern priorisiert und gefördert werden (Gaßmann 2023).

HERAUSFORDERUNG »Eigeninitiative«. Sich hinterfragen und den Jüngeren entgegenkommen.

Die Verantwortung für den Erhalt des Potenzials der Babyboomer liegt jedoch weder allein bei den Arbeitgebern und Unternehmen noch bei den jüngeren Kolleg:innen. Die Arbeitnehmer:innen der Babyboomer-Generation sollten selbst aktiv werden – und den frustrierten Rückzug oder das Silent Quitting zum Ende ihres Berufslebens als letzte Option betrachten. Vielmehr sollten sie versuchen, ihr Festhalten an alten Mustern und althergebrachten Methoden zu hinterfragen. Mit einem offeneren Herangehen können beruflich alternative Wege und neue Methoden im Berufsleben zum Tragen kommen. Für Ältere lohnt sich daher der regelmäßige Austausch mit jüngeren Mitarbeiter:innen, da diese oft über eine überdurchschnittliche Ausbildung und somit grundsätzlich hohe Qualifikationen und Kompetenzen verfügen sowie neue Perspektiven mitbringen, die in Kombination mit der Erfahrung der Babyboomer einen Mehrwert darstellen und zu einem kritischen Erfolgsfaktor für Unternehmen werden können – vor allem wenn die Älteren ihre Rolle als Mentor:in reflektieren und ihr Wissen mit den jüngeren Teammitgliedern teilen (Gaßmann 2023).

Als Mentor:innen werden ältere Mitarbeiter:innen besser und leichter von jüngeren Kolleg:innen akzeptiert, wenn sie mit ihren Erfahrungen dazu beitragen, dass die Jüngeren beruflich leichter Fuß fassen, sich weiterentwickeln und gegebenenfalls Karriere machen können. Wenn es den Älteren gelingt, nicht besserwisserisch, überheblich oder herablassend zu sein und den Jüngeren die Bühne zu überlassen, können sie über das reguläre Renteneintrittsalter hinaus wertgeschätzte Teammitglieder bleiben. Um die Akzeptanz jüngerer Kolleg:innen zu gewinnen, dürfen die Boomer nicht im Weg stehen, sondern sollten den Jüngeren aktiv den Weg ebnen (Gaßmann 2023).

4 BEST PRACTICE. Engagement für Boomer. Engagement mit Boomern.

Die Generation der Babyboomer steht zwar noch nicht bei vielen Arbeitgebern auf der Agenda. Dennoch haben bereits einige Unternehmen ihre Chance und vor allem das Potenzial erkannt, dass diese HR-Zielgruppe im Zuge des demografischen Wandels, angesichts einer alternden Gesellschaft und Belegschaft an Bedeutung gewinnt. Arbeitgeber stehen vor der Herausforderung, die Potenziale älterer Mitarbeiter:innen zu erkennen und optimal zu nutzen, Ältere zu halten oder zu rekrutieren und ein integratives sowie inkludierendes Arbeitsumfeld zu schaffen, das die Erfahrung, Kompetenz und Vielfalt der Älteren nicht nur würdigt, sondern sinnvoll nutzt.

Praxisbeispiele von Unternehmen, die sich bereits erfolgreich um ältere Arbeitnehmer:innen und Mitarbeiter:innen bemühen, bieten daher wertvolle Einblicke in Senior-Expert-zentrierte HR-Strategien und -Maßnahmen, die dabei helfen- Ältere als Senior Professionals effektiv zu fördern, gezielt einzusetzen und zu binden.

4.1 BOOMER. Best Practice. REWE.

KARRIERE IST KEINE FRAGE DES ALTERS.

Für den Handelskonzern REWE ist Karriere keine Frage des Alters. Im Rahmen ihrer strategischen Ausrichtung ist Alter zwar eine der Kerndimensionen von Diversität, jedoch spielt Altersdiversität häufig eher eine Nebenrolle. Das Thema geht laut Ansicht der REWE Group aber alle an, daher stellt sich das Unternehmen dafür auf. Denn ältere Mitarbeiter:innen bieten große Potenziale, sodass die REWE Group mittlerweile auf einen Mix von Generationen setzt (Rees 2022).

REWE hat erkannt, dass zwischen dem mittleren Erwachsenenalter und dem Renteneintritt wertvolle Jahre liegen, die seitens Arbeitgebern nicht ungenutzt bleiben sollten. Doch leider werden ältere Arbeitnehmer:innen immer noch oft mit Vorurteilen konfrontiert, die ihr Alter mit abnehmender Leistungsfähigkeit gleichsetzen. Diese Vorurteile finden sich nicht nur bei Arbeitgebern, sondern auch bei Kolleg:innen und sogar bei den Älteren selbst (Rees 2022).

Die REWE Group setzt sich vehement für ein Umdenken ein. Sie betont die Bedeutung lebenslangen Lernens und die kontinuierliche Entwicklung, die auch im Alter möglich ist. Denn das Verständnis des Alters als einen fortwährenden Prozess, der proaktiv gestaltet werden kann, steht im Mittelpunkt einer altersadäquaten Personal(entwicklungs)strategie. Im Zentrum steht die Erkenntnis, dass Alter nicht zwangsläufig mit dem Abbau von Fähigkeiten einhergeht, sondern gleichzeitig auch Raum für persönliches Wachstum und neue Chancen bietet. Denn entgegen den gängigen Vorurteilen zeigen Studien, dass viele ältere Arbeitnehmer:innen lernbereit sind und sich neuen Aufgaben sowie Zielsetzungen stellen können. Das Gehirn bleibt auch im Alter anpassungsfähig und kann durch Erfahrung sowie Wissen ausgleichen, was an kognitiven Fähigkeiten nachlassen mag (Rees 2022).

Um »richtig« zu altern, ist es laut REWE entscheidend, frühzeitig Maßnahmen zu ergreifen, die die Gesundheit fördern und die persönliche Lebensbalance gewährleisten. Dies umfasst gesunde Ernährung, ausreichend Bewegung, soziale Bindungen sowie die Pflege persönlicher Interessen und Hobbys. Dabei sollte bereits ab dem mittleren Erwachsenenalter ein bewusster Umgang mit dem Thema Altern und dem Übergang in den Ruhestand erfolgen (Rees 2022).

Die REWE Group als Arbeitgeber unterstützt diesen Prozess durch verschiedene Maßnahmen, die darauf abzielen, Beruf und Privatleben besser zu vereinbaren. Dazu gehören Unterstützungsangebote in Pflegesituationen, die Möglichkeit von Sabbaticals sowie flexible Arbeitsmodelle wie Jobsharing. Zusätzlich werden Mitarbeiter:innen durch Gesundheitsprogramme, psychosoziale Beratung und individuelle Beratungsangebote während des Übergangs in den Ruhestand begleitet (Rees 2022).

Die Frage nach einer klassischen Karriere im fortgeschrittenen Alter beantwortet REWE so, dass Karriere stets eine Frage der Passung zwischen individuellen Potenzialen aus Arbeitnehmersicht und den Anforderungen der Stelle aus Arbeitgebersicht ist. Diese Definition von Karriere beinhaltet das Verständnis, dass auch im höheren Alter neue Perspektiven und Möglichkeiten entstehen können, die es zu nutzen gilt. Daher bedarf es laut REWE einer unternehmenseigenen Langfriststrategie für ein erfülltes Arbeitsleben bis zum Renteneintritt. Dabei gilt es, sich als Arbeitnehmer:in um die eigene Gesundheit zu kümmern, resilient zu sein und Lebensfreude zu spüren, um auch im Alter motiviert und engagiert arbeiten zu können. Unternehmen wie die REWE Group versuchen ihre Mitarbeiter:innen dabei zu unterstützen (Rees 2022).

Die Maßnahmen der Mitarbeitermotivation und -bindung, die auch für ältere Arbeitnehmer:innen und Mitarbeiter:innen relevant sein können, umfassen bei der REWE Group unter anderem (Rees 2022):

KARRIERE.

- Karriereplanung – gemeinsame und individuelle Gestaltung der Karriere bei REWE, sowohl in Teilzeit als auch in Vollzeit, von der Ausbildung bis zur Führungsposition sowie in allen Unternehmensbereichen.
- Weiterbeschäftigung – trotz Wohnortwechsels.
- Flexible Arbeitsmodelle – von Vollzeit zu Teilzeit (und ggf. zurück).

FAMILIE.

- Teilzeitausbildung – bei der Betreuung von Kindern und der Pflege von Angehörigen.
- Pflegezeit – Hilfe bei der Suche nach dem passenden Pflegezeitmodell, von der Arbeitszeitreduzierung bis zur längeren Freistellung sowie beim Ausfüllen von Anträgen.
- Elternzeit – Unterstützung von der Ausbildung bis zur Führungsposition, durch optimale Elternzeitvorbereitung, Begleitung während der Elternzeit und Erleichterung der Rückkehr.
- Unterstützung bei Schicksalsschlägen – in Notsituationen wie Verlust, Krankheit, Scheidung oder Verschuldung stehen ausgebildete Mitarbeiter:innen mit offenem Ohr und praktischen Lösungsansätzen zur Seite.

AUSZEIT.

- Sabbatical – Auszeit nehmen für bis zu sechs Monate durch unbezahlte Freistellung und ohne Angabe von Gründen, gemeinsamer Check der Voraussetzungen und Hilfe bei der Umsetzung.

4.2 BOOMER. Best Practice. BOSCH.

50.000 JAHRE ARBEITSERFAHRUNG.

Das Technologie- und Dienstleistungsunternehmen BOSCH hat längst erkannt, dass das Wissen der älteren Mitarbeiter:innen nicht verloren gehen darf, wenn diese in den Ruhestand gehen. Dabei sieht das Unternehmen im Kontext des demografischen Wandels das intensive Einbinden älterer Mitarbeiter:innen als Chance. Denn laut BOSCH fördert der Austausch zwischen den Generationen die unternehmensinterne Kreativität und verbessert ebenso die Ideen-, Innovations- und Lösungsfindung. Daher setzt BOSCH bereits seit 1999 beispielsweise auf altersgemischte Teams im Rahmen eines strategischen Diversity-Management-Ansatzes (BOSCH 2024).

Vor diesem Hintergrund können sich ehemalige Mitarbeiter:innen als sogenannte Seniorexpert:innen registrieren und ihr langjährig gesammeltes Fachwissen an jüngere Kolleg:innen weitergeben – das Potenzial der erfahrenen Mitarbeiter:innen wird auf diese Weise zum einen genutzt und zum anderen weitergegeben (Abbildung 27). Da BOSCH grundsätzlich die Erfahrung seiner Mitarbeiter:innen, unabhängig von deren Alter, schätzt, können sich so auch ehemalige Mitarbeiter:innen im Ruhestand mit ihrem Know-how weiterhin einbringen. Die dafür gegründete BOSCH Management Support GmbH (BMS) begann mit 30 ehemaligen Mitarbeiter:innen und hat aktuell weltweit über 2.400 Senior-Expert:innen, die zusammen über 50.000 Jahre Arbeitserfahrung verfügen. Diese werden dort eingesetzt, wo kurzfristige professionelle Unterstützung benötigt wird oder spezielles Know-how gefragt ist, das heißt für befristete Beratungs- und Projektaufgaben im Konzern. Die Seniorexpert:innen werden von BOSCH dafür in verschiedenen Bereichen eingesetzt, darunter in Entwicklung, Produktion, Rechnungswesen, Einkauf, Marketing und Vertrieb. Das Modell bietet Vorteile für beide Seiten: Die pensionierten Mitarbeiter:innen erfahren Wertschätzung und haben eine sinnhafte Beschäftigung im Ruhestand, halten sich fachlich auf dem neuesten Stand und verdienen zusätzliches Einkommen, während BOSCH als Auftraggeber von ihrem Fach- und Führungswissen profitiert (BOSCH 2024).

Das Senior Experts Programm von BOSCH zeichnet sich vor allem durch die Wertschätzung für verdiente und erfahrene Kolleg:innen aus. Die Vergütung der Seniorexpert:innen orientiert sich an ihrem früheren Einkommen, um sicherzustellen, dass sie nicht aus Kostengründen angefordert werden. Die Seniorexpert:innen bleiben durch die Projekttätigkeit zum einen fachlich auf dem neuesten Stand, zum anderen ermöglicht ihnen der befristete Einsatz einen »sanften« Übergang in den Ruhestand. Die Seniorexpert:innen stellen eine Bereicherung für BOSCH dar, da ihr Erfahrungsschatz insbesondere jungen Mitarbeiter:innen hilft, sich schnell(er) im Unternehmen zu orientieren. Zudem wird mittels dieser älteren Mitarbeiter:innen der Wissenstransfer sichergestellt sowie der generationenübergreifende Austausch gewährleistet (BOSCH 2024).

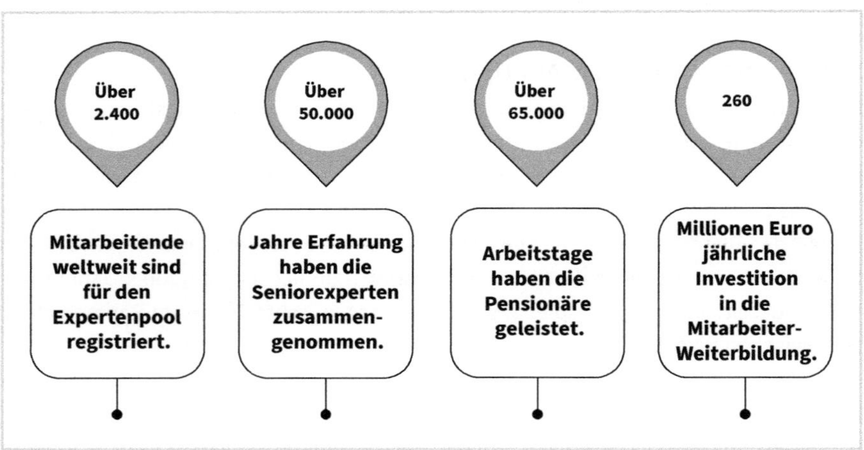

Abb. 27: Senior-Expert-Potenziale bei BOSCH (in Anlehnung an BOSCH 2024)

4.3 BOOMER. Best Practice. DEUTSCHE BAHN.

GEMEINSAM DEN WECHSEL MEISTERN. VONEINANDER LERNEN.

Das Durchschnittsalter der Mitarbeiter:innen bei der Deutschen Bahn AG (DB) liegt vergleichsweise hoch. Innerhalb der nächsten Jahre werden daher voraussichtlich die Hälfte aller Beschäftigten die DB verlassen, unter anderem aufgrund des Erreichens des gesetzlichen Renteneintrittsalters. Dies markiert einen bedeutenden Generationswechsel innerhalb des Unternehmens. Das bevorstehende Ausscheiden vieler DB-Kolleg:innen und deren Schritt in den Ruhestand haben weitreichende Auswirkungen für das Unternehmen und die Arbeitnehmerschaft: Denn mit den älteren Mitarbeiter:innen könnten nicht allein wertvolles Fachwissen und langjährige Erfahrungen, sondern auch deren gewachsene Netzwerke verloren gehen (Deutsche Bahn 2024).

Für die DB ist es daher entscheidend, dieses Wissen zu bewahren und an jüngere, nachfolgende Kolleg:innen weiterzugeben. Gleichzeitig treten zahlreiche neue Mitarbeiter:innen, oft junge Talente mit innovativen Fähigkeiten und diversen Perspektiven, in das Unternehmen ein. Diese demografisch bedingten Veränderungen beeinflussen die Bedürfnisse der gesamten Belegschaft, was eine weitere HR-Herausforderung für die DB darstellt (Deutsche Bahn 2024).

Um die DB als attraktiven Arbeitgeber beziehungsweise als Arbeitgebermarke zu positionieren und den Wettbewerbsvorteil »Vielfalt der Generationen« im Rahmen einer Diversitätsstrategie zu nutzen (Abbildung 28), hat das Unternehmen ein systematisches Generationenmanagement eingeführt. Dadurch werden Rahmenbedingungen geschaffen, die unternehmensintern den intergenerationellen Austausch fördern und die Bindung der Mitarbeiter:innen stärken. Menschen über 50 Jahre sind in diesem Kontext ausdrücklich willkommen, da sie einen reichen Erfahrungsschatz und Expertise mitbringen, die für den Erfolg der DB von großer Bedeutung sind. In der Praxis sieht das folgendermaßen aus: Im Unternehmen arbeiten aktuell Mitarbeiter:innen aus vier verschiedenen Generationen zusammen – Generation Babyboomer, X, Y und Z. Gleichzeitig wurden im Jahr 2022 im Zuge der Wertschätzung älterer Arbeitnehmer:innen etwa 3.200 Bewerber:innen im Alter über 50 Jahre eine Zusage für eine Anstellung bei der DB erteilt, im Jahr 2021 waren es bereits ca. 2.300 Zusagen für ältere Arbeitnehmer:innen (Deutsche Bahn 2024).

Aufgrund der Konzentration auf die Förderung und Bindung langjähriger Mitarbeiter:innen mit umfangreichem Fachwissen lässt die DB beispielsweise pensionierte Mitarbeiter:innen als Senior Expert:innen jüngere Kolleg:innen mit ihrem Know-how unterstützen und so den intergenerationellen Austausch fördern. Gleichzeitig schafft die DB die Rahmenbedingungen, dass auch die erfahrenen Mitarbeiter:innen von neuen beziehungsweise jüngeren Kolleg:innen lernen. Im Rahmen des DB Reverse Mentoring Programms werden die Rollen von »Alt und Jung« umgekehrt, sodass jüngere Mitarbeiter:innen ihr Wissen (bspw. zu Digitalisierung, neuen Medien oder KI) an erfahrene DB-Kolleg:innen weitergeben (Deutsche Bahn 2024).

Diversity Dimensionen

- **GESCHLECHT: Mit gemischten Teams zum Erfolg**
- **GENERATION: Gemeinsam den Wechsel meistern**
- **SOZIALE HERKUNFT: Bei uns ist jeder willkommen**
- **PHYSISCHE & PSYCHISCHE FÄHIGKEITEN: Stärken sehen**
- **SEXUELLE ORIENTIERUNG: Liebt, wen ihr wollt!**
- **RELIGION: Jeder glaubt anders und einzigartig**
- **ETHNISCHE HERKUNFT: Von Interkulturalität bis zum Einsatz gegen Rassismus**

Abb. 28: Diversity-Dimensionen bei der Deutschen Bahn (in Anlehnung an Deutsche Bahn 2024)

4.4 BOOMER. Best Practice. MERCEDES BENZ.

DEMOGRAFIE-INITIATIVE »Y.E.S.«.

Die Marke Mercedes-Benz hatte bereits 2015 eine standortübergreifende Demografie-Initiative gestartet, die eine erfolgreiche Zusammenarbeit von jungen und älteren, erfahrenen Mitarbeiter:innen in der Produktionsorganisation fördert. Die Initiative »Y.E.S. – Young, Experienced, together Successful« basiert auf dem Verständnis, dass der demografische Wandel eine Chance für das Unternehmen Mercedes-Benz darstellt (eyalter.com 2015).

»Y.E.S.« zielte darauf ab, dass alle Beschäftigten gesund bis zur Rente arbeiten können und gleichzeitig die Vielfalt der Generationen bei Mercedes-Benz von allen als eine Bereicherung verstanden wird. Von Maßnahmen zur Verbesserung der Ergonomie über eine lebensphasenorientierte Qualifizierung bis zu einer vorausschauenden Personalentwicklung sollen sowohl junge als auch erfahrene, ältere Beschäftigte profitieren. Die Zusammenarbeit von jungen und erfahrenen Mitarbeiter:innen wurde dabei durch ein standortübergreifendes Projektteam begleitet und gefördert. Dieses entwickelte neue Ideen und Standards für alle Werke in Deutschland, basierend auf den Grundpositionen zum Generationenmanagement, die von der Daimler AG und dem Gesamtbetriebsrat unterzeichnet wurden (eyalter.com 2015).

Die Initiative wurde mit der Eröffnung der Demografie-Ausstellung »EY ALTER« offiziell gestartet. Die Ausstellung zeigte auf kreative Weise die Chancen des demografischen Wandels und lud dazu ein, die Einstellung zum Alter und die Zusammenarbeit zwischen den Generationen zu überdenken. Mit dieser Demografie-Initiative reagierte Mercedes-Benz auf die Problematik des demografischen Wandels und die steigende Altersstruktur der Belegschaft. Man setzte auf eine neue Arbeitsorganisation mit generationenübergreifender Zusammenarbeit und modernisierten Produktionsumgebungen. Die »Y.E.S.«-Initiative bestand aus den folgenden drei Bausteinen (eyalter.com 2015):

- **Baustein 1.** Der erste Baustein dieses Programms war ein wissenschaftlich begleitetes Programm zur Sensibilisierung von Führungskräften für die erfolgreiche Zusammenarbeit in altersgemischten Teams. Das Ziel war es, die Motivation der Mitarbeiter:innen über das gesamte Arbeitsleben hinweg aufrechtzuerhalten, die Potenziale aller Mitarbeiter:innen zu entfalten und damit die bewährte Qualität von Mercedes-Benz zu sichern. Ein praktisches Beispiel dafür ist die intergenerationelle Qualifizierung: Junge Schulabgänger:innen lernten Seite an Seite mit erfahrenen Mitarbeiter:innen. Die heterogene Zusammensetzung der Lerngruppe schaffte aus den individuellen Stärken nennenswerte Synergien und trug zum Austausch zwischen den Generationen bei.
- **Baustein 2.** Der zweite Baustein bestand aus dem Demografie-Spiegel, einem standardisierten Mess- und Steuerungsinstrument, das den Ist-Zustand an den Standorten von Mercedes-Benz Cars in Bezug auf Altersstruktur und demografiebezogene Maßnahmen transparent machte. Basierend auf diesen Ergebnissen entwickelten und setzten Arbeitgeber, Betriebsrat und Arbeitnehmer:innen konkrete Initiativen im Bereich Qualifizierung und Gesundheitsmanagement um. In der Produktion unterstützten und berieten Demografielotsen bei der Planung und Durchführung dieser Maßnahmen.
- **Baustein 3.** Als dritter Baustein und öffentliche Plattform zielte die interaktive Ausstellung »EY ALTER – Du kannst dich mal kennenlernen« auf einen (positiven) Bewusstseinswandel beim Thema Alter ab. Sie richtete sich an Menschen aus allen Altersgruppen der Gesellschaft beziehungsweise Belegschaft und gab frische Impulse und neue Ideen für Alter, Alltag und Arbeitswelt.

Mercedes-Benz machte damit deutlich, dass der demografische Wandel eine Chance für Innovationen und Zusammenarbeit sein kann.

4.5 BOOMER. Best Practice. MASTERCARD.

REVERSE MENTORING PROJEKT.

Der Finanzdienstleister Mastercard setzt bereits seit Längerem auf Vielfalt und insbesondere Altersdiversität, um Einsichten, Entscheidungen und Produkte zu verbessern.

Ein Projekt von Mastercard besteht darin, ältere Mitarbeiter:innen durch das »Social Media Reverse Mentoring« Programm der »Young Professionals Business Ressource Group« in die kompetente Nutzung sozialer Medien einzubeziehen. Diese Initiative ermöglicht es älteren Mitarbeiter:innen, sich mit sozialen Plattformen vertraut zu machen und Generationenbarrieren zu überwinden (Khan 2022).

Zum Hintergrund der Reverse Mentoring Programme bei Mastercard: Mentorenschaften am Arbeitsplatz sind im Unternehmen seit Langem bekannt. Ältere Mitarbeiter:innen verbringen Zeit mit jüngeren Kolleg:innen und ermutigen sie zu lernen, zu wachsen und sich weiterzuentwickeln. Beim umgekehrten Mentoring können jüngere Mitarbeiter:innen die erfahreneren Kolleg:innen bei innovativen Trends oder bei neuen Technologien wie Social Media, Digitalisierung und künstlicher Intelligenz anleiten (Khan 2022).

Aber Reverse Mentoring bietet mehr als das Weitergeben von Wissen. Es schafft einen generationenübergreifenden Austausch, der einen strategischen Wert hat. Vor allem ermöglicht es Führungskräften, die Wünsche, Motivationen und Vorlieben der jüngeren Generationen kennenzulernen – sei es bei Mitarbeiter:innen oder bei Kund:innen. Dabei kann Reverse Mentoring laut Mastercard auch neue Perspektiven eröffnen und eine eventuelle Kluft zwischen unterschiedlichen Generationen am Arbeitsplatz überbrücken. Es stärkt das Selbstvertrauen, das Vertrauen und die Führungsqualitäten der jüngeren Mitarbeiter:innen, was wiederum zur Bindung und Entwicklung von Talenten beiträgt. Schließlich können die Mentees der Generationen Z und Y von heute die Führungskräfte von morgen sein (Khan 2022).

Umgekehrtes Mentoring bietet sowohl dem Arbeitgeber Mastercard als auch seinen Mitarbeiter:innen viele Vorteile – es gibt jedoch auch Herausforderungen, die bei diesem HR-Konzept beachtet werden sollten (Khan 2022):

- **Gute Übereinstimmung schaffen.** Beide Seiten – Mentor:innen und Mentees – sollten Interesse an der Teilnahme haben und die Paarungen basierend auf Fachgebiet und Interesse erfolgen.
- **Sich Zeit nehmen.** Wichtig ist das Aufstellen eines formalen Zeitplans, an den sich beide Seiten halten können (und sollten).
- **Das richtige Gleichgewicht finden.** Entscheidend ist Flexibilität in Bezug auf Kommunikationskanäle und Zeitplanung.
- **Kommunikation sicherstellen.** Effektive Kommunikationsfähigkeiten sind von Bedeutung, um Missverständnisse zwischen Mentor:in und Mentee zu vermeiden.
- **Führungskräfte ermutigen.** Es ist wichtig, dass Führungskräfte das Reverse Mentoring unterstützen und sich gegebenenfalls auch aktiv daran beteiligen.
- **Erfolg messen.** Feedback von Mentor:innen und Mentees ist entscheidend, um das HR-Programm im Sinne aller Beteiligten stetig zu optimieren.
- **Mentor:innen das Feld überlassen.** Mentor:innen sollten den Raum haben, sich zu entwickeln und das Programm proaktiv mitzugestalten.

Reverse Mentoring bietet somit viel HR-Potenzial für ein generationenübergreifendes Miteinander, wenn kontinuierlich auf die richtige Übereinstimmung, Zeitplanung, Kommunikation und Führungskräfteunterstützung geachtet wird.

4.6 BOOMER. Best Practice. ZF.

RENTNER:INNEN AUS DEM RUHESTAND ZURÜCKHOLEN.
Die Arbeitszeit für (ehemalige) Rentner:innen beim Friedrichshafener Technologiekonzern ZF ist äußerst flexibel – vorausgesetzt, dass die jeweilige Aufgabe der Senior Professionals dies zulässt. Deren Einsätze als ältere Expert:innen bei ZF können bis zu maximal neun Monate dauern, gegebenenfalls sind auch nur einzelne Tage möglich. Für viele Ältere bei ZF ist das ideal: Sie arbeiten zunächst an einem Projekt und verabschieden sich nach erfolgreichem Abschluss in die Freizeit oder beispielsweise einen längeren Urlaub – und werden bei Bedarf und Interesse erneut engagiert (FOCUS online 2024b).

Die Arbeitsaufträge für Ältere sind dabei keineswegs eine Art von Beschäftigungstherapie. Es sind Aufgaben, die man nicht »vom Sessel aus« oder nebenbei erledigen kann. Vielmehr werden die Senior Professionals gefordert: Ihre Aufgaben haben sich geändert. Sie kehren nicht in ihre frühere Funktion im Unternehmen zurück, sondern treiben beispielsweise Entwicklungsprojekte voran, übernehmen Interim-Management-Aufgaben oder engagieren sich im Mentoring und Coaching (FOCUS online 2024b).

Trotz dieser Veränderungen macht den älteren und erfahrenen Mitarbeiter:innen die Arbeit immer noch Spaß – und das ist ihnen wichtig, denn für sie ist Arbeit selten etwas Negatives oder gar Zwang, viele von ihnen arbeiten schlichtweg gern. Denn die Senior Professionals kommen schließlich aus einer Generation, die sich in großen Teilen über ihre Arbeit definiert und ein überwiegend anderes Verständnis von Arbeit sowie andere Erwartungen an Arbeit hat als die jüngeren Kolleg:innen (FOCUS online 2024b).

Der Konzern hat mit diesem Ansatz positive Erfahrungen gemacht. Für ZF ist die Zusammenarbeit mit Senior Professionals entscheidend, um in Zeiten des Fachkräftemangels auf den reichen Erfahrungsschatz älterer Mitarbeiter:innen zurückzugreifen, der extern mittlerweile (und auch zukünftig) schwer zu finden ist. Für 2024 prognostizierte das Unternehmen, dass Senior Professionals über 2.500 Einsatztage leisten werden. ZF unterstützt daher interessierte Mitarbeiter:innen, indem es beispielsweise keine Altersgrenzen für das Programm setzt – Motivation, Interesse und ein guter Gesundheitszustand sind die einzigen Anforderungen (FOCUS online 2024b).

4.7 BOOMER. Best Practice. INEOS.

CHANCEN FÜR ÄLTERE MITARBEITER:INNEN SCHAFFEN.

Arbeitgeber können durch gezielte Maßnahmen ältere Mitarbeiter:innen motivieren und weiter an das Unternehmen binden. Das Chemieunternehmen INEOS bietet bezüglich der Mitarbeiter:innen, die im Auftrag des Arbeitgebers beispielsweise nach China umgezogen sind, wertvolle Einblicke in die Chancen und Möglichkeiten, die sich durch das Einbinden erfahrener Mitarbeiter:innen ergeben.

Im Sinne einer altersdiversen und generationenübergreifenden HR-Strategie bekennt INEOS sich zu älteren Mitarbeiter:innen, die gerade angesichts des Fachkräftemangels besonders wertvoll sind. Ihre lange Berufserfahrung und das daraus resultierende Fachwissen tragen bei INEOS wesentlich zur Stabilität und Leistungsfähigkeit des Unternehmens bei. Durch ihre umfassende Expertise können sie komplexe Probleme effizienter lösen und jüngere Kolleg:innen sowohl anleiten als auch unterstützen. Dies fördert nachweislich unternehmensintern nicht nur die Produktivität, sondern auch die Weiterentwicklung der gesamten INEOS-Belegschaft – sowohl national als auch international in Standorten im Ausland.

Ein Beispiel für diese Art des Einsatzes und der Wertschätzung gegenüber erfahrenen Mitarbeiter:innen bei INEOS ist Ghislain Decadt, der im Alter von 67 Jahren aus dem Ruhestand zurückkehrte, um seine Erfahrung als Operations Director bei INEOS in China einzubringen. Seine Rolle war seitens INEOS entscheidend, um die Sicherheit, Leistung und Zuverlässigkeit der betrieblichen Abläufe bei SECCO, einem chinesischen Handelspartner in China, zu verbessern. Solche Einsätze von älteren Mitarbeiter:innen und ihr Engagement zeigen, wie sich Mitarbeiter:innen durch ihr Wissen und ihre Erfahrung auch im Alter wertvolle Beiträge leisten können.

Um ältere Mitarbeiter:innen zu motivieren und an INEOS zu binden, unternimmt das Unternehmen spezifische Maßnahmen, die auf deren Bedürfnisse und Erwartungen eingehen. Ein wichtiger Aspekt ist die Wertschätzung und Anerkennung der langjährigen Leistungen. Dies kann durch gezielte Karriereentwicklungsprogramme, flexible Arbeitszeitmodelle oder auch durch die Möglichkeit zur Teilnahme an internationalen Projekten geschehen. Die Geschichte von Mel Smythe, die nach mehr als 20 Jahren bei INEOS nach Tianjin zog, um als Business Director den Aufbau eines neuen Geschäftsbereichs zu leiten, verdeutlicht dies ebenfalls. Die Möglichkeit, ein Unternehmen international von Grund auf mitzugestalten, war für Smythe auch – oder gerade – im Alter und mit ausreichender Erfahrung eine einzigartige berufliche Herausforderung, die sie begeistert annahm. Solche uniquen Chancen sind für ältere, erfahrene Mitarbeiter:innen besonders attraktiv und motivierend. Denn die Einbindung in internationale Projekte kann ein bedeutender Motivationsfaktor sein: Ältere Mitarbeiter:innen können durch Auslandseinsätze neue Perspektiven gewinnen und ihre interkulturellen

Kompetenzen erweitern, was nicht nur ihre persönliche Entwicklung, sondern auch die Wettbewerbsfähigkeit des Unternehmens auf globaler Ebene stärkt.

Im Kontext des Fachkräftemangels und des Arbeitnehmermarktes bieten ältere Mitarbeiter:innen wertvolle Chancen für Unternehmen. Durch gezielte Maßnahmen zur Motivation und Bindung können Arbeitgeber das Potenzial dieser erfahrenen Fachkräfte optimal nutzen. Die Beispiele von INEOS und seinen Mitarbeiter:innen in China zeigen, wie erfolgreich solche Strategien sein können. Eine altersdiverse und wertschätzende Unternehmenskultur trägt dazu bei, dass ältere Mitarbeiter:innen ihr Wissen und ihre Erfahrung weiterhin aktiv einbringen und das Unternehmen nachhaltig stärken (INEOS 2022).

4.8 BOOMER. Best Practice. BUNDESMINISTERIUM FÜR ARBEIT UND SOZIALES.

ERFAHRUNG HAT VORRANG. ERFAHRENE AUF DER ÜBERHOLSPUR.

Eine wichtige Rolle bei der Sicherung von Fachkräften spielen auch laut Bundesministerium für Arbeit und Soziales (BMAS) ältere Mitarbeiter:innen. Dabei sollte die Frage, ob ältere Mitarbeiter:innen anders geführt werden sollten als jüngere, differenziert betrachtet werden. Wichtig ist eine authentische Führungskultur, die die Bedürfnisse aller Altersgruppen berücksichtigt. Moderne Führungskräfte entwickeln hierbei einen eigenen Stil und führen ihre Teammitglieder individuell, unabhängig vom Alter. Entscheidend ist es, die Erfahrungen und Perspektiven älterer Mitarbeiter:innen unternehmensintern als Vorteil anzuerkennen und in Entscheidungsprozesse einzubeziehen (INQA 2024a).

In Bezug auf die Motivation und Förderung älterer Mitarbeiter:innen im Arbeitsalltag sollte die Bedeutung eines lebenslangen Lernens nicht unterschätzt werden. Dies geht über traditionelle Weiterbildungsseminare hinaus und beinhaltet auch eine innere Haltung als Führungskraft, die auf die individuellen Bedürfnisse und Lerngeschwindigkeiten älterer Mitarbeiter:innen eingeht. Unternehmen sollten daher gezielte Lernangebote machen und den Mitarbeiter:innen die Möglichkeit geben, sich auf neue Technologien und Arbeitsmethoden einzulassen (INQA 2024a).

Besonders für kleine und mittlere Unternehmen (KMU) ist es laut BMAS wichtig, aktiv auf ältere Mitarbeiter:innen zuzugehen, insbesondere wenn das Renteneintrittsalter näher rückt. Empfehlenswert ist ein respektvoller Dialog über den Renteneintritt, der rechtzeitig, professionell und transparent geführt werden sollte. Dabei sollten die individuellen Bedürfnisse älterer Beschäftigter wie Teilzeitmodelle oder flexible Arbeitszeiten berücksichtigt werden. Zudem sollten Unternehmen frühzeitig HR-Konzepte entwickeln, welche Aufgaben ältere Mitarbeiter:innen übernehmen können und diese entsprechend qualifizieren (INQA 2024a).

In Bezug auf das Recruiting von erfahrenen Arbeitnehmer:innen spielt eine professionell auf diese Zielgruppe ausgerichtete und wertschätzende Bewerbungspraxis eine zunehmend große Rolle. Unternehmen sollten Stellenanzeigen beispielsweise so formulieren, dass sie eine Vielfalt an unterschiedlichsten Bewerber:innen ansprechen und keine Altersdiskriminierung implizieren. Durch eine offene Kommunikation und gezielte Ansprache gerade älterer Arbeitnehmer:innen können KMU erfolgreich bei der Gewinnung und Bindung erfahrener Arbeitnehmer:innen sein (INQA 2024a).

Denn gerade ältere Arbeitnehmer:innen, die sich dem Rentenalter nähern, sehen sich laut BMAS oft mit Vorurteilen (z. B. mangelnde Flexibilität oder Innovationskraft) konfrontiert, die einer erfolgreichen Integration in den Arbeitskontext im Wege stehen können. Die Integration älterer Arbeitnehmer:innen beginnt daher mit der Förderung einer offenen, Verständnis schaffenden und toleranten Unternehmenskultur, die Vorurteile gegenüber Älteren abzubauen versucht (INQA 2024b).

Zugleich ist laut BMAS zu beachten, dass das Alter als reine Zahl wenig aussagt über den individuellen physischen und psychischen Zustand eines Menschen. Die vorherrschenden Altersstereotype verleiten hingegen dazu, älteren Menschen pauschal bestimmte Eigenschaften zuzuschreiben beziehungsweise Fähigkeiten abzuschreiben. Doch die tatsächlichen Veränderungen, die mit dem Altern einhergehen, sind vielschichtig. Mit zunehmendem Alter können zwar zum Beispiel das Hör- und Sehvermögen, das Tempo der Informationsverarbeitung sowie die Reaktionsgeschwindigkeit abnehmen (die sog. fluide Intelligenz). Auf der anderen Seite nimmt im Laufe des Lebens die sogenannte kristalline Intelligenz stetig zu, die beispielsweise den Wortschatz, das Allgemein- und Spezialwissen sowie die Rechenfähigkeit umfasst. Studien zeigen, dass viele ältere Menschen den Rückgang der fluiden Intelligenz durch ihre gesammelten Erfahrungen im Rahmen kristalliner Intelligenz ausgleichen können. Ein über lange Zeiträume erworbenes Wissen und die entsprechenden Erfahrungen machen daher auch ältere Mitarbeiter:innen zu wertvollen Mitgliedern von Teams (INQA 2024b).

Durch ein strategisches Generationenmanagement können Unternehmen das Potenzial älterer Mitarbeiter:innen erkennen, nutzen und weiterentwickeln. Bereiche, in denen die Integration älterer Beschäftigter gezielt unterstützt werden kann, sind unter anderem (INQA 2024b):

- **Arbeitsplatz.** Arbeitsplatz und -umgebung können altersgerecht gestaltet werden, um mögliche Belastungen abzubauen.
- **Diversität.** Durch Diversitätsmanagement können in Workshops mit Führungskräften und Beschäftigten Altersstereotype abgebaut werden.

- **Lernen.** Die Förderung lebenslangen Lernens ermöglicht es, die Kompetenzentwicklung der Mitarbeiter:innen gerade unter Berücksichtigung der besonderen Herausforderungen des demografischen Wandels zu planen.
- **Gesundheit.** Gesundheitsförderungsprogramme, die die unterschiedlichen Bedürfnisse verschiedener Altersgruppen berücksichtigen, können dazu beitragen, die Integration älterer Mitarbeiter:innen zu fördern.

Indem Unternehmen aktiv auf die Bedürfnisse älterer Mitarbeiter:innen eingehen und Altersstereotype abbauen, können sie laut BMAS das Potenzial ihrer Belegschaft optimal nutzen und ausschöpfen sowie eine integrative und motivierende Arbeitsumgebung schaffen.

4.9 BOOMER. Best Practice. GRETA SILVER.

ALTER IST KEINE GRENZE. SONDERN FREIHEIT.

Die Bedeutung älterer Mitarbeiter:innen für die Sicherung von Fachkräften rückt zunehmend in den Fokus vieler Unternehmen. Zugleich treten neue Protagonist:innen als Influencer:innen auf den (HR-)Markt: Greta Silver, Autorin und YouTuberin für die Generation 60plus, teilt über verschiedene Social-Media-Kanäle ihre Erfahrungen und gibt konkrete Tipps, wie ältere Beschäftigte als erfahrene und wertvolle Fachkräfte sichtbarer werden können (INQA 2024c).

Greta Silver hat einen Lebensweg hinter sich, der sie zu einer Stimme für die Generation 60plus macht: Nach Jahren der hauptberuflichen Kindererziehung und Haushaltsführung wagte sie den Wiedereinstieg ins Berufsleben, um später unter anderem als Model erfolgreich zu sein. Mit ihrem YouTube-Kanal zeigt sie ihren Follower:innen, dass die Jahre zwischen 60 und 90 genauso wertvoll sind wie die vorangegangenen Dekaden (INQA 2024c).

Die Zusammenarbeit zwischen jüngeren und älteren Mitarbeiter:innen ist für sie ein Erfolgsmodell, das auf gegenseitiger Hilfe und Offenheit basiert. Sie betont, dass ältere Beschäftigte genauso von der Neugierde auf die jüngere Generation profitieren wie umgekehrt. Um als erfahrene Fachkraft sichtbarer zu werden, gibt Greta Silver die folgenden Empfehlungen (INQA 2024c):

- **Alter als Freiheit begreifen.** Das Alter nicht als Grenze, sondern als Freiheit und Gestaltungsmöglichkeit sehen.
- **Neugierig sein und bleiben.** Aufgeschlossenheit für Neues bewahren und aktiv lernen.
- **Begeisterung und Inspiration zeigen.** Überzeugen durch Begeisterung und nicht nur aufgrund Anordnungen von oben.

- **Weiterbildung und Fortbildung.** Sich nicht aufs Abstellgleis schieben lassen, sondern aktiv Fortbildungen einfordern.
- **Nachfragen und sich einbringen.** Offen kommunizieren und bei Bedarf nachfragen, um relevant zu bleiben.
- **Selbstbewusstsein stärken.** Einbeziehung von Headhunter:innen kann das Selbstbewusstsein stärken und neue Möglichkeiten eröffnen.
- **Flexibilität beim Renteneintritt.** Aktiv Vorschläge machen, auch über das Renteneintrittsalter hinaus zu arbeiten.

In Unternehmen, die ältere Mitarbeiter:innen erfolgreich integrieren, wird die Vielfalt der verschiedenen Energien wertgeschätzt, die diese mitbringen und freisetzen. Gleichzeitig wird ein positives Arbeitsumfeld geschaffen, das auf Offenheit und transparenter Kommunikation basiert. Dabei ist es wichtig, ein Gefühl der Verbundenheit und Unterstützung unter allen Mitarbeiter:innen zu fördern, anstatt beispielsweise einer Ellenbogenmentalität Raum zu geben (INQA 2024c).

Die größte Aufgabe für Unternehmen besteht laut Silver darin, das Potenzial älterer Mitarbeiter:innen vollständig anzuerkennen und auszuschöpfen. Dies erfordert eine Kultur der Wertschätzung und die kontinuierliche Weiterentwicklung für alle Beschäftigten, unabhängig von ihrem Alter. Nur so können Unternehmen sicherstellen, dass sie von der Erfahrung und Expertise älterer Mitarbeiter:innen profitieren und langfristig Fachkräfte binden können (INQA 2024c).

5 Experteninterviews. Erfahrungen von Arbeitnehmer:innen und Arbeitgebern.

In unserer älter werdenden Gesellschaft rückt die Bedeutung der Erfahrungen und Kompetenzen älterer Arbeitnehmer:innen zunehmend in den Fokus – oder zumindest sollte sie es. Dieses Kapitel widmet sich daher zuerst den persönlichen Erfahrungen und individuellen Perspektiven älterer Arbeitnehmer:innen hinsichtlich Wertschätzung und Inklusion seitens Arbeitgebern.

Die Interviewaspekte älterer Arbeitnehmer:innen beleuchten aus ihrer Sicht, welche Maßnahmen Arbeitgeber bislang ergreifen, um das Wissen und die Fähigkeiten dieser wichtigen Mitarbeitergruppe strategisch zu fördern und gezielt zu nutzen – und sie zeigen zugleich, wie Anerkennung und Wertschätzung gegenüber Älteren in der Unternehmenspraxis aussehen und welche Auswirkungen dies auf das Arbeitsklima aller Mitarbeiter:innen und insbesondere auf die Motivation der erfahrenen Mitarbeiter:innen hat.

Im Anschluss kommen Expert:innen aus den Bereichen HR, Employer Branding sowie PR und Unternehmenskommunikation seitens arbeitgebender Unternehmen zur Sprache. Sie teilen Insights und Anschauungen hinsichtlich der aktuellen unternehmensinternen beziehungsweise branchenübergreifenden Priorisierung der HR-Thematik »Babyboomer und Fachkräftemangel«.

5.1 Expert:innen. Interviews. Arbeitnehmer:innen. Senior Professionals.

Im Folgenden teilen zuerst ältere und erfahrene Arbeitnehmer:innen ihre Erfahrungen und Erlebnisse sowie Überraschungen und Enttäuschungen als Senior Professionals und Senior Experts bei und mit ihren Arbeitgebern.

SENIOR EXPERTS. INTERVIEW 1.

Ulrike G. Senior Sales Managerin.

Welche Bedeutung kommt Ihrer Erfahrung als Senior Professional nach Mitarbeiter:innen aus Ihrer Generation zu? Wie sehr werden erfahrene Arbeitnehmer:innen wertgeschätzt?

Meine Erfahrung als »Senior Professional« im Vertrieb ist für Sales-Mitarbeiter anderer, das heißt jüngerer Generationen durchaus von Bedeutung. Aber dafür muss man laut werden und das Thema meistens selbst auf die Agenda setzen. Wir als ältere Mitarbeiter haben Jahrzehnte an Erfahrung gesammelt. Know-how, das ganz sicher für alle jüngeren Kolleg:innen von unschätzbarem Wert sein kann – und sollte. Erfahrene Arbeitnehmende wie ich werden nicht selbstverständlich, aber immer öfter als Mentor:innen eingesetzt und oft auch als Vorbilder geschätzt. Vorbilder, die nicht nur fachliches Wissen weitergeben, sondern auch die heute so wichtigen »Soft Skills« und auch Werte vermitteln können. Allerdings variiert die Wertschätzung seitens Arbeitgebern stark. Ich kann mich nicht beklagen, aber auch ich habe mich ab einem bestimmten Alter durchsetzen und um Aufmerksamkeit kämpfen müssen. Ganz anderes höre ich aus meinem Bekanntenkreis. Da werden viele im wahrsten Sinne des Wortes aufs Abstellgleis geschoben – obwohl sie in jeder Hinsicht fit sind. Und nicht nur fit, sondern auch sehr motiviert. In einigen Unternehmen wird unsere Erfahrung, die Erfahrung älterer Mitarbeiter also durchaus hoch geschätzt und gezielt eingebunden – während in anderen beziehungsweise aktuell den meisten Unternehmen der Fokus deutlich stärker auf jüngere beziehungsweise möglichst junge Mitarbeiter und sogenannte »dynamische« Talente gelegt wird, was meistens zu einem Unterschätzen des Beitrags, den wir als Ältere leisten können und wollen, führt.

Inwiefern unterschätzen Ihrer Meinung nach Arbeitgeber das Potenzial von Mitarbeiter:innen aus Ihrer Generation? Inwiefern erkennen Sie ein adäquates Wertschätzen der Babyboomer?

Arbeitgeber unterschätzen oft das Potenzial von Mitarbeitern aus meiner Generation, indem sie uns als weniger anpassungsfähig, flexibel, lernfähig oder innovationsfreudig betrachten. Die Liste ist endlos. Und oft handelt es sich um Vorurteile. Gerade im Vertrieb spielt das eine Rolle – denn hier zählen vor allem Energie und Tatendrang. Diese Vorurteile und unbegründeten Annahmen sind jedoch häufig falsch, da viele von uns bereit sind, neue Technologien zu erlernen, Innovationen und kreative Lösungen zu entwickeln und vieles mehr. Ein adäquates Wertschätzen der Babyboomer ist zwar mehr und mehr bei Unternehmen erkennbar, oft aber aus der Not heraus, wegen des Fachkräftemangels. Sie erkennen eher langsam (und teils nahezu widerwillig, so ist zumindest mein Eindruck) die Vorteile, wenn Unternehmen unsere Fähigkeiten gezielt einsetzen, uns in Entscheidungsprozesse einbinden und uns Weiterbildungsmöglichkeiten bieten. Leider passiert dies nicht immer, ehrlich und deutlich gesagt viel zu selten.

Was sind Ihrer Erfahrung nach die größten Fehler, wenn es um die Ansprache und Motivation älterer Mitarbeiter:innen geht?

Die größten Fehler bei der Ansprache und der Motivation älterer Mitarbeiter sind meiner Meinung nach das Ignorieren unserer Bedürfnisse, unserer altersbedingten Interessen und Vorlieben. Und die Annahme, dass wir ab »einem bestimmten Alter«, das heißt ab 50plus, keine weiteren beruflichen Ziele oder Entwicklungswünsche haben. Oft wird leider auch übersehen, dass viele Ältere sich aufgrund individueller

Interessen und Prioritäten flexible Arbeits(zeit)modelle wünschen. Ich wünsche mir beispielsweise mehr Zeit für meine Familie und meine Hobbys, parallel zu meinem Job, den ich weiterhin gerne mache. Und viele wünschen sich nach zig Jahren bis Jahrzehnten im Job beziehungsweise in einem Unternehmen ganz einfach auch eine Anerkennung der bisherigen (beruflichen) Lebensleistung. Verständlich, gerade wenn Ältere teils ihr ganzes Berufsleben bei einem einzigen Arbeitgeber verbracht haben. Ein weiterer Fehler seitens Arbeitgebern ist auch, dass man uns Ältere oft als »Auslaufmodell« betrachtet beziehungsweise leider auch so behandelt, anstatt unsere Fähigkeit zur Anpassung zu erkennen. Viele von uns mögen IT oder Digitales und auch KI macht viele neugierig. Oft wird dann aber abgewunken, wenn man als Älterer hierzu Fortbildungen anfragt – so als ob das ab 50 ja gar keinen Sinn mehr hätte.

Wie könnten Arbeitgeber ältere Mitarbeiter:innen motivieren, sich länger im Arbeitsleben einzubringen?

Vor allem sollten Arbeitgeber ältere Mitarbeiter mit Respekt und Wertschätzung und eben nicht mit einer Art von duldender Herablassung ansprechen. Das haben Kollegen und ich mit zunehmendem Alter leider nicht selten erlebt. Im Vertrieb habe ich erlebt, dass uns ab einem bestimmten Alter der sogenannte »Drive« abgesprochen wird, dass wir scheinbar mit angezogener Handbremse agieren können – oder nur noch agieren wollen. Uns als Älteren ist es wichtig, dass unsere langjährige Erfahrung anerkannt wird und uns dennoch selbstverständlich die Möglichkeit gegeben wird, unser Wissen weiterzugeben, beispielsweise als Mentoren. Wir teilen unser Wissen nämlich wirklich gerne. Wichtig sind auch flexible Arbeitszeiten, Teilzeitmodelle oder auch Homeoffice, was ebenfalls zu unserer Motivation zum Weitermachen beitragen kann. Im Alter haben wir andere Prioritäten entwickelt beziehungsweise setzen diese anders, wollen mehr Zeit und Flexibilität für die unterschiedlichsten Themen. Und da haben wir natürlich auch Geschmack gefunden an Themen wie Remote Work etc. Und wir schätzen auch Weiterbildungsangebote, um uns – trotz unseres Alters – beruflich weiterzuentwickeln. Oft ist das aber leider nur jungen Kolleg:innen vorbehalten. Was ich daher immer und weiterhin schätze, ist eine wirklich offene Kommunikation mit meinem Arbeitgeber über meine individuellen Bedürfnisse als Teammitglied und über meine Ziele, um mich als »Senior« auch weiterhin zu motivieren.

Wie können Unternehmen ältere Arbeitnehmer:innen dazu motivieren, sich länger im Arbeitsleben einzubringen?

Unternehmen können ältere Arbeitnehmer wie mich motivieren, sich länger im Arbeitsleben einzubringen, indem sie uns ein Gefühl der Zugehörigkeit vermitteln. Nichts ist demotivierender als im Abseits zu stehen. Oder im Weg zu stehen. Wenn ich das Gefühl habe oder vermittelt bekomme, anderen, jüngeren Kollegen bei ihrer Entwicklung und Karriere im Weg zu stehen, ist das nicht motivierend. Wir möchten hören, dass wir gebraucht werden, dass man auf uns setzt, auf unsere Erfahrung zählt. Dazu gehört, unsere Expertise endlich als wertvoll anzuerkennen und uns weiterhin interessante und sinnvolle Aufgaben zu übertragen. Wir wollen, dass unsere Meinung in wichtigen Entscheidungen berücksichtigt wird – sowohl bei aktuellen als auch bei Zukunftsthemen. Gut sind auch moderne Anreize wie altersadäquate Gesundheits-, Vorsorge- oder auch Wellness-Programme und eben auch flexible Arbeitszeitmodelle. Und letzten Endes zählt auch die Anerkennung unserer bisherigen Leistung, zum Beispiel in Form von Auszeichnungen, aber gerne auch in Form von finanziellen Anreizen.

Haben Sie zu diesem Thema noch etwas hinzuzufügen?

Ja. Es geht nicht darum, nur uns als Ältere anzusprechen. Oft scheitert es an einer gewissen Kluft zwischen den Generationen und Altersgruppen, die in Unternehmen arbeiten. Mir ist klar: Ein generationenübergreifendes Arbeitsumfeld und eine Kultur zu schaffen, die keine Altersvorurteile von Jüngeren kennt, ist eine wahre Herausforderung. Ich war da früher sicher nicht anders gegenüber Älteren. Der Austausch von Wissen und Erfahrungen kann meiner Meinung nach aber nur gefördert werden, wenn Unternehmen sich um den Abbau von Altersvorurteilen kümmern. Arbeitgeber sollten daher Generationen ins Gespräch bringen, den Austausch fördern und vor allem heutzutage eine inklusive Unternehmenskultur auf ihre Agenda setzen, die eben auch Altersgruppen beinhaltet. Eine Agenda, die die Stärken wirklich jeder Altersgruppe wertschätzt und nutzt. Und die Verständnis füreinander schafft, was können die Jungen gut, was können die Alten gut (oder eventuell sogar noch besser) Arbeitgeber sollten meiner Meinung nach vor allem den Dialog zwischen den Generationen fördern und Altersdiskriminierung abbauen beziehungsweise komplett verhindern, um eine für alle gute Arbeitsatmosphäre zu schaffen.

SENIOR EXPERTS. INTERVIEW 2.
Andreas T. HR Abteilungsleiter.

Welche Bedeutung kommt Ihrer Erfahrung als Senior Professional nach Mitarbeiter:innen aus Ihrer Generation zu? Wie sehr werden erfahrene Arbeitnehmer:innen der Babyboomer-Generation wertgeschätzt?

Unsere Erfahrung, das Wissen und die Kompetenz von uns Älteren ist meiner Meinung nach Gold wert. Wir, die älteren Mitarbeiter, haben schon so viel gesehen und erlebt, das hilft den Jüngeren ungemein beziehungsweise könnte ihnen helfen. Gerade im Personalbereich können wir den Jungen wertvolle Ratschläge geben, weil wir die ganzen Höhen und Tiefen bei Personalentscheidungen schon längst hinter uns haben. Allerdings, wie man uns wertschätzt, das ist recht unterschiedlich. Manche Arbeitgeber wissen, was sie an uns haben und holen uns oft rechtzeitig mit ins Boot, um eine professionelle Übergabe zu gewährleisten oder aber auch, allerdings seltener, um uns an Bord zu halten. Bei anderen Unternehmen beziehungsweise Arbeitgebern dagegen fühlen wir uns eher wie altes Eisen, das in die Ecke gestellt und nicht mehr gebraucht wird. Das höre ich erschreckenderweise ganz oft aus meinem Bekanntenkreis.

Inwiefern unterschätzen Ihrer Meinung nach Arbeitgeber das Potenzial von Mitarbeiter:innen aus Ihrer Generation? Inwiefern erkennen Sie das Wertschätzen der Arbeitnehmer:innen der Babyboomer-Generation?

Viele Chefs, aber auch viele jüngere Kolleg:innen denken immer noch, wir als Ältere seien nicht mehr so flexibel oder hätten keine Lust auf Neues, uns würden Neugier oder Power fehlen. Das stimmt aber nicht! Wir – oder zumindest viele von uns im HR-Bereich – können und wollen weiterhin etwas leisten, sind durchaus offen für neue Technologien, sind flexibler als viele denken und auch motivierter. Sicher freuen sich auch viele von uns auf den Ruhestand und die Rente. Aber nur weil wir ein bestimmtes Alter erreicht haben, heißt das nicht, dass sich alle auf den Ruhestand freuen. Wenn Arbeitgeber unser Potenzial wirklich schätzen, dann setzen sie uns auch in höherem Alter als HR-Kompetente weiterhin in wichtigen Positionen ein und zeigen das auch durch Anerkennung – und gerne auch durch ein gutes Gehalt.

Was sind Ihrer Erfahrung nach die größten Fehler, wenn es um die Ansprache und Motivation älterer Mitarbeiter:innen geht?

Da gibt es so einiges. Oft denkt man seitens Unternehmen, wir als Ältere haben keine Ziele mehr, haben alles erreicht und wollen uns daher auch nicht unbedingt die Chance zur Weiterbildung geben. Das ist letztlich nicht wahr, nicht die Realität. In meinem Bereich, der Personalbranche, tut sich gerade in den letzten Jahren unbeschreiblich viel. Daher wollen wir auch ab 50 weitermachen und weiterlernen – nicht alle, aber viele. Und selbstverständlich ist auch die Anerkennung unserer bisherigen Arbeitsleistung und unseres Einsatzes wichtig für uns. Ansonsten fühlen wir uns eben nicht motiviert, sondern eher entmutigt und vor allem von Arbeitgebern nicht wirklich ernst genommen.

Wie könnten Arbeitgeber ältere Mitarbeiter:innen ansprechen und wie motivieren, sich länger im Arbeitsleben einzubringen?

Am besten erreicht man jemanden wie mich durch eine wirklich respektvolle Kommunikation, eine Ansprache, mit der ich mich als älterer Arbeitnehmer und Mitarbeiter ernst genommen fühle. Als HR-Profi bin ich sicherlich besonders empfänglich für Empathie, Verständnis und Wertschätzung. Und gerade das will ich von Arbeitgebern auch beziehungsweise zum Ende meiner Karriere hören und widergespiegelt bekommen. Als Arbeitgeber sollte man unsere Erfahrung rechtzeitig und vor allem endlich anerkennen, durch Feedbackgespräche und auch durch einen regelmäßigen, eher informellen Austausch, und uns ins Alltagsgeschäft, aber auch in Zukunftsthemen einbinden.

Haben Sie noch etwas hinzuzufügen?

Firmen sollten endlich die Vorteile einer Belegschaft erkennen, die aus Alt und Jung besteht, und diese auch noch vor allem fördern. Wenn wir als Junge und Alte zusammenarbeiten, kann es einen wirklich produktiven Austausch von Wissen und Erfahrungen geben – sowohl von uns Älteren an die Jungen, als auch von der Jugend an uns.

SENIOR EXPERTS. INTERVIEW 3.

Harald. K. IT Spezialist.

Welche Bedeutung kommt Ihrer Erfahrung als Senior Professional nach Mitarbeiter:innen aus Ihrer Generation zu? Wie sehr werden erfahrene Arbeitnehmer:innen wertgeschätzt?

Gerade im IT-Bereich ist man schnell zu alt, selbst wenn man unter 40 Jahren ist. In unserem Bereich geht man anscheinend davon aus, »Je jünger, desto besser« beziehungsweise kompetenter. Was man in vielen Bereichen sieht, nämlich eine Art von Jugendwahn, ist gerade im IT-Bereich deutlich zu sehen. Ältere Mitarbeiter in der IT haben aber Grundlagen, sie haben sich weiterentwickelt, sie waren und sind ständig am Ball. So sind wir, so bin ich. So werden wir als ITler aber oft nicht gesehen. Es scheint, egal wie fit und motiviert wir sind, ab 30+ und spätestens ab 40+ werden wir von unseren Arbeitgebern oft zuerst abgeschoben und dann abgeschrieben.

Inwiefern unterschätzen Ihrer Meinung nach Arbeitgeber das Potenzial von Mitarbeiter:innen aus Ihrer Generation? Inwiefern erkennen Sie ein adäquates Wertschätzen der Babyboomer?

Wir werden als Ältere nicht unbedingt unterschätzt, wir stehen nur einfach nicht mehr auf der Agenda. Oder zumindest nicht mehr auf den oberen Rängen der Agenda. Aus irgendwelchen Gründen gehen viele Unternehmen davon aus, dass wir als Ältere entweder keine Lust oder keinen Schwung oder auch keine Kraft, das heißt nicht mehr genug Power haben. Obwohl das in keiner Weise bewiesen ist. Es handelt sich vielmehr meistens um Vorurteile oder reine Stimmungen.

Was sind Ihrer Erfahrung nach die größten Fehler, wenn es um die Ansprache und Motivation älterer Mitarbeiter:innen geht?

Die größten Fehler, die ich selbst erlebt habe, sind das Ignorieren der Bedürfnisse der älteren Mitarbeiter. Personalverantwortliche fragen ständig nach den Interessen von jüngeren Teammitgliedern, sie interessieren sich nur für die Erwartungen von Neuen im Team. Sie gehen davon aus, uns als »alte« Mitarbeiter zu kennen und daher nicht mehr mit ihnen zu sprechen, oder aber, dass unsere Interessen ganz einfach nicht mehr so wichtig sind, da wir ja ohnehin nur noch ein paar Jahre im Unternehmen sind. Das heißt, ab irgendeinem, für mich nicht ganz nachvollziehbaren Zeitpunkt tickt die

Uhr und wir sind als Ältere abgeschrieben oder werden so langsam aber sicher abgeschrieben.

Wie könnten Arbeitgeber ältere Mitarbeiter:innen ansprechen und wie motivieren, sich länger im Arbeitsleben einzubringen?

Ich möchte mit Respekt behandelt und angesprochen werden. Und eben nicht mit einer bemüht geduldigen oder gar herablassenden Haltung. Ich erwarte das Gegenteil von »Der ist schon lange bei uns, sei freundlich zu ihm, weil es sich so gehört – aber eigentlich und ehrlich gesagt bringt er nichts mehr«. Anders gesagt: Wenn ich merke, dass mein jahrelanges Engagement im Nachhinein wertgeschätzt wird und gerade auf dieser Grundlage davon ausgegangen wird, dass ich auch weiterhin einiges leisten werde, dann ist das nicht nur zutreffend, sondern auch extrem motivierend.

Haben Sie zu diesem Thema etwas hinzuzufügen?

Eine wirkliche Hürde sind die Jüngeren, die sich oft ausgebremst von uns fühlen. Ich kann das teils verstehen, als jüngerer Mitarbeiter habe ich ähnlich gedacht. Nämlich, dass die Älteren unter anderem Innovationen verhindern oder blockieren, Stellen besetzen und so Karrieren verlangsamen oder behindern – und so vieles mehr. Ich wünsche mir daher eine Kommunikation und vor allem eine Kultur, die ein gegenseitiges, generationenübergreifendes Verständnis schafft, sodass ältere und jüngerer Mitarbeiter verstehen, was sie aneinander haben und voneinander lernen können.

SENIOR EXPERTS. INTERVIEW 4.

Klaus. B. Senior IT Manager.

Welche Bedeutung kommt Ihrer Erfahrung als Senior Professional nach Mitarbeiter:innen aus Ihrer Generation zu? Wie sehr werden erfahrene Arbeitnehmer:innen wertgeschätzt?

Ich habe tatsächlich nur gute Erfahrungen gemacht. Das ist sicher nicht die Regel, sondern eher die Ausnahme, aber mein Arbeitgeber hat anscheinend recht früh erkannt, dass die Erfahrung älterer Mitarbeiter mittlerweile nicht nur ein Vorteil sein kann, sondern wirklich ein Wettbewerbsvorteil ist. Unsere Personalabteilung hat mich und andere Kollegen, die ungefähr 55 und älter waren, ganz gezielt angesprochen und ist mit uns in den Austausch gegangen. Mich haben sie gefragt, ob ich mir vorstellen könnte, länger zu arbeiten, wie ich mir das konkret vorstellen könnte und was sie tun sollten, um mich »rumzukriegen«.

Inwiefern unterschätzen Ihrer Meinung nach Arbeitgeber das Potenzial von Mitarbeiter:innen aus Ihrer Generation? Inwiefern erkennen Sie ein adäquates Wertschätzen der Babyboomer?

Aus meinem Bekanntenkreis höre ich genau das Gegenteil von dem, was ich erlebt habe: Meine Freunde werden beziehungsweise wurden fast alle recht früh, also ab ca. 50, auf irgendeine Art und Weise immer mehr aufs Abstellgleis gestellt. Entweder wurde man aus vielversprechenden Projekten gestrichen oder kam bei Innovationsthemen überhaupt nicht mehr infrage, man muss anscheinend um Weiterbildungen kämpfen – und, und, und. Die Liste der nicht so guten Erfahrungen ist in meinem Netzwerk wirklich ziemlich lang. Einige meiner Bekannten haben sich auf die Hinterbeine gestellt und sich aktiv ins Spiel gebracht. Sie haben bei Vorgesetzten, HR und auch im Kollegenkreis laut gesagt, dass sie gerne weitermachen würden. Teils traf dies auf taube Ohren bei ihren Arbeitgebern, teils auf Überraschung – als hätten die Arbeitgeber noch nie darüber nachgedacht und die Idee sei total neu –, um dann aber sofort in den Austausch zu gehen und »den Sack zuzumachen«.

Was sind Ihrer Erfahrung nach die größten Fehler, wenn es um die Ansprache und Motivation älterer Mitarbeiter:innen geht?

Wir bekommen zwar noch die ein oder andere Weiterbildung genehmigt, aber meistens bei sogenannten Soft-Skill-Themen, schwieriger wird es, wenn man »moderne« und zukunftsweisende Themen in einer Weiterbildung ausbauen will. Etwa bei allem Digitalen oder bei künstlicher Intelligenz wird man tatsächlich gefragt »Warum?« – als ob man mit 50 oder 60 kein Interesse oder kein Verständnis für KI oder Digitalisierung haben könnte. Das ist ehrlich gesagt unangemessen und teils sogar peinlich. Genauso schlecht ist es, wenn Unmengen in Geld gesteckt werden, um »neue« Leute anzuheuern, aber kaum beziehungsweise kein Budget investiert wird, um die Erfahrung und das Wissen bereits vorhandener Angestellter, das heißt langjähriger, älterer Mitarbeiter im Unternehmen zu halten – und sie zu motivieren. HR und Headhunter sind völlig Jugend-fixiert, alt ist out. Die haben den Fachkräftemangel noch nicht erkannt beziehungsweise verstehen einfach nicht, wie man ihn unterschiedlich lösen kann.

Wie könnten Arbeitgeber ältere Mitarbeiter:innen ansprechen und wie motivieren, sich länger im Arbeitsleben einzubringen?

Ich kann Unternehmen nur sagen, unterschätzt die Alten nicht, sondern wertschätzt sie. Identifiziert die passenden Älteren, sprecht sie an, schaut nach Benefits für sie und nach Angeboten, die ihren Interessen entgegenkommen. Wir wollen Wertschätzung und zugleich ein neues Arbeiten, so wie die Jungen. Homeoffice und flexibles Arbeiten kommen uns sehr entgegen, bei Hobbys, Enkelkindern, Reisen und allem, was wir im Alter »neben« dem Arbeiten machen wollen.

Haben Sie zu diesem Thema etwas hinzuzufügen?

Ich persönlich freue mich, noch ein paar Jahre meine Erfahrung einzubringen und mich gleichzeitig weiterzuentwickeln, nicht stillzustehen. Und so geht es einigen aus meinem Freundeskreis. Aber nicht jeder bekommt die Chance dazu. Viele lassen sich entmutigen und werden eben nicht laut, wenn es darum geht, länger arbeiten zu wollen. Sie werden im Alter von Vorgesetzten und teils auch von jüngeren Teammitgliedern (ungewollt beziehungsweise unbewusst) demotiviert – und geben dann klein bei, weil sie irgendwann selbst glauben, aufs Abstellgleis zu gehören.

5.2 Expert:innen. Interviews & Statements. Arbeitgeber. Unternehmensexpert:innen.

Die unterschiedlichen Erfahrungen, Pläne und Instrumente im Hinblick auf den Umgang mit Mitarbeiter:innen der Babyboomer-Generation sowie die Wertschätzung der Senior Experts werden im Folgenden aus der Perspektive von Arbeitgebervertreter:innen dargelegt.

ARBEITGEBER. INTERVIEW & STATEMENT 1.

Prof. Dr. Alexander Güttler. Inhaber komm.passion GmbH.

Die Rolle der Babyboomer im modernen Berufsleben.

Erfahrungen und Herausforderungen.

Mein Name ist Alexander Güttler und ich bin Babyboomer. Ich bin 1960 in einem der geburtenstärksten Jahrgänge geboren. Aktuell bin ich 64 Jahre und werde in wenigen Monaten 65. Mein Ausscheiden aus dem Berufsleben steht also bevor.

Seit über 40 Jahren bin ich in unterschiedlichen Unternehmen tätig, seit 25 Jahren erfolgreich unternehmerisch und große Teile davon als Mehrheitsgesellschafter. Heute habe ich eine Funktion in einem internationalen Netzwerk, in das ich meine Firma eingebracht habe. Insofern habe ich mehr oder minder einen Blick auf eine Vielzahl von Babyboomern aus unterschiedlichen Ländern, in verschiedenen Funktionen und oft über viele Jahre.

Das Thema der älteren Arbeitnehmer im Unternehmen hat damit für mich einige sehr eindeutig benennbare Facetten. Interessant ist, dass ich diese teilweise auch an mir selbst beobachten kann.

Als Babyboomer fühle ich mich keinesfalls mit Mitte 60 als Teil einer auslaufenden Generation oder als »altes Eisen«, sondern im Wesentlichen als geistig noch fit, habe einen Führungsanspruch und freue mich auf unterschiedliche Herausforderungen.

Beobachten wir Babyboomer aus der professionellen Perspektive, so sehen wir eine deutlich unterschiedliche Prägung zu anderen Generationen. Als nebenberuflicher

Hochschullehrer über drei Jahrzehnte habe ich diese Entwicklung beobachten können und möchte hervorheben, dass das Mindset der Babyboomer in zentralen Punkten gegenüber nachfolgenden Generationen deutlich abweicht. Wir hatten in unserer Generation einen sehr starken Leistungs- und Performanceethos. Wir wollen uns »die Erde Untertan« machen, mit Freude und Entschlusskraft – mit allen Konsequenzen. Dazu gehört auch, dass Babyboomer im hohen Maße zuverlässig und stabil in den ihnen anvertrauten Aufgaben arbeiten. Stress ist »to a certain extent« völlig okay.

Das sehen spätere Generationen oft anders. Hier steht nicht die Work-Life-Balance im Vordergrund (dies kann im Alter zunehmen), sondern die eigene Bedeutung und Wirksamkeit wird stark darüber definiert, wie gut man seine Aufgaben erledigt. Es wird daher wenig verwundern, dass wir viele Babyboomer auch deshalb im Unternehmen behalten wollen, weil sie in ganz besonderem Maße in den Bereichen Mentoring und Coaching geeignet sind und hier Ruhe und Bodenhaftung in aufgeregte Diskussionen bringen. Zudem können sie im Umgang mit Kund:innen, aber auch intern im Team vielfältige Erfahrungen weitergeben und sind klar darauf fokussiert, das eigentliche wirtschaftliche Ziel nie aus den Augen zu verlieren. Dies kann auch zu Konflikten führen, beispielsweise mit jüngeren Mitgliedern der Generation Z, wenn Probleme kleiner gesehen werden und, wie schon geschildert, diesen eine geringere Bedeutung zugewiesen wird.

Insgesamt lässt sich sagen, dass der Wissenstransfer an jüngere Generationen eine der zentralen Aufgaben der geburtenstarken Jahrgänge ist. Ein Stück weit sind hier allerdings unterschiedliche Tendenzen zu beobachten: Es gibt Babyboomer, die technologisch extrem fit sind und gut mit neuen Technologien umgehen können. Diese müssen dann nicht immer die sein, die inhaltlich die beste Qualität liefern, aber diese sind stärker anschlussfähig, auch bei jüngeren Kolleginnen und Kollegen. Andere sind nicht so fit und freuen sich, wenn sie die Hilfe von jüngeren Kolleginnen und Kollegen bei der ein oder anderen App oder Installation erhalten. Achtung: Man sollte diese vermeintlich technikfremden Menschen nicht unterschätzen.

Aus der Erfahrung heraus lässt sich sagen, dass hier sehr oft eine inhaltliche Fokussierung und keineswegs eine Denkfaulheit vorliegt. Sehr häufig lässt sich viel Gutes aus der Situation gewinnen, wenn man akzeptiert, dass diese Menschen sehr stark innerhalb bestimmter Themen leben und teilweise eben eine leichte Nachhilfe brauchen.

Gesundheit und Weiterbildung: Erfolgsfaktoren für Babyboomer im Beruf.

Dass Babyboomer angepasste Weiterbildungsmöglichkeiten brauchen, ist aus meiner Sicht eine Binse. Es ist eine banale Tatsache, dass Babyboomer häufig schon sehr viele der Standard-Weiterbildungsmöglichkeiten wahrgenommen haben. In einem normalen Unternehmen werden das eine ganze Reihe von kaufmännischen und Führungsseminaren sein, die mehr oder minder überall zum Standard gehören.

Für ältere Mitarbeiter:innen ist es dagegen sehr spannend, sich im Zuge der Internationalisierung mit neuen Sprachen zu beschäftigen, agilen Arbeitsformen oder unterschiedlichen Arten des Teamworks bei wechselnden Rollen anstelle von festen Hierarchien etc. Hier wird man sehr oft erleben, dass Neues willkommen ist, wenn dadurch Ziele besser erreicht werden können. Es lebe die Performance und was dabei hilft. Der Babyboomer sucht immer den Erfolg, notfalls auch durch Wandel. Was dazu notwendig ist, wird getan, selbst wenn dies neue, agile, dynamische Abläufe in scheinbar chaotisch wechselnden Konstellationen sind. Hier muss eingeschränkt werden, dass es selbstverständlich die Ausnahmen gibt und manche Babyboomer sehr stark in einer Expertenrolle verharren und aus dieser nicht mehr herauskommen. Das kann man nutzen oder man muss sich trennen.

Die Thematik des Gesundheitsmanagements und der flexiblen Arbeitszeit sind für ältere Mitarbeiterinnen und Mitarbeiter von besonderer Bedeutung. Auch dies meint erst einmal sehr banale Dinge. Sehr häufig haben wir es bei älteren Menschen, beginnend etwas ab Anfang/Mitte 50, mit einer Vielzahl von Rückenproblemen zu tun. Dies braucht im Büro oft höhenverstellbare Schreibtische, größere Bildschirme, entsprechende Brillen und andere Utensilien – aber auch rein physisch die Notwendigkeit größerer Regenerationszeiten. Beispielsweise werden Teilzeitlösungen, Gleitzeit, Homeoffice etc. sehr geschätzt. Auch Vorsorgeuntersuchungen, entsprechende Versichererlösungen oder gesundes Kantinenessen sind beliebt und hilfreich. Gerne ausgewogen, aber nicht militant vegan.

Wie gewinnt und wie hält man ältere Arbeitnehmer? Man muss ihnen Wertschätzung entgegenbringen und ihnen Ziele geben, die sie initiativ erreichen können, um dann ihre Performance und Leistung entsprechend zu loben. Babyboomer brauchen Raum und müssen ernst genommen werden. In der Rekrutierung suchen viele Babyboomer gerade in den in den letzten Arbeitsjahren Teilzeitlösungen, aber auch die Möglichkeit, in irgendeiner Weise noch sinnstiftend tätig zu sein. Wer dieses anbietet und sich als Arbeitgeber flexibel zeigt, erhält ungewöhnlich leistungsorientierte Kolleginnen und Kollegen, für die Leistung und Zielerreichung per se sinnstiftend ist.

Branchenkenntnisse und Netzwerke älterer Mitarbeiter:innen optimal nutzen.

Eine ausgesprochen hilfreiche Sache bei der Einstellung älterer Mitarbeiter ist, dass diese sehr häufig tiefgehende Branchenkenntnisse und oft auch ihr eigenes Netzwerkamt mitbringen. Einschränkend sei gesagt, dass das Netzwerk natürlich in den Jahren altern wird. Eine sehr gute Lösung ist es daher, gemeinsam mit den älteren Kolleginnen und Kollegen Kontakte auf die nächste Generation zu übertragen. Hier sind Babyboomer am Ende ihrer beruflichen Laufbahn oft uneitel und bereit, endlich auch den Schatz ihrer Kontakte zu teilen.

Vorurteile abbauen und Integration fördern.

Vorteile gegenüber älteren Mitarbeitern im Beruf sind nicht auszuschließen. Sie tauchen sowohl gegenüber Männern wie gegenüber Frauen auf. Sehr häufig unterstellt man älteren Mitarbeitern eine gewisse Sturheit, Inflexibilität und oft auch Schlimmeres wie Vergesslichkeit wie auch Unfreundlichkeit etc.

Fakt ist, dass die Ausfallzeiten bei älteren Arbeitnehmern, so diese nicht chronisch krank sind, oft sogar sehr gering sind. Fühlen sich die älteren Menschen wohl, haben wir hier ein ganz besonderes Verantwortungsbewusstsein und häufig auch sehr geringe Krankenstände. Auch hier macht das Umfeld die Musik.

Wichtig ist es, Probleme frühzeitig und klar zu thematisieren. Laufenlassen geht nicht. Führung ist früh gefordert. Witze sind oft nicht witzig und die Grenze zum Mobbing fließend. Umgekehrt fühlen sich ältere Mitarbeiter mitunter durch fähige junge Arbeitnehmer in ihrer Kompetenz bedroht und zeigen hier Abwehrreaktionen. Auch hier gilt: sofort eingreifen und thematisieren, häufig zur Gesichtswahrung unter vier Augen. Wenn wir den Teamgedanken nach vorne rücken, geht es oft sehr schnell und wenn der gemeinsame Nutzen klar wird, ist dieses in der Regel gut auch vom Tisch zu fegen.

Last, but not least sehen viele ältere Arbeitnehmer in der letzten Phase ihrer beruflichen Laufbahn verständlicherweise einen Übergang in andere Lebensmodelle. Dies führt sehr oft dazu, dass Ängste vor dem neuen Schritt aufkommen und gleichzeitig nach einer neuen Sinnhaftigkeit gesucht wird. Ein radikaler Cut schafft leicht psychische Probleme. Das Unternehmen tut gut daran, Teilzeitmodelle, eine schrittweise Reduktion etc. anzubieten. Wenn ältere Mitarbeiter das Gefühl haben, in den nächsten ein bis zwei Jahren ein sauberes »Ausfaden« erleben zu dürfen, erhält man viel Engagement genau in dieser Zeit – ein WIN-WIN für beide Seiten.

In vielen Branchen erleben wir zudem eine weiterführende freie Beratertätigkeit, oft weit in den »Ruhestand« hinein. Dies meint nicht nur prominente Fälle wie Joschka Fischer, der eine Politberatung gestartet hatte, sondern auch die vielen »normalen« Experten und Manager, die weit über die eigentliche Altersgrenze in diesen freien Tätigkeiten Sinn erfahren und Geld verdienen. Die oft dazu kritischen Meinungen der Lebenspartner sollen hier nicht diskutiert werden. ■

ARBEITGEBER. INTERVIEW & STATEMENT 2.

Dr. Viola Weber. Organisationspsychologin; Assistant Professor Canadian University Dubai, UAE; Psychologist at OpenMinds Psychiatry, Counselling & Neuroscience Centre, Dubai; Systemisches Coaching & Beratung.

Die Generation der Babyboomer hat Macht und Einfluss. Sie sind nicht nur viele, sondern auch reich an Wissen und Erfahrungen – ein ›Wert-Schatz‹, den man grundsätzlich nicht, aber schon gar nicht in Zeiten des Fachkräftemangels verkümmern lassen sollte.

Aus internationalen, organisationspsychologischen Studien sowie aus Erfahrungsberichten von Fach- und Führungskräften geht deutlich und übereinstimmend hervor: Die Boomer haben eine ausgeprägte Arbeitsmoral, bringen dem Arbeitgeber in der Regel ein hohes Maß an Loyalität und Commitment entgegen und sie sind zeitweise bereit für Überstunden und Extraaufwand, solange ihr Engagement angemessen gewürdigt wird – und das muss nicht nur finanziell sein! Respekt und Anerkennung der bisher geleisteten Arbeit spielen eine Rolle, außerdem Sinnhaftigkeit und Bedeutung der künftigen Beschäftigung: Einen wertvollen Beitrag zu leisten zum Wachstum des Unternehmens, der persönlichen Entwicklung oder der Bildung von Nachwuchskräften, vielleicht sogar für höhere, gesellschaftliche Ziele und Verbesserungen zu arbeiten, sind wichtige motivierende Faktoren. Entsprechend zeigen Boomer oft hohe Werte bei Arbeitszufriedenheit und sind in der Lage, Teams zu motivieren, zu inspirieren und zusammenzuhalten, somit Fluktuation zu begrenzen.

Den Babyboomern wird weitreichend auch eine hohe Stabilität im Charakter und ihrer Arbeitsweise zugesprochen – sie liefern Aufgaben und Projekte meist zuverlässig, zeitgerecht und mit hoher Qualität ab. Mit hohem Fachwissen, einem tieferen Verständnis für industrielle Trends und die Unternehmenshistorie stellen sie ideale Coaches für neue Mitarbeitende dar, wobei sich ihre Erfahrung hilfreich erweist für strategische Entscheidungsfindung und den Erhalt des sogenannten ›organisationalen Gedächtnisses‹. Ältere Mitarbeitende begrüßen mehrheitlich die Vorstellung vom lebenslangen Lernen und sie sind sowohl immer noch ›jung genug‹ als auch aufgeschlossen und bereit, sich in neue Technologien und Prozesse einzuarbeiten, wenn sie dafür die entsprechende Unterstützung erhalten. Die Zusammenarbeit mit der Gen Y und Z funktioniert gut – man lernt voneinander und wächst miteinander.

Damit bietet sich Unternehmen die Chance, umfangreiches Fachwissen und Erfahrungen zu nutzen und weiterzuvermitteln. Boomer stehen gerne als Mentor:innen für jüngere Generationen zur Verfügung und sorgen somit für den nötigen Wissenstransfer.

Außerdem: ›Networking ist alles!‹ Die Boomer verfügen meist über das allseits geschätzte, unbezahlbare ›social capital‹: Langjährig erfahren, haben sie oft ein professionelles Netzwerk aufgebaut aus diversen Kundenbeziehungen, Kooperationen und Partnerschaften, von denen das Unternehmen für Businesswachstum, Erfolg und Innovation profitieren kann.

Zudem kann man die Babyboomer-Generation durchaus als stresserprobt und ›krisenfest‹ bezeichnen. Im Laufe der Zeit haben sie nicht nur ihre Anpassungsfähigkeit an widrige Umstände sowie Resilienz entwickelt, sondern sich auch Copingstrategien angeeignet, um mit den verschiedenen organisatorischen, wirtschaftlichen oder politischen Veränderungen und Herausforderungen effektiv umzugehen, Probleme erfolgreich zu meistern und im besten Fall sogar gestärkt aus Krisen hervorzugehen.

Unternehmen haben den (Mehr-)Wert ihrer Wissens- und Erfahrungsträger:innen erkannt und auch die Notwendigkeit dafür, hier intensive Beziehungspflege zu betreiben. Es ist wohl so wie mit den Soft- und Kommunikations-Skills für Führungskräfte, der Organisationskultur, emotionalen Intelligenz und mentaler Gesundheit: Es hat gedauert, den Businesscase dieser Faktoren zu erkennen, und noch länger, zielgerecht und evidenzbasiert zu handeln. Doch der nachweislich überragende Return on Investment zahlt sich aus und wir beobachten, wie Unternehmen zunehmend kreativ aktiv werden – mit Ergebnis: flexible Arbeitszeitmodelle, individuelle Entwicklungsperspektiven und Gesundheitsförderung, insbesondere auch der psychischen Gesundheit als Führungsaufgabe.

Wenn Babyboomer in Rente gehen, hinterlassen sie eine Lücke, die so schnell und übergangslos von der nachfolgenden Generation nicht aufgefüllt werden kann. Im schlimmsten Fall nehmen sie institutionelles Wissen und Erfahrung mit, auch spezifische Kenntnisse, deren Verlust dem Unternehmen erst zu spät bewusst wird. In einer älter werdenden Gesellschaft sind davon hauptsächlich Gesundheitswesen, Bildung, Handwerk und das Ingenieurwesen betroffen.

Der demografische Wandel und seine Auswirkungen betreffen alle Wirtschaftsnationen, auch im Mittleren Osten. Die Vereinigten Arabischen Emirate (VAE) zum Beispiel sehen sich mit einem Wegfall an erfahrenen Kräften und Mangel an qualifiziertem Nachwuchs konfrontiert. Sie arbeiten mit Hochdruck an der Förderung von Programmen zur Ausbildung und Promotion von Expert:innen in Bereichen wie etwa Technik/Innovation, Medizin, Psychologie und Bildung. Derzeit werden diese Stellen maßgeblich von Expats besetzt. Gerade in Middle East, wo der hohe Respekt vor Seniorität und der Erfahrung Älterer eine kulturelle Besonderheit darstellt, werden hohe Funktionen und Schlüsselpositionen oft von Babyboomern bekleidet. Dies führt dann zu potenziell dramatischen Ausfällen, wenn diese Generation sich aus der Arbeitswelt zurückzieht. So wie die VAE im Ganzen – in ihrer Kultur, Architektur und Lebensweise –, so vereinen auch die emiratischen Babyboomer Tradition und Moderne in ihrer Arbeitsweise: Bewährtes erhalten und neues Wissen, Errungenschaften integrieren.

In ihren Erwartungen an einen Arbeitgeber beziehungsweise an einen gesunden, attraktiven Arbeitsplatz unterscheiden sich die Babyboomer tatsächlich nicht nennenswert von den Jüngeren, insbesondere der Generation Z. Sie werden motiviert durch Wertschätzung und Anerkennung, klare Strukturen, Flexibilität, Arbeitssicherheit, Offenheit, transparente Kommunikation, regelmäßiges Feedback und einen partizipativen Führungsstil, inklusive der Beteiligung an unternehmerischen Entscheidungsprozessen. Wenn in der Praxis jüngere Führungskräfte eingeführt werden, hat sich Wertschätzung immer als kritischer Faktor erwiesen: Um Akzeptanz zu erreichen für gegebenenfalls die Implementierung neuer Prozesse, gilt: zuerst zuhören und ›ältere‹ Leistung würdigen; Erfahrungen erfragen und anerkennen, aufnehmen, sichtbar machen, und schlicht – Danke sagen.

Flexible Arbeitszeitmodelle wie Teilzeit und Homeoffice oder Remote Work sind Schlüsselfaktoren für erfolgreiche, familienfreundliche Work-Life-Balance. Ein niederschwelliges Angebot von Weiterbildungsmaßnahmen wie Trainings, Workshops, um den Anforderungen neuer Technologien zu begegnen, reduziert Angst und Unsicherheit bei der Arbeit.

Mentoring-Programme nutzen das Wissen der Älteren gewinnbringend für die Ausbildung der Jüngeren. Ein fokussiertes Generationen- und Knowledge Management trägt wesentlich dazu bei, die Zusammenarbeit zwischen verschiedenen Altersgruppen zu verbessern und Konflikte zu reduzieren. Ein Clash der Generationen wegen unterschiedlicher Wertvorstellungen zum Beispiel kann durchaus passieren, entscheidend ist jedoch, dass solche Reibungen konstruktiv und positiv gelöst werden. Maßnahmen hierzu sind:

Eine diverse Belegschaft als Erfolgsfaktor: Unternehmen mit Vielfalt im Hinblick auf Gender, Kultur und Alter sind klar im Vorteil, wenn bewusst und rücksichtsvoll damit umgegangen wird. Für multinationale Unternehmen sind ein interkulturelles Verständnis und Sensitivität unabdingbar. Kulturbedingt unterschiedliche Normen und Werte spielen bei Kommunikation und Entwicklung eine große Rolle. So werden beispielsweise US-amerikanische Babyboomer Wert auf die Anerkennung ihrer individuellen Leistung legen, während in Japan kollektiver Erfolg und Harmonie im Team herausgestellt werden. In Middle East dominieren Familienorientierung, Ansehen und Respekt gegenüber der älteren, »wissenden« Generation. Alter bedeutet Autorität, manchmal auch Weisheit, und sie wird selten hinterfragt.

Gesundheit und Wohlbefinden: Hierzu zählen neben der Herstellung von Arbeitsplatzsicherheit, ergonomischer Arbeitsbedingungen und dem Angebot von Health Checks auch die Förderung der psychischen Gesundheit, wie etwa durch Stressmanagement oder besser und wirkungsvoller mit Employee Assistance Programmen, wobei Beschäftigte (und deren Angehörige) auf vertrauliche professionelle psychologische (teilweise auch juristische, finanzielle) Beratung zugreifen können.

Alle genannten Maßnahmen gehen einher oder fördern die Wahrnehmung einer positiven Unternehmenskultur und inklusiven Unternehmenspolitik: HR-Strategien, die Inklusion, Toleranz und Respekt aller Altersgruppen, Genderzugehörigkeiten und Kulturen fördern, vermitteln Vertrauen und Zugehörigkeit. Durch die Implementierung solcher Maßnahmen können Unternehmen die Zufriedenheit sowie Commitment von älteren Mitarbeiter:innen fördern, deren wertvolle Erfahrung und Wissen erhalten und gleichzeitig ein positives und unterstützendes Arbeitsumfeld für alle kreieren.

ARBEITGEBER. INTERVIEW & STATEMENT 3.

Jutta Wenzl. Dipl.-Kauffrau, CHRO und hypnosystemische Beraterin und Coach.

Welche Bedeutung kommt Ihrer Erfahrung nach Arbeitnehmer:innen und Mitarbeiter:innen aus der Generation der Babyboomer seitens Unternehmen zu? Wie sehr werden erfahrene Arbeitnehmer:innen seitens Arbeitgebern als HR-Potenzial wertgeschätzt?

Der viel zitierte demografische Wandel, geprägt durch eine alternde Bevölkerung und sinkende Geburtenraten, führt zu einem Rückgang der erwerbsfähigen Menschen. Dies wiederum resultiert in einem sinkenden Angebot an Arbeitskräften und in vielen Branchen in einem Fachkräftemangel. Generell erfordert diese Tatsache neues Denken in Organisationen und ein Abschiednehmen von Vorruhestandsregelungen und Altersteilzeitregelung für Mitarbeiter Ende 50, Anfang 60, wie sie heute, insbesondere in Großkonzernen, noch üblich sind. Soweit die Theorie.

Selbst – aus dem Mittelstand kommend – erlebe ich diesen Perspektivenwechsel noch nicht. Es ist an der Tagesordnung, dass Bewerbungen von Menschen mit 60+ kritisch gesehen und die Kandidaten trotz eines passenden CVs von den Fachabteilungen nicht eingeladen werden. Ich selbst habe diese Erfahrung kürzlich gemacht – sagte mir doch ein Personalberater, mit dem ich über eine potenzielle neue Rolle für mich gesprochen habe, dass es schwierig werden könnte, weil eine »5« vor meinem Alter steht. Was bedeutet das dann erst, wenn eine »6« vor dem Alter steht?

Studien zeigen, dass die Babyboomer mit ihrer hohen Arbeitsethik und Loyalität gegenüber ihren Arbeitgebern länger am Ball bleiben als andere Altersgruppen und daneben über die Jahre erworbenes Wissen und Erfahrung haben und dafür geschätzt werden. Andererseits sind Babyboomer in der Regel nicht mehr im Fokus der Personalentwicklung. Sie werden außerdem als hoher Kostenfaktor betrachtet und in Restrukturierungskontexten als bevorzugtes Abbaupotenzial für Altersteilzeit oder Vorruhestandslösungen gesehen. Dies, ohne die Implikationen durch verloren gehendes Wissen zu bedenken.

Wie sehr unterschätzen Unternehmen Ihrer Erfahrung nach bislang das Potenzial von Arbeitnehmer:innen und Mitarbeiter:innen aus der Generation der Babyboomer? Oder sehen Sie bereits ein adäquates Wert- und Einschätzen dieser HR-Zielgruppe durch Unternehmen?

Älterwerden wird landläufig noch häufig mit einem Rückgang der Leistungsfähigkeit verbunden. Dass dies nicht zwangsläufig der Fall ist, zeigen das Leben und verschiedene wissenschaftliche Untersuchungen – Lernen ist bis ins hohe Alter möglich. Natürlich kann man nicht alle Menschen über einen Kamm scheren, Pauschalaussagen sind nicht sinnvoll. Die Leistungsfähigkeit und der Wille, leistungsfähig zu bleiben, variieren von Person zu Person und hängen von den ausgeübten Berufen ab. Jeder bringt unterschiedliche körperliche und geistige Voraussetzungen mit, die sich im Laufe des Lebens unterschiedlich entwickeln können. Unterschiedliche Berufe stellen unterschiedliche Anforderungen und diese Vielfalt muss bei der Bewertung der Leistungsfähigkeit im Alter berücksichtigt werden. Das muss die Aufgabe einer lebensphasenorientierten Personalentwicklung sein und setzt das Abschiednehmen von kollektiven Glaubenssätzen voraus.

Was sind die Ihrer Meinung nach größten Fehler, wenn es darum geht, ältere Mitarbeiter:innen anzusprechen und dazu zu motivieren, sich auch nach dem Erreichen des Renteneintrittsalters beruflich zu engagieren?

Die Themen »Fachkräftemangel«, »Age Diversity«, »Age Management« etc. sind heute auf der Agenda jeder HR-Konferenz, Berater beraten Unternehmen dazu und manche Recruiter haben sich darauf fokussiert, Ü50 Fachkräfte zu vermitteln. Sprich: Es gibt vielfältige Angebote im Markt, doch werden dies in Unternehmen noch wenig proaktiv gelebt (vgl. z. B. die Studie Silver Workforce der Manpower Group: Erst 13 Prozent der befragten Unternehmen haben Angebote, um ältere Mitarbeiter:innen möglichst lange an sich zu binden).

Es dauert, bis das Thema auch in den Köpfen der Entscheider ankommt, Glaubenssätze geändert werden und damit das Thema in Unternehmen wirklich gelebt wird – es braucht mehr als eine Kennzahl im ESG Reporting, es braucht einen Paradigmenwechsel und weitblickende Entscheider und Personaler. Dann können Fehler vermieden werden, zum Beispiel:

- Pauschale Annahmen über Stereotype ältere Mitarbeiter:innen: nachlassende Leistungsfähigkeit oder geringe Lernbereitschaft.
- Mangelnde Wertschätzung, fehlende Anreize und mangelnde Flexibilität in der Arbeitszeit- und Arbeitsplatzgestaltung.
- Fehlender Dialog zwischen Führungskraft und Mitarbeitern und keine Möglichkeiten, dass sich ältere Mitarbeiter:innen einbringen.
- Verwechslung von Lerntempo und Wissen. Die Arbeitsleistung beruht in vielen Bereichen häufiger auf Wissen und Erfahrung als darauf, schnell neues Material lernen zu müssen. In diesen Bereichen zeigt die Forschung Verbesserungen mit dem Alter, insbesondere wenn persönliche Beziehungen zu Kund:innen und Kolleg:innen eine Rolle spielen.
- Studien zeigen auch, dass Arbeitgeber weit mehr in die Personalentwicklung junger Mitarbeiter:innen investieren als in die von Mitarbeiter:innen Ü50. Mitarbeiter:innen, unabhängig vom Alter, neigen dazu, sich zu distanzieren, wenn sie

fehlende Aufmerksamkeit bezüglich ihrer Entwicklung wahrnehmen. Beide Faktoren tragen wahrscheinlich zu Leistungsunterschieden am Arbeitsplatz zwischen jungen und älteren Mitarbeitern bei. Die Zwangspensionierung von Professoren wurde in einer Studie mit einem schrittweisen Rückgang bei Veröffentlichungen und Zuschüssen in Verbindung gebracht. Als diese Verpflichtung aufgehoben wurde, erwiesen sich ältere Professoren als die am besten ausgestatteten und produktivsten Mitarbeiter:innen, so eine Studie der Stanford University. Im Sinne »energy flows where attention goes« lässt sich dies sicherlich auch auf Unternehmen übertragen.

Wie sollten/könnten Arbeitgeber ältere Mitarbeiter:innen ansprechen und wie motivieren, sich länger im Arbeitsleben einzubringen (RETENTION, das heißt, bereits im Team vorhandene ältere Mitarbeiter:innen werden länger im Unternehmen zu halten versucht)?

Grundvoraussetzung ist das richtige, ernst gemeinte und gelebte Mindset, dass ältere Mitarbeiter:innen geschätzt werden. Darauf aufbauend können Ansatzpunkte sein:
- Dialogorientierte Führung: Kommunikation auf Augenhöhe, Meinungen, Ideen und Anliegen der Babyboomer zu hören, zu berücksichtigen und gemeinsam Lösungen zu erarbeiten.
- Empathische Führungskräfte, die Verständnis für die Bedürfnisse und Anliegen dieser Generation haben und respektvoll damit umgehen.
- Individuelle, gezielte Förderung: Weiterentwicklung von Mitarbeiter:innen entsprechend ihren persönlichen Stärken und Zielen, zum Beispiel maßgeschneiderte Trainings, Coaching, (Reverse) Mentoring sowie andere Entwicklungsmöglichkeiten, die auf die Bedürfnisse und Ziele dieser Generation zugeschnitten sind.
- Flexible Arbeitszeitmodelle, Teilzeitmöglichkeiten oder mobiles Arbeiten – auch hier gilt das Stichwort »Vereinbarkeit von Familie und Beruf«, zum Beispiel für die Pflege von Angehörigen.
- Initiativen zum Gesundheitsmanagement.
- Generationenübergreifende Zusammenarbeit und intergenerationeller Wissenstransfer.
- Altersgerechte Arbeitsplatzgestaltung: Bereitstellung ergonomischer Arbeitsmittel und/oder das Angebot von körperlich weniger belastenden Aufgaben.

Wie sollten/könnten Unternehmen ältere Arbeitnehmer:innen ansprechen und wie motivieren, sich länger im Arbeitsleben einzubringen (REACTIVATION, das heißt, ehemalige ältere Mitarbeiter:innen beziehungsweise ältere Arbeitnehmer:innen von extern werden wieder beziehungsweise neu ins Unternehmen zu holen versucht)?

Dreh- und Angelpunkt einer erfolgreichen Positionierung als attraktiver Arbeitgeber ist eine integrative und respektvolle Unternehmenskultur. Für mich liegen dahinter die zentralen Konzepte der Salutogenese.

- Gestaltbarkeit (manageability): Dies bezieht sich darauf, dass Mitarbeiter:innen das Gefühl haben, in der Lage zu sein, positive Veränderungen herbeizuführen.
- Verstehbarkeit (comprehensibility): Das bedeutet, dass Dinge nicht als chaotisch oder unerklärlich wahrgenommen werden, sondern als nachvollziehbar und sinnvoll.
- Sinnhaftigkeit (meaningfulness): Hierbei geht es darum, dass Menschen eine Bedeutung und Sinnhaftigkeit in ihrem Leben sehen. Dies kann helfen, motiviert zu bleiben und eine positive Einstellung zu bewahren.

Dies wiederum setzt eine Unternehmensführung voraus, die überzeugt davon ist, dass lebenslanges Lernen und die Förderung von Neugier und Eigenverantwortung auch im höheren Alter zur Gesundheit, Leistungsfähigkeit und Zufriedenheit beitragen können und die entsprechenden Rahmenbedingungen dazu schafft.

Mitarbeiter:innen wollen ihren Wertbeitrag im Unternehmen verstehen. Um dies sicherzustellen, braucht es Personalentwicklungsaktivitäten, die kontinuierliche Entwicklung und vielfältige Aktivitäten im Laufe des gesamten Berufslebens ermöglicht und damit die Produktivität und Zufriedenheit der Mitarbeiter:innen aufrechterhält.

Mitarbeiter:innen wollen Freiräume in der Gestaltung ihrer Aufgaben und ihrer Arbeitszeiten (Flexibilität bei der Gestaltung der Arbeitszeit, Teilzeitmöglichkeiten, mobiles Arbeiten, zusätzliche Urlaubstage als Anreiz).

Mitarbeiter:innen wollen Sinn in ihrem Tun sehen und lernen. Mentoringprogramme – Reverse Mentoring und Mentoring im herkömmlichen Sinne – können dazu beitragen, dass ältere Mitarbeiter:innen Spaß daran haben, ihr Wissen und ihre Erfahrung weiter ins Unternehmen einzubringen – und so eine neue Sinnhaftigkeit in der beruflichen Tätigkeit zu finden.

Essenziell für eine erfolgreiche Wiederansprache ist es, dass tragfähige Beziehungen und Freude am miteinander Arbeiten schon während der aktiven Zeit aufgebaut und nach dem Ausscheiden aus dem Unternehmen Netzwerke gepflegt werden – individuell und/oder auf Unternehmensebene, zum Beispiel durch Nutzung von Plattformen, regelmäßigen Updates, Treffen etc.

Haben Sie zu diesem Thema noch etwas hinzuzufügen?

Zum Thema »Age Diversity« bringt es Prof. Dr. Ursula M. Staudinger von der Columbia University, New York gut auf den Punkt: »Every age counts.« Sowie mit folgendem Zitat:

»Vor einigen Jahren wurde in Dänemark eine Studie mit einer repräsentativen Auswahl von Unternehmen durchgeführt, die den Gewinn eines bestimmten Jahres mit der Alterszusammensetzung der Mitarbeiter dieses Unternehmens in Verbindung brachte. Die Studie ergab, dass die profitabelsten Unternehmen diejenigen waren, die eine gleiche Anzahl von Mitarbeitern in jeder Altersgruppe hatten. Dies deutet auf den Vorteil von Altersvielfalt auf Makroebene hin. Vielfalt ist ein heikles Thema – es gibt keine einfachen Antworten. Auf Mikroebene müssen wir uns die Aufgabe ansehen, die von einem bestimmten Team gemanagt werden soll, um zu entscheiden, ob Altersvielfalt hilfreich ist oder nicht. Wenn Geschwindigkeit ein wichtiger Bestandteil der Aufgabe ist, ist eine Altersmischung keine gute Idee. Wenn hingegen nachhaltige Kreativität gefragt ist, wurde gezeigt, dass die Zusammenarbeit von älteren und jüngeren Ingenieuren sehr profitabel sein kann. Unternehmen müssen über die Stärken aller Altersgruppen sprechen und diese sichtbar machen. Gleichzeitig muss die Arbeit so organisiert werden, dass die Schwächen verschiedener Altersgruppen ausgeglichen werden. Wenn Sie die Produktivität in einer Belegschaft in verschiedenen Altersgruppen aufrechterhalten möchten, müssen Sie sicherstellen, dass jedes Alter zählt.« (https://www.basf.com/it/it/who-we-are/core-topics-old/quality-of-life/every-age-counts.html)

ARBEITGEBER. INTERVIEW & STATEMENT 4.

Wüstenrot & Württembergische AG.

Aufgrund des demografischen Wandels und des Fachkräftemangels zeichnet sich eine steigende Relevanz des Age Managements wie auch ein großes Verbesserungspotenzial bei gleichzeitigem Nachholbedarf ab. Es handelt sich nicht um ein gänzlich neues Thema, aber wegen der sich stetig verschärfenden Rahmenbedingungen ist es dringlicher als jemals zuvor. So sind Unternehmen allgemein und spezifisch die W&W-Gruppe gezwungen umzudenken und die in der Anzahl wachsende Zielgruppe der Best Ager* mehr in den HR-Fokus zu rücken. Nicht zuletzt für ein zusätzliches Angebot an Arbeitskräften, sondern auch zur Steigerung der Arbeitgeberattraktivität. Auch im Sinne des Diversitäts-Managements ist es unerlässlich, die gleichen Chancen für alle Mitarbeitergruppen zu ermöglichen. Alter und die Frage nach dem Zusammenspiel der Generationen ist dabei eine Dimension von Vielfalt, die alle betrifft. Es müssen die Potenziale jeden Alters und aller Generationen genutzt und die Mitarbeiter in jeder Lebensphase unterstützt werden. Das heißt, einerseits sollen junge Menschen begeistert werden. Andererseits müssen Mitarbeiter vor Eintritt in den Ruhestand (und darüber hinaus) flexibel, rechtzeitig und gezielt an das Unternehmen gebunden werden, da sie ein unbezahlbares Maß an Erfahrung, Netzwerk und Zuverlässigkeit einbringen. Es bedarf zielgerichteter (Gesundheits-)Angebote sowie attraktiver Lern- und Entwicklungsprogramme für Best Ager, um deren Potenzial zu nutzen. So kann deren Arbeitskraft erhalten bleiben und die langjährigen Mitarbeiter können sich mit gezieltem Engagement einbringen. Egal ob alt oder jung – alle können von einem generationsübergreifenden Austausch profitieren.

Dabei lässt sich feststellen, dass die W&W-Gruppe bereits zahlreiche Arbeitgeberleistungen zur Verfügung stellt. Aufgrund des hohen Altersdurchschnitts bei gleichzeitig einer zum Alter sinkenden Mitarbeiterzufriedenheit stärkt jetzt das neu erarbeitete Konzept »Lebensphase+« die Arbeitsfähigkeit und -motivation der Mitarbeiter. Die vier Handlungsfelder dabei sind »Gesundheitsangebote«, »Weiterentwicklung«, »Wissenstransfer« und »Beschäftigungsangebote«. Es hat sich gezeigt, dass das von der Unternehmensstrategie abgeleitete Bewusstsein und die Unterstützung des Vorstandes gegeben sein müssen, um erfolgreich mit einem Projektvorhaben dieser Art starten zu können. Eine interdisziplinäre Projektgruppe, insbesondere aus HR, muss mit entsprechenden Möglichkeiten an Kapazität und Budget ausgestattet sein, um Maßnahmen zu planen, zu steuern und stetig anpassen zu können. Umfangreiche Analysen zur Altersstruktur im Unternehmen und in den Angeboten sind genauso wichtig wie die nachhaltige Kommunikation auf persönlicher Ebene und über Best-Practice-Beispiele. Es geht somit um die Gleichstellung der Best Ager, nicht aber um deren Bevorzugung. Aus diesem Grund sollen auch keine speziellen Incentivierungsmaßnahmen für die Zielgruppe der Best Ager verfolgt werden, sondern es sollen die zahlreich bestehenden Angebote für jüngere Mitarbeiter auch für Best Ager ausgebaut werden. Es wurde deutlich, dass Führungskräfte in Altersmanagementfähigkeiten sensibilisiert und geschult werden müssen, um so deren Einstellung hin zu »erfahren statt eingefahren« positiv zu beeinflussen. Außerdem sollen die Führungskräfte lernen, Vorteile von altersgemischten Teams zu nutzen, Ziele und Arbeitsbedingungen zielgruppengerecht zu gestalten und die Mitarbeiter bis ins Rentenalter wertschätzend zu fördern und zu fordern. Denn Erfolgsvoraussetzung ist, dass ein regelmäßiger, bedürfnisorientierter und wertschätzender Austausch zwischen Führungskraft und Mitarbeiter mit einem offenen Feedback, echtem Interesse und gezielten Fragen sowie mit Lob und Anerkennung erfolgt. Die Zielgruppe der Mitarbeiter älter als 50 soll nicht konkret genannt, sondern nur HR-intern, insbesondere zu Auswertungszwecken, herangezogen werden. Nur als ganzheitlicher Ansatz für jedes Alter und jede Generation, aber eben auch jede Lebensphase gelingt es, übereinander, voneinander und miteinander zu lernen.

Durch eine nachhaltige Umsetzung dieses emotionalen Themenfelds entlang des HR-Lifecycles kann ein klarer Wettbewerbsvorteil entstehen.

*Aus Gründen der Vereinfachung wird im folgenden Verlauf ausschließlich die männliche Form verwendet. Personen weiblichen wie männlichen Geschlechts, Inter- und Trans-Personen sowie jene, die sich keinem Geschlecht zuordnen wollen oder können, sind darin gleichermaßen eingeschlossen. Gleiches gilt für Begrifflichkeiten wie beispielsweise »Best Ager« oder »ältere Mitarbeiter«, die Personen mit langjähriger Berufs- und Lebenserfahrung beschreiben sollen.

ARBEITGEBER. INTERVIEW & STATEMENT 5.

J. Wagner GmbH.

Als marktführender Hersteller von innovativer Beschichtungstechnik ist die J. Wagner GmbH (ein Teil der WAGNER Gruppe) seit mehr als 75 Jahren ein attraktiver Arbeitgeber in Markdorf am Bodensee.

Im Mai 2022 haben wir als Unternehmen die »Charta der Vielfalt« unterzeichnet und damit ein klares Zeichen für Vielfalt und Toleranz gesetzt – unter anderem im Hinblick auf Generationenvielfalt und Anti-Altersdiskriminierung. Als eines von 5.900 Unternehmen setzen wir uns damit aktiv für ein wertschätzendes und vorurteilsfreies Arbeitsumfeld ein. Das Thema »Alter« beziehungsweise »Generationen« ist eine der sieben Diversity-Dimensionen, die in der »Charta der Vielfalt« verankert sind und hinter welchen wir als Unternehmen stehen. Denn bei Wagner betrachten wir jeden Menschen als Individuum. Unabhängig von Alter, Generationen oder anderen Diversitäts-Merkmalen liegt unser Fokus darauf, jedes Individuum in seiner beziehungsweise ihrer Einzigartigkeit wahrzunehmen, zu schätzen und zu fördern. Das Denken in einer bestimmten Kategorie (z. B. Alter und Generation) ist in unseren Augen in diesem Zusammenhang kontraproduktiv. Der Fokus unserer Kultur liegt darin zu verbinden, statt zu spalten.

Eigenschaften wie Fleiß, Zuverlässigkeit und Gewissenhaftigkeit, die der Generation der Babyboomer zugesprochen werden, sind insgesamt sehr wertvoll – so auch für uns als Arbeitgeber und Unternehmen. Diese sind unserer Ansicht nach jedoch in erster Linie von der Persönlichkeit jedes Einzelnen abhängig und nicht pauschal von einer Generation oder einer bestimmten Altersgruppe geprägt. Vielmehr sind Mitarbeitende der Generation der Babyboomer für uns häufig bedeutende Wissensträger. Als Unternehmen versuchen wir daher, Plattformen und Wege zu finden, über die ein Wissenstransfer stattfinden kann, um die Potenziale und Erfahrungen dieser Mitarbeitenden bereits vor deren Renteneintritt multiplizieren und so an die nachfolgenden Fach- und Führungskräfte weitergeben zu können.

Gleichzeitig stellen wir immer wieder fest, dass jede*r Einzelne von uns zum Teil unbewusste Vorurteile in sich trägt. Diese können wir nur abbauen, indem wir sie uns bewusst machen, uns damit auseinandersetzen und darüber sprechen. Dafür müssen wir zusammenkommen – mit Menschen aller Diversity-Dimensionen – und offen sein für einen ehrlichen und wertschätzenden Austausch untereinander. Diesen wertvollen Austausch der Generationen generell sowie den Austausch aller untereinander fördern wir kontinuierlich, um gegenseitiges Verständnis füreinander zu schaffen und Potenziale zu erkennen.

Hierfür bieten wir unternehmensübergreifend Austauschplattformen wie die »Lunch Lottery« oder die »Coffee Lottery« in unserem neu gestalteten Mitarbeiterrestaurant an. Im Rahmen dieser Formate melden sich Mitarbeitende aller Hierarchiestufen, Altersgruppen und weiterer Vielfaltsmerkmale an und werden per Zufall zu einem gemeinsamen Mittagessen oder Kaffee zusammengewürfelt. Zugleich bilden wir Netzwerke wie »Women of Wagner« und fördern das Zusammenkommen aller Mitarbeitenden durch Aktivitäten wie After Work Events und gemeinsame Sportveranstaltungen.

Wir sind davon überzeugt, dass gemeinsame Interessen, Themen, Projekte und Einstellungen die Menschen unabhängig ihres Alters verbinden. Wir versuchen deshalb, weniger die Grenzen und Unterschiede aufzuzeigen, sondern den Fokus auf das zu richten, was uns vereint.

Im alltäglichen Arbeitsumfeld sind wir außerdem darauf bedacht unterschiedliche Lernweisen zu berücksichtigen – ohne diese zu stark auf das Thema Alter zu pauschalisieren. Die Generation Z mit ihren Wünschen und Bedürfnissen ist auf dem Arbeitsmarkt aktuell stark im Fokus, vergessen wird dabei jedoch häufig, dass es weniger auf einzelne Generationen, sondern auch hier am Ende vielmehr auf das Zusammenspiel untereinander ankommt. Wir versuchen daher ganz bewusst, den Fokus gleichermaßen auf alle Generationen zu legen und beispielsweise durch Trainings zu »Leading Generational Diversity« ein kollegiales Verständnis untereinander zu schaffen. Kernerkenntnisse dieser Trainingsangebote sind, dass ein Großteil der Themen über alle Generationen hinweg gleichermaßen als wichtig empfunden wird, beispielsweise die Arbeitssicherheit. Im kommenden Jahr werden wir das Angebot an Trainings und Impulsen zu diesen Themen noch weiter ausbauen.

Zusätzlich bieten wir vollkommen altersunabhängig Entwicklungsmöglichkeiten für alle Mitarbeitenden an. Hierzu zählen verschiedene Persönlichkeits- und Methoden-Seminare, Sprachkurse sowie Angebote zu den Themen Stressmanagement & Entspannung, um sich physisch und psychisch beziehungsweise mental fit zu halten. Auch die Weiterentwicklung und das Vorankommen innerhalb des Talent Management Prozesses fördern wir unabhängig von der Altersstruktur – und nicht nur bei Jüngeren.

Da Wertschätzung für uns eine der wichtigsten Säulen ist, um die Zufriedenheit und das Engagement aller Mitarbeitenden hochzuhalten, richten wir unsere Unternehmenskultur unter anderem genau danach aus. Wir sind uns dennoch bewusst, dass dies nicht bedeutet, dass es für alle Mitarbeitenden stets nur positive Erfahrungen gibt. Um genau herauszufinden, wie wertgeschätzt sich die jeweilige Generation tatsächlich fühlt, müssen wir die Menschen dieser Zielgruppe gezielt und ergebnisoffen dazu befragen. Wir sind ständig daran interessiert, einen offenen und wertschätzenden Austausch zwischen den Mitarbeitenden und dem Unternehmen zu schaffen, um Verbesserungen zu ermöglichen und gemeinsam passende Wege zu gehen. In diesem

Zusammenhang bieten wir zum einen über unser strukturiertes Jahresgespräch zwischen Mitarbeitenden und Führungskraft einen Rahmen, um aktiv Feedback zu geben. Zum anderen planen wir, über Workshops mit Teilnehmenden aller Altersgruppen Erwartungen und Wünsche direkt abzufragen.

Außerdem bieten wir verschiedene Austauschplattformen und Lernangebote. Beispielsweise über Erlebnistrainings mit VR-Brillen, die jedem ermöglichen, ein »Alters-Setting« zu durchlaufen und dabei den Alltag inklusive typischer Vorurteile aus der Sicht von jüngeren beziehungsweise älteren Personen zu erleben. Anschließend tauschen wir uns mit den Teilnehmern über die Auswirkungen im Miteinander aus und fördern damit die Kommunikation und das Verständnis.

Um frühzeitig den Übergang in die Rente zu planen, führen wir daher aktuell bereits drei Jahre vor Renteneintritt ein erstes Renteneintrittsgespräch, um die Plattform für einen entsprechenden Austausch zu schaffen, falls die Mitarbeitenden nicht bereits im Vorfeld aktiv den Austausch gesucht haben. In diesen Gesprächen nehmen wir häufig das Interesse wahr, dass Personen über die Regelaltersgrenze hinaus tätig sein wollen, und fördern dies durch individuelle Vertragsmöglichkeiten wie Beraterverträge oder befristete Teil- und Vollzeit-Folgeverträge.

Aber auch für die Personen, die gerne früher aus dem Arbeitsleben in die Rente gehen möchten, suchen wir gleichermaßen nach individuellen, passenden Lösungen. Für diese Personen liegt der Fokus weniger auf den Themen Weiterentwicklung und Perspektive, sondern vielmehr auf Benefits wie beispielsweise der Möglichkeit, über einen verfrühten Renteneintritt einen lukrativen Weg zum Austritt aus dem Unternehmen zu gehen.

Zusammenfassend lässt sich sagen, dass für uns der Schlüssel für ein positives Miteinander zwischen Mitarbeitenden und Unternehmen in einem offenen Austausch liegt. Indem wir die Anregungen und Interessen unseres Gegenübers wahrnehmen und seine beziehungsweise ihre Motivation für die Zukunft verstehen, können wir die richtigen Wege finden, um Menschen aller Altersgruppen entsprechend ihren Fähigkeiten und Vorstellungen einzubinden. Dieses »Gesehen-und-wertgeschätzt-werden« halten wir für die richtige Motivation, die die Generation der Babyboomer als wertvolles HR-Potenzial im Arbeitsleben erhalten kann.

EXKURS. YouGov. Repräsentative Umfrage zum Arbeiten im Rentenalter.

Ruhestand ade? Die Wahrnehmung von Arbeitnehmer:innen und Unternehmensentscheidern über Arbeit im Rentenalter.

In rund zehn Jahren ist es so weit: Die letzten der Generation Babyboomer (Jahrgänge 1957 bis 1969) zugerechneten Arbeitnehmerinnen und Arbeitnehmern werden zur Seite treten und den Arbeitsmarkt Richtung Ruhestand verlassen. Das Ausscheiden der geburtenstarken Jahrgänge verstärkt die Herausforderungen, denen sich Unternehmen und öffentliche Institutionen in einer alternden Bevölkerung bei der Suche nach Fachkräften und Mitarbeiterinnen und Mitarbeitern gegenübersehen.

Die von Politik und Wirtschaft geforderten, geförderten und umgesetzten Initiativen, um den Auswirkungen des Arbeitskräftemangels entgegenzuwirken, sind vielfältig. Beispielhaft gehören hierzu Steuerfreibeträge oder das Wegfallen der Hinzuverdienstgrenze bei vorgezogenen Altersrenten für berufstätige Rentnerinnen und Rentner, die schrittweise Anhebung des Renteneintrittsalters auf 67 sowie Programme von Unternehmen, Mitarbeitende über das Renteneintrittsalter hinaus zu halten.

Anhand aktueller Erhebungsdaten des internationalen Markt- und Meinungsforschungsinstituts YouGov werfen wir einen Blick auf Einstellungen der Bevölkerung in Deutschland sowie der Zielgruppe der Arbeitnehmer zum Thema Arbeiten nach Erreichen des Renteneintrittsalters und möglichen Motivatoren für ein berufliches Engagement im Ruhestand. Zusätzlich betrachten wir die Gründe, warum Personen, die aktuell in Rente, Pension oder Ruhestand sind, weiterhin beruflich aktiv sind.

Die Ergebnisse einer Befragung unter Entscheidungsträgerinnen und Entscheidungsträgern in Unternehmen ergänzen Einstellungen der Wirtschaft zur Thematik am Standort Deutschland.

Ältere Arbeitnehmer in Unternehmen geschätzt, aber bei der Jobvergabe benachteiligt.

Blicken wir zunächst auf die Wahrnehmung von Entscheidungsträgern aus in Deutschland ansässigen Unternehmen gegenüber älteren Arbeitnehmern, um ein Gefühl für deren Standing in Unternehmen zu bekommen.

Die große Mehrheit (91%) der befragten Unternehmens-Entscheiderinnen und -Entscheider sind der Meinung, dass Arbeitnehmer über 60 einen wichtigen Beitrag für den Erfolg von Unternehmen leisten können.

Ebenfalls eine Mehrheit (57 %) verneint die Aussage, dass Arbeitnehmer über 60 ihre Zeit bis zur Rente nur noch absitzen. Allerdings ist die Haltung der Entscheider hier eher gespalten: Weitere 38 % sind durchaus der Ansicht, dass Arbeitnehmer dies tun. Drei von fünf Unternehmensentscheidern (62 %) sehen bei der Belegschaft Ü-60 keine geringere Leistungsbereitschaft als bei jüngeren. Bei der Frage nach der Leistungsfähigkeit ist die Einschätzung allerdings weniger eindeutig. Die eine Hälfte der Entscheidungsträger (46 %) sieht bei den älteren Mitarbeitern keine geringere Leistungsfähigkeit als bei Jüngeren, knapp genauso viele (50 %) hingegen schon. Hier spielen wahrscheinlich die betreffende Branche sowie der Grad beziehungsweise die Schwere der körperlichen Arbeit im Unternehmen des Befragten eine Rolle bei der Einschätzung.

Etwa die Hälfte der Unternehmensentscheider (47 %) sieht Arbeitnehmer über 60 von den Unternehmen ausreichend wertgeschätzt (Abbildung 29).

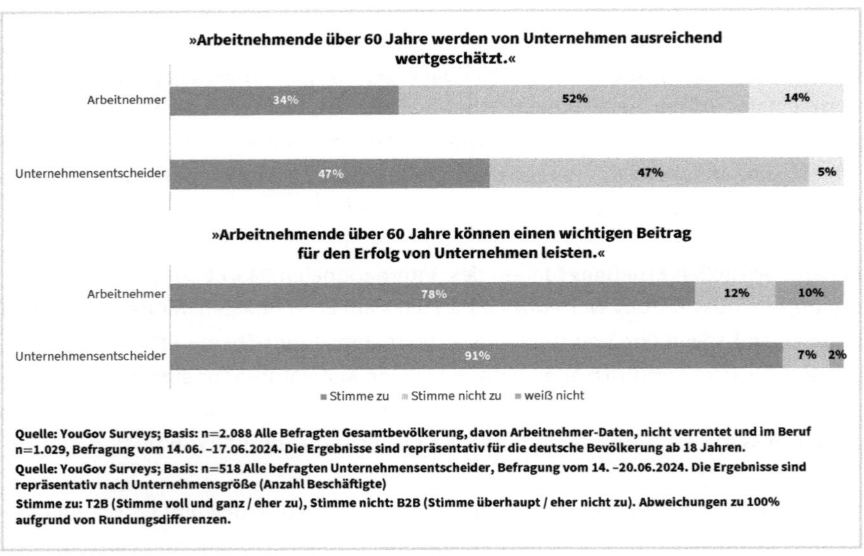

Abb. 29: Wertschätzung Arbeitnehmender über 60 Jahre

Trotz dieser grundsätzlich positiven Wahrnehmung deuten die Daten auch auf Herausforderungen beziehungsweise Benachteiligungen hin, denen sich ältere Arbeitnehmerinnen und Arbeitnehmer in Unternehmen gegenübersehen. Rund vier von fünf (79 %) der Unternehmensentscheider sind der Ansicht, dass Führungskräfte Mitarbeiter unter 60 Jahren bei verantwortungsvollen Aufgaben bevorzugen. Ein etwas höherer Anteil (84 %) gibt an, dass Unternehmen eher in den Nachwuchs als in ältere Arbeitskräfte investieren. Und 82 % sehen Arbeitnehmer ab 55 Jahren bei der Stellenvergabe benachteiligt.

Mehr als ein Drittel der Berufstätigen wäre bereit weiterzuarbeiten.

Die Hälfte (50 %) der befragten Berufstätigen wäre bereit, sich nach Erreichen des Renteneintrittsalters weiterhin beruflich zu engagieren. Für Unternehmen und Institutionen, die von Arbeits- und Fachkräftemangel und dem Verlust erfahrener Mitarbeiter betroffen sind, stellt diese Gruppe ein hohes Potenzial dar, um die Herausforderungen des Arbeitsmarktes zumindest in Ansätzen abzufedern.

Unsere Daten zeigen allerdings auch, dass Unternehmen und Politik in der Verantwortung gesehen werden, Rahmenbedingungen abzustecken und über Möglichkeiten des beruflichen Engagements über das Renteneintrittsalter hinaus zu informieren beziehungsweise aufzuklären, um diese Potenzialgruppe zu aktivieren.

So gibt zwar einerseits etwas mehr als ein Drittel (37 %) der berufstätigen Befragten an, gut über die Möglichkeiten rund um ein berufliches Engagement nach dem Erreichen des Rentenalters informiert zu sein, andererseits fühlt sich aber auch die Hälfte (50 %) der Befragten in dieser Gruppe nicht gut informiert. Rund sechs von zehn (59 %) sind nicht der Ansicht, dass die Wirtschaft genug Anreize schaffe, damit Menschen nach dem Erreichen des Rentenalters weiter in ihrem Beruf arbeiten. Ein nur geringfügig höherer Anteil (61 %) findet, dass die Politik nicht genügend Anreize schaffe (Abbildung 30).

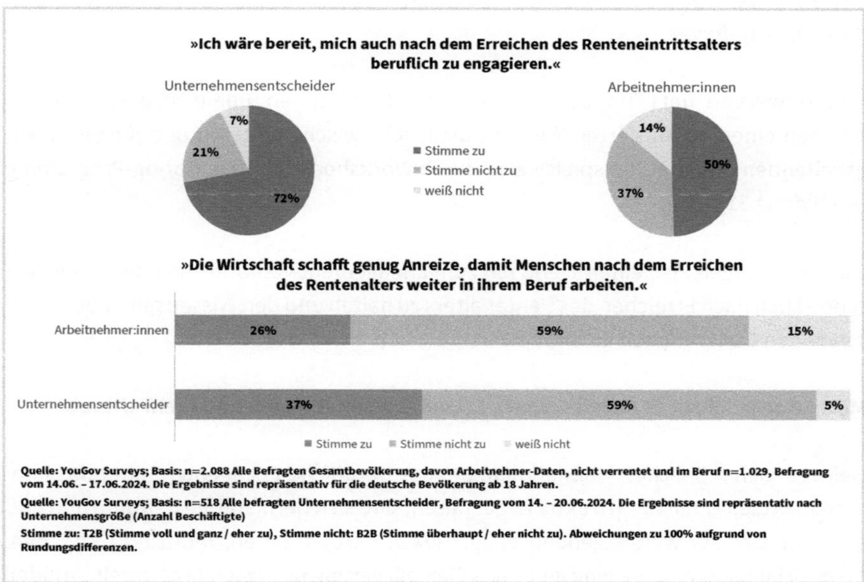

Abb. 30: Berufliches Engagement und Anreize für das Arbeiten nach dem Erreichen des Renteneintrittsalters

Wenn wir einen Blick auf die Ergebnisse unserer Befragung unter Unternehmensentscheidern werfen, zeichnet sich ein ähnliches Bild. Zwar gibt eine Mehrheit (56 %) an, sich gut über Möglichkeiten informiert zu fühlen, wie sie auch nach dem Erreichen des Rentenalters beruflich tätig sein können. Jedoch sagen auch hier lediglich 37 %, dass die Wirtschaft und 36 %, dass die Politik, genug Anreize schaffe, damit Menschen nach dem Erreichen des Rentenalters weiter in ihrem Beruf arbeiten wollen. Gleichzeitig ist das Potenzial, erfahrene Mitarbeiterinnen und Mitarbeiter auch über das Renteneintrittsalter hinaus zu halten, in dieser Gruppe noch einmal deutlich höher: Fast drei Viertel (72 %) der Befragten in unternehmerischer Entscheidungsfunktion zeigen sich bereit, auch nach der Verrentung weiterzuarbeiten.

Unternehmen geben die Möglichkeiten, nach Verrentung weiterzuarbeiten.

Damit jene, die Interesse daran haben, auch nach Erreichen des Renteneintrittsalters weiter beruflich tätig zu sein, letztendlich auch die Möglichkeit dazu haben, müssen Unternehmen entsprechende Initiativen und Angebote aufweisen.

Grundsätzlich scheinen die Unternehmen der befragten Entscheidungsträger hier gut aufgestellt: 63 % geben an, dass es in ihrem Unternehmen die Möglichkeit für Mitarbeiter gibt, auch nach dem Erreichen des Renteneintrittsalters im Unternehmen weiterzuarbeiten. Auch zeigen die Daten, dass ein nicht geringer Anteil der Unternehmen der Befragten Verrentete aufgrund von Fachkräftemangel in Vollzeit (42%) oder Teilzeit (50 %) beschäftigen.

Knapp zwei von fünf (37 %) der befragten Entscheide geben zudem an, dass ihr Unternehmen einen organisierten Wissensaustausch zwischen älteren und jüngeren Mitarbeitenden anbietet, beispielsweise durch Workshops oder Mentoring-Programme (Abbildung 31).

Die Daten zeigen also einen Trend hin zum Engagement von Unternehmen, Mitarbeitende auch nach Erreichen des Rentenalters zu halten und den Wissensaustausch zwischen den Generationen zu fördern.

Motivatoren: Flexible Arbeitszeiten, Steuererleichterungen und mehr Urlaub.

Gefragt nach möglichen Maßnahmen, um das berufliche Engagement über das Renteneintrittsalter hinaus attraktiv zu gestalten, sind sich berufstätige Befragte und Entscheidungsträger weitestgehend einig: Flexible Arbeitszeiten, reduzierte Abgaben, mehr Urlaubstage sowie eine generelle Flexibilisierung bezüglich Arbeitszeit, -modell und -ort führen die Liste möglicher Motivatoren an. Die Daten zeigen eine deutliche Tendenz, dass monetäre und strukturelle Anreize als wichtiger erachtet werden als weiche, eher auf das Miteinander bezogene. So sagt ein Drittel (33 %) der Berufstäti-

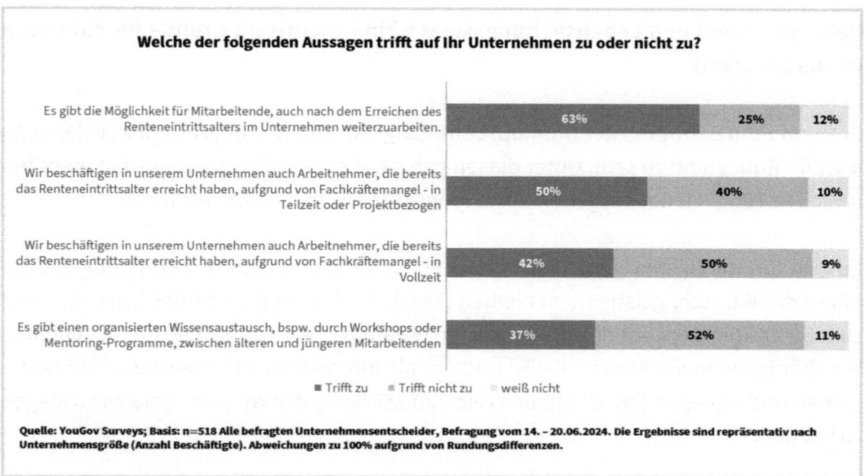

Abb. 31: Einschätzung seitens Unternehmen hinsichtlich Senior Expert Engagement

gen und 35% der Entscheidungsträger, dass Maßnahmen zur Wertschätzung relevant seien. Programme zur Wissensvermittlung sind für 27% der Berufstätigen sowie für jeden dritten Entscheidungsträger (33%) relevant.

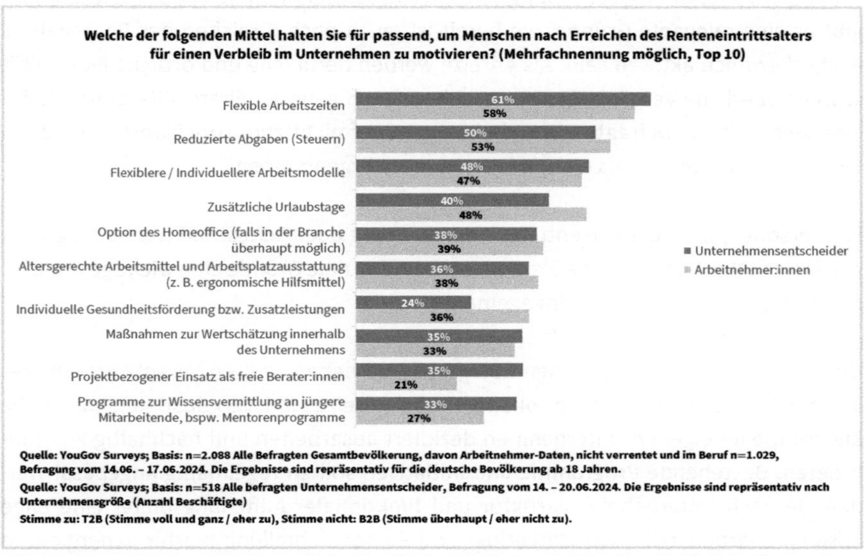

Abb. 32: Bewertung von Mitteln zur Motivation älterer Mitarbeitender für einen Verbleib im Unternehmen nach dem Erreichen des Renteneintrittsalters

Geistige Fitness und Lebenshaltungskosten sind wichtigste Gründe für ein Leben im Unruhestand.

Drei von zehn Befragten der Omnibusbefragung (30%) geben an, verrentet, in Pension oder im Ruhestand zu sein. Unter diesen gab ein Viertel (26%) an, weiterhin einer beruflichen Tätigkeit nachzugehen beziehungsweise Geld hinzuzuverdienen.

Zu den am häufigsten genannten Gründen für eine verlängerte Berufstätigkeit gehören der Wunsch, geistig fit zu bleiben (44%), die Notwendigkeit des Zuverdienstes zum Bestreiten der Lebenshaltungskosten wegen zu geringer Bezüge (41%), fehlende Beschäftigung in der Freizeit (39%) und soziale Interaktion, beispielsweise mit Kolleginnen und Kollegen (38%). Ähnlich relevant (37%) ist der Wunsch, Geld zurücklegen zu können.

Lediglich 17% jener, die trotz Erhalt von Altersbezügen arbeiten, geben an, dass sie von ihrem Arbeitgeber gebeten wurden, weiterhin für ihr Unternehmen tätig zu sein, und nur 15% sagen, dass ihnen der Job selbst gefehlt habe.

FAZIT.

Unter den im Rahmen der Erhebung befragten Arbeitnehmerinnen und Arbeitnehmern gibt es eine relevante Gruppe, die bereit ist, auch nach Erreichen des Rentenalters weiter beruflich aktiv zu sein. Als Anreize werden berufliche und örtliche Flexibilität sowie steuerliche Vergünstigungen gesehen. Auch gehören ältere Mitarbeitende für eine Mehrheit der befragten Entscheidungsträger nicht zum sprichwörtlichen alten Eisen, sondern werden als eine Bereicherung wahrgenommen.

Für Personen, die trotz Verrentung, Pensionierung oder Ruhestand weiter tätig sind, spielen geistige Fitness sowie ökonomische und soziale Gründe eine wichtige Rolle für ihr fortgesetztes berufliches Engagement.

Um das Potenzial in der eigenen Belegschaft zu heben, sollten Verantwortliche relevante Maßnahmen, Vorteile, ökonomische Anreize und Vergünstigungen für die Zielgruppe im eigenen Unternehmen dezidiert ausarbeiten und nachhaltig kommunizieren. Bestehende Programme und Initiativen sollten regelmäßig angepasst werden. Je nach Unternehmensstruktur und funktionaler Aufteilung bietet eine enge Zusammenarbeit zwischen Marketing- und Personalabteilung hierfür Synergien. In Kombination mit der Fortentwicklung und Verabschiedung geeigneter politischer Maßnahmen kann die Weiterverpflichtung von Arbeitnehmern über das Renteneintrittsalter hinaus ein Teil des Puzzles sein, mit dem auf die Herausforderungen des demografischen Wandels auf dem Arbeitsmarkt reagiert werden kann.

Abseits der Bereitschaft von mehr als einem Drittel der Arbeitnehmenden, auch im Rentenalter weiterzuarbeiten, träfe eine Einführung der Rente mit 70, die in regelmäßigen Abständen in Politik und Wirtschaft gefordert und diskutiert wird, in der Bevölkerung auf wenig Gegenliebe. Rund vier von fünf Deutschen (78%) lehnen eine Erhöhung des Renteneintrittsalters ohne Abzüge auf 70 Jahre ab. Lediglich 16% der deutschen Gesamtbevölkerung wären damit einverstanden. Zwar gibt es hier einen Alterseffekt – in den jüngeren Gruppen ist die Ablehnung geringer –, doch finden sich auch hier keine Mehrheiten für eine Erhöhung des Renteneintrittsalters.

Methode.

Die im Text vorgestellten Daten wurden von YouGov Deutschland als Eigenstudien auf Basis von YouGov Surveys durchgeführt. Die Daten dieser Befragungen basieren auf Onlineinterviews mit Mitgliedern des unternehmenseigenen YouGov Panels. Die Mitglieder des Panels haben der Teilnahme an Onlineinterviews zugestimmt.

Für die Abfrage des Stimmungsbildes in der Gesamtbevölkerung wurden im Zeitraum 14.–17.06.2024 insgesamt 2.088 Personen nach vorgegebenen Quoten (Alter, Geschlecht und Region) befragt. Die Stichprobe bildet die Wohnbevölkerung Deutschlands ab 18 Jahren hinsichtlich dieser Quotenmerkmale ab. An einigen Stellen werden die %-Werte von aggregierten TOP2Box- (stimme eher zu/voll und ganz zu) beziehungsweise BOTTOM2-Box-Skalenpunkten (stimme überhaupt nicht/eher nicht zu) verwendet.

Für die Abfrage des Stimmungsbildes unter Unternehmensentscheidern wurden im Zeitraum 14.–20.06.2024 insgesamt 518 Personen in Entscheidungsfunktionen aus in Deutschland ansässigen Unternehmen nach vorgegebenen Quoten (Beschäftigtenanteil je Unternehmensgröße) befragt. Die Stichprobe bildet die Zielgruppe hinsichtlich dieser Quotenmerkmale ab. An einigen Stellen werden die %-Werte von aggregierten TOP2Box- (stimme eher zu/voll und ganz zu) beziehungsweise BOTTOM2-Box-Skalenpunkten (stimme überhaupt nicht/eher nicht zu) verwendet.

6 Empfehlungen. Für Arbeitgeber. Zum »richtigen« Umgang mit Babyboomern.

Arbeitgeber und Personalverantwortliche, Teams und Kolleg:innen – sie alle suchen nach dem richtigen Weg, um ältere Arbeitnehmer:innen adäquat anzusprechen, sich mit ihnen auszutauschen, den richtigen Ton und die passenden Inhalte zu finden, sie für sich zu gewinnen und an sich (als Arbeitgeber und Unternehmen) zu binden. Die Steilvorlagen und Fettnäpfe, die es dabei zu nehmen beziehungsweise zu vermeiden gilt, werden im folgenden Kapitel zusammengefasst.

6.1 DOs & DON'Ts. Ansprache und Bindung von Babyboomern.

Wie geht Sie am besten mit der vielversprechenden HR-Zielgruppe der Babyboomer um – und was sollten Sie im Umgang mit ihnen vermeiden?! Die DOs & DON'Ts für Arbeitgeber und Personalentscheider: innen beziehen sich vor allem auf das Definieren älterer Arbeitnehmer:innen als eine HR-Zielgruppe mit einem uniquen Mehrwert für Unternehmen, das Priorisieren des Ansprechens, Motivierens und Bindens erfahrener Mitarbeiter:innen sowie das Überwinden von Generationenmissverständnissen beziehungsweise -konflikten.

DOs.

Wie Sie die HR-Zielgruppe der Babyboomer für sich gewinnen:

DO 1. Priorität auf Motivation und Bindung älterer Mitarbeiter:innen legen.

Prioritäten setzen: Erkennen Sie als Arbeitgeber den oft unterschätzten Wert älterer Mitarbeiter:innen und investieren Sie in ihre Motivation und Bindung. Schaffen Sie sinnstiftende Arbeitsmöglichkeiten für Ihre Mitarbeiter:innen bis ins hohe Alter, um ihr Wohlbefinden, ihre Produktivität und Loyalität zu steigern. Nutzen Sie ältere Mitarbeiter:innen als Multiplikator:innen, um ihre Erfahrungen und Wissen an jüngere Kolleg:innen weiterzugeben.

DO 2. Ein neues Verständnis für Weiterbildung entwickeln.

Weiterbildung für alle forcieren: Ermöglichen Sie auch erfahrenen Mitarbeiter:innen ein kontinuierliches Weiterbilden und damit ein Weiterentwickeln zum Vertiefen ihrer fachspezifischen Expertise. Integrieren Sie ältere Mitarbeiter:innen frühzeitig in neue Projekte außerhalb ihres bisherigen Kernbereichs und organisieren sowie finanzieren Sie die dafür notwendigen Weiterbildungen. Schaffen Sie Anreize für ältere Mitarbeiter:innen, sich freiwillig an neuen Themen und Projekten wie Innovationen oder Digitalisierung zu beteiligen und betonen Sie die Wertschätzung ihrer Beiträge.

DO 3. Konkrete Karrierepfade aufzeigen und gestalten.

Entwicklung im Alter ermöglichen: Überzeugen Sie ältere Mitarbeiter:innen von individuellen Entwicklungsmöglichkeiten und unterstützen Sie diese aktiv dabei. Fördern Sie das Experimentieren und den Austausch zwischen Jung und Alt in Ihrer Belegschaft, um sowohl eine dynamische und innovationsaffine Arbeitsumgebung zu schaffen, als auch die Arbeits- sowie Mitarbeiterzufriedenheit zu steigern.

DON'Ts.

Was Sie als Arbeitgeber vermeiden sollten, um die HR-Zielgruppe der Babyboomer nicht zu verlieren:

DON'T 1. Ältere Mitarbeiter:innen vernachlässigen.

Motivation nur für Jüngere: Vernachlässigen Sie als Arbeitgeber nicht die Motivation und Bindung älterer Mitarbeiter:innen zugunsten jüngerer Arbeitskräfte und deren Förderung. Unterschätzen Sie nicht den Wert der Erfahrung und Expertise, über die ältere Arbeitnehmer:innen verfügen, vor allem angesichts eines sich schnell verändernden Arbeitsumfelds.

DON'T 2. Anhand von Stereotypen über ältere Arbeitnehmer:innen urteilen.

Vorurteile nicht infrage stellen: Arbeiten Sie nicht auf der Basis veralteter Annahmen über ältere Arbeitnehmer:innen, sondern erkennen Sie neben ihrer Erfahrung und ihrem Wissen auch ihre digitale beziehungsweise technische Kompetenz und Anpassungsfähigkeit an – die »neuen Alten« sind anders als die »alten Alten«. Vermeiden Sie es, ältere Mitarbeiter:innen aufgrund ihres Alters in ihrer Weiterentwicklung zu unterschätzen und nicht kontinuierlich und ausreichend zu fördern.

DON'T 3. Den Austausch zwischen den Generationen ignorieren.

Kommunikation vernachlässigen: Lassen Sie den Austausch zwischen Jung und Alt in der Belegschaft nicht außer Acht, sondern fördern Sie proaktiv die generationenübergreifende, altersunabhängige und interdisziplinäre Zusammenarbeit in Teams. Vermeiden Sie, dass ältere Mitarbeiter:innen isoliert von jüngeren Kolleg:innen arbeiten, um so eine dynamische und innovative Arbeitskultur zu schaffen.

DOs & DON'Ts. SUMMARY.

Zum Gewinnen und Binden von Senior Professionals und Senior Experts sollten Arbeitgeber, Recruiter:innen und Personalverantwortliche vor allem die folgenden Elemente im Umgang mit älteren Arbeitnehmer:innen und Mitarbeiter:innen beachten:

- **Wertschätzen.** Ältere Mitarbeiter:innen wertschätzen und beachten. – Nie unterschätzen.
- **Verstehen.** Verständnis für die Bedürfnisse von Älteren aufbauen. – Nie weghören.
- **Motivieren.** Motivation und Bindung älterer Mitarbeiter:innen priorisieren. – Nie vernachlässigen.

- **Entwickeln.** Älteren Mitarbeiter:innen konkrete Karrierepfade anbieten und umsetzen. – Nie übergehen.
- **Kommunizieren.** Kontinuierlichen Austausch zwischen den Generationen fördern. – Nie Silos zulassen.

6.2 CHECKLISTE. Maßnahmen für Babyboomer.

Was ist im Umgang mit der herausfordernden Generation und wertvollen HR-Zielgruppe der Babyboomer zu beachten? Die richtigen Schwerpunkte im Umgang mit älteren Mitarbeiter:innen werden im Folgenden anhand einer »From Grey to Gold« To-do-Liste (Abbildung 33) sowie anhand von Checklisten-Punkten beschrieben:

- Prüfen Sie das Altersgefüge in Ihrem Betrieb. Wer geht in den nächsten fünf bis zehn Jahren in Rente und welche Stellen sind Schlüsselpositionen?
- Erstellen Sie aus diesen Erkenntnissen einen Masterplan. Verstärken Sie das Recruiting und/oder die Bindung bestehender Mitarbeiter:innen und gestalten Sie ein längeres Arbeiten attraktiv für angehende »Rentner:innen«.
- Kümmern Sie sich frühzeitig um die richtigen Instrumente, die sie benötigen, um für diese HR-Herausforderung gewappnet zu sein.
- Sorgen Sie für eine Kultur der Akzeptanz, Toleranz und gegenseitige Wertschätzung gegenüber Älteren. Sonst sind interne Probleme in den nächsten Jahren vorprogrammiert.
- Setzen Sie HR-Maßnahmen um, die die Mitarbeiterbindung erhöhen. Je lieber Mitarbeiter:innen über das Rentenalter hinaus bei Ihnen tätig sind, umso geringer sind alle vorgenannten Probleme.

Abb. 33: »From Grey to Gold« To-do-Liste für Arbeitgeber (in Anlehnung an El-Dabbagh 2022)

DIE ÄLTEREN PRIORISIEREN.

BOOMER CHECK 1. Respektvolle Sprache gegenüber älteren Mitarbeiter:innen verwenden.

Hochachtung gegenüber Älteren: Vermeiden Sie es, Mitarbeiter:innen als »alt« zu bezeichnen oder derart anzusprechen. Achten Sie darauf, respektvolle und inklusive Begrifflichkeiten zu verwenden, die das Alter nicht betonen oder ausgrenzen.

BOOMER CHECK 2. Inklusive Formulierungen in Stellenanzeigen und Kommunikation wählen.

Keine ausschließende Sprache: Vermeiden Sie in Stellenanzeigen, nach Mitarbeiter:innen für »junge« Teams zu suchen. Nutzen Sie Begriffe, die alle Altersgruppen ansprechen und möglichst keine potenziellen Kandidat:innen ausschließen.

BOOMER CHECK 3. Sich frühzeitig beziehungsweise rechtzeitig für ältere Mitarbeiter:innen engagieren.

Strategische Planung: Überprüfen Sie regelmäßig die Altersstruktur der Belegschaft, um ältere Mitarbeiter:innen zu identifizieren, die bald das Renteneintrittsalter erreichen könnten. Suchen Sie rechtzeitig das Gespräch, um ihre Pläne zu verstehen und sie bei Bedarf zu motivieren, im Unternehmen zu bleiben.

BOOMER CHECK 4. Verständnis für die Stärken älterer Mitarbeiter:innen aufbauen.

Schaffen von Bewusstsein: Bauen Sie ein unternehmensinternes, abteilungsübergreifendes Wissen über die Stärken und Schwächen sowie Kompetenzen Ihrer älteren Mitarbeiter:innen auf, um diese angemessen einsetzen zu können – und sie weder zu über- noch zu unterfordern.

BOOMER CHECK 5. Spaß, Sinn und Geld ins Spiel bringen.

Betonung von Benefits: Nutzen Sie sowohl das Monetäre als auch das Sinngebende, um ältere Arbeitnehmer:innen für sich zu gewinnen. Die Rückkehr von Senior:innen auf den Arbeitsmarkt ist nicht allein durch Geldmangel motiviert (FOCUS online 2024a). Laut dem Institut der Deutschen Wirtschaft (IW Köln) bleibt ein bedeutender Teil älterer Beschäftigter aus Freude an der Arbeit, den sozialen Kontakten sowie wegen der Sinngebung im Beruf. Zusätzlich spielen finanzielle Überlegungen bei vielen arbeitenden Ruheständler:innen eine Rolle – sei es aufgrund niedriger Renten, fehlender zusätzlicher Einkünfte oder zur Finanzierung von Hobbys und Freizeitaktivitäten (FOCUS online 2023).

BOOMER CHECK 6. Zuverlässigkeit, Einsatz und Fleiß wertschätzen.

Bewusstsein für Vorteile: Lernen Sie als Arbeitgeber die Zuverlässigkeit und Einsatzbereitschaft, den Fleiß sowie die Bereitschaft älterer Mitarbeiter:innen, sich auch am Ende des Berufslebens weiterzubilden, zu schätzen. Dafür können beispielsweise auf Karriereportalen Tipps und gezielte Stellenangebote für ältere Arbeitnehmer:innen gegeben werden, insbesondere für Tätigkeiten, die von zu Hause aus erledigt werden können. Die Bezahlung solcher Jobs ist oft verhandelbar, wobei (ältere) Arbeitnehmer:innen mit einer großen fachlichen Expertise meistens einen deutlichen Vorteil beim Verhandlungsspielraum haben.

BOOMER CHECK 7. Intrinsische Motivation erkennen und nutzen.

Bewusstsein für Motive: Erkennen Sie, dass die Entscheidung, im Rentenalter weiterzuarbeiten, bei vielen älteren Arbeitnehmer:innen nicht allein auf finanziellen Erwägungen basiert, sondern auch auf persönlichen Motiven. Viele Akademiker:innen sehen beispielsweise im Rentenalter den Höhepunkt ihrer Karriere und möchten ihr Fachwissen und ihre Expertise weiterhin teilen. Zudem erleben viele Senior:innen nach dem Eintritt in den Ruhestand ein Gefühl der Leere, Sinn- und Nutzlosigkeit, da ihnen die tägliche Struktur und der soziale Kontakt im Arbeitsumfeld fehlen. Arbeit kann somit auch als Mittel gegen Einsamkeit im Alter dienen.

BOOMER CHECK 8. Bedürfnisse erfahrener Mitarbeiter:innen befriedigen.

Identifizieren von Erwartungen: Untersuchungen zeigen, dass ältere Arbeitnehmer:innen vor allem Flexibilität bei der Arbeitszeit wünschen. Nutzen Sie das Wissen, dass viele Ältere nicht mehr in Vollzeit arbeiten, aber auch nicht vollständig aufhören möchten. Dabei erweisen sich Weiterbildungsmöglichkeiten für weniger körperlich belastende Tätigkeiten als vielversprechend. Eine Gehaltserhöhung oder Prämien können jedoch relativ wenige ältere Arbeitnehmer:innen zur Rückkehr in den Beruf motivieren.

BOOMER CHECK 9. In Lebensphasen denken.

Relevanz von Lebensabschnitten: Beachten Sie, dass ältere Menschen eine äußerst heterogene Zielgruppe sind. Daher sollten Sie als Arbeitgeber statt Altersgruppen eher Lebensphasengruppen betrachten. So ist auch das Modell »Learn, earn, retire« veraltet, was Lebens- und Gesundheitsspannen angeht. Stattdessen gibt es mittlerweile dynamische Phasen wie Arbeiten, Pause (z. B. für Kinder oder Enkel), in neuer Rolle arbeiten, Weiterbildung, Umschulung beziehungsweise reduziert arbeiten.

BOOMER CHECK 10. Geduldig sein und am Ball bleiben.

Langfristige Denkweise: Erkennen Sie, dass ein Nein zum Job im Alter nicht zwangsläufig bedeutet, dass der Kontakt für immer verloren ist. Ratsam ist es, ehemalige Mitarbeiter:innen nach einigen Monaten im Ruhestand zu kontaktieren und zu fragen, wie es ihnen geht. Wenn Unzufriedenheit im Spiel ist, können Unternehmen entsprechende Angebote machen. Denn viele Ältere starten zwar enthusiastisch in den Ruhestand, realisieren jedoch nach einiger Zeit, dass ihnen etwas fehlt – und so manche würden gern wieder in ihren Job beziehungsweise zu ihrem alten Arbeitgeber zurückkehren.

BOOMER CHECK 11. Den Blick auf die älteren Arbeitnehmer:innen verändern.

Aufdecken von Vorurteilen: Setzen Sie sich mit Ageism auseinander, das heißt mit jenen Kontexten, in denen (abwertende) Haltungen inklusive Kommentare über alte Menschen bestehen, die man keiner anderen Gruppe gegenüber hegt. Wenn vier oder fünf Generationen zusammenarbeiten, wird Ageism zwangsläufig zunehmen – gleichzeitig kann New Work zu Altersdiskriminierung in Betrieben führen, etwa durch das Vorurteil »Moderne Arbeit ist jung«. Aber Innovation ist keine Frage des Alters: Studien zeigen, dass junge Mitarbeiter:innen nicht unbedingt innovativer sind als ältere. Sie experimentieren zwar mehr, doch für den Transfer in echte Lösungen ist die Erfahrung der Älteren wichtig. Sie wissen, wo Innovationspotenziale liegen und welche Wege zur Umsetzung führen.

DIE JÜNGEREN EINBEZIEHEN.

BOOMER CHECK 12. Mentorenrolle älterer Mitarbeiter:innen fördern.

Coaching-Rollen: Fördern Sie ältere Mitarbeiter:innen dabei, jüngere Teammitglieder zu begleiten und ihr Wissen sowie ihre Erfahrung zu teilen – dies stärkt nicht nur die jüngeren Mitarbeiter:innen, sondern kommt auch dem Unternehmen zugute.

BOOMER CHECK 13. Wissen älterer Mitarbeiter:innen nutzen und weitergeben.

Generationenwechsel: Entwickeln Sie Strategien und Maßnahmen, um das Wissen älterer Mitarbeiter:innen optimal zu nutzen und an jüngere Teammitglieder weiterzugeben, um den Verlust dieses geballten Know-how nicht zu riskieren.

BOOMER CHECK 14. Reaktionen jüngerer Mitarbeiter:innen berücksichtigen.

Generationen-Gap: Beachten Sie bei der Ansprache und Einbindung älterer Mitarbeiter:innen, dass jüngere Mitarbeiter:innen durch diese Maßnahmen irritiert oder eingeschüchtert werden könnten. Geben Sie ihnen Raum, ihre Karriereziele zu verfolgen, ohne sich durch ältere Kolleg:innen ausgebremst zu fühlen oder sogar aufgrund älterer Kolleg:innen benachteiligt zu werden.

BOOMER CHECK 15. Konflikten zwischen Generationen vorbeugen.

Generationenkonflikt: Schaffen Sie Verständnis füreinander, zwischen Jüngeren und Älteren. Fördern Sie den Austausch, um Vorurteile zu vermeiden beziehungsweise diese abzubauen und eine harmonische sowie produktive Zusammenarbeit zu ermöglichen.

BOOMER CHECK 16. Brücken zwischen Generationen bauen.

Generationenverständnis: Entwickeln Sie gezielte Strategien und Maßnahmen, um den Austausch zwischen verschiedenen Generationen innerhalb des Unternehmens zu fördern – von der Generation Z bis zur Generation Babyboomer. Dies trägt zu einer vielfältigen und kooperativen Unternehmenskultur bei.

BOOMER CHECK. SUMMARY.

Arbeitgeber und Personalentscheider:innen sollten die folgenden Punkte beim Umgang mit älteren Arbeitnehmer:innen auf ihre Agenda setzen:

- **Mehrwert.** Culture-Add-Ansatz in HR und Recruiting, Ältere als Bereicherung für die Unternehmenskultur sehen.
- **Wissenslücken.** Überprüfen und Hinterfragen von Lücken zwischen vorhandenen und benötigten Qualifikationen in der Belegschaft.
- **Bewertung.** Regelmäßige und häufige Bewertungsgespräche mit älteren Mitarbeiter:innen.
- **Aufklärung.** Maßnahmen gegen Ageism, zum Beispiel in Stellenausschreibungen oder der internen sowie externen Unternehmenskommunikation.
- **Flexibilität.** Auf Lebensphasen angepasste Arbeitszeitmodelle und Arbeitsplatzgestaltung für ältere Mitarbeiter:innen.
- **Entwicklung.** Anwendungsbezogenes Lernen zum Vertiefen vorhandenen und zum Aufbau neuen Wissens im Arbeitsalltag.

7 FAZIT. Babyboomer in Unternehmen. Alles andere als eine Generation Abstellgleis.

Die Zeit des Fachkräftemangels ist da – und sie wird vorerst bleiben. Wenn wir nichts dagegen tun. Denn die Arbeit geht uns in Deutschland nicht aus, wohl aber die Arbeitskräfte. Den meisten Unternehmen bleibt daher gar keine Wahl, ob sie sich mit älteren Mitarbeiter:innen und Arbeitnehmer:innen auseinandersetzen sollten. Vielmehr müssen sie so früh wie möglich lernen, ältere Mitarbeiter:innen (endlich) wertzuschätzen, sie (deutlich mehr) zu motivieren und die Vertreter:innen der Babyboomer-Generation (adäquat) in generationenübergreifende Teams und zukunftsgestaltende Projekte zu integrieren.

Denn was macht die Generation der Babyboomer, abgesehen von ihrem Know-how, ihren Erfahrungen und Netzwerken aus – und für Unternehmen so wertvoll?

- **Quantität.** Sie sind sehr viele, sie umfassen fast ein Drittel der deutschen Bevölkerung – und sind daher relevant als Arbeitnehmer:innen, Konsument:innen, Wähler:innen etc.
- **Qualität.** Sie stehen für Pragmatismus und Krisenbewältigung, für Fleiß sowie Durchhaltevermögen – und sind daher auch im Alter wertvolle und verlässliche Mitarbeiter:innen.
- **Prägung.** Sie waren und sind ein prägender Teil der deutschen Gesellschaft sowie ein Symbol für Erfolg und Wohlstand – und daher bei vielen Themen Meinungsbildner:innen und Meinungsführer:innen.
- **Einfluss.** Sie haben die deutsche Wirtschaft maßgeblich aufgebaut und lange »den Laden am Laufen gehalten« – und sind daher auch im Alter ein Wirtschaftsmotor, beispielsweise durch ihren Arbeitseinsatz und ihr Konsumverhalten.

Millionen dieser

- kompetenten,
- stressresistenten,
- engagierten und
- einflussreichen

Babyboomer erreichen in Kürze das Rentenalter – ihre Kreativität, Energie und Arbeitskraft werden beziehungsweise würden den meisten Unternehmen fehlen. Die gute Nachricht ist, dass viele Babyboomer weitermachen wollen. Sie wollen sich über den eigenen Rentenhorizont hinaus engagieren und einbringen. Und viele von ihnen arbeiten einfach gern und lieben das, was sie tun.

Arbeitgeber sollten daher alles daran setzen, um den reichen Erfahrungsschatz und das wertvolle Wissen der (oft weiterhin hoch motivierten) Senior Experts und Senior Professionals zu nutzen – einer engagierten Arbeitnehmergruppe, die gelernt hat, dranzubleiben und sich durchzubeißen und zugleich aufgrund ihrer Erfahrung oft gelassener mit Herausforderungen und Problemen umzugehen weiß. Machen Sie als Arbeitgeber es Ihren »Senior:innen« leicht, im Berufsleben zu bleiben oder zurückzukehren. Schaffen Sie Anreize für das Arbeiten im Alter – vor allem mittels der in Abbildung 34 dargestellten Maßnahmen.

Abb. 34: »From Grey to Gold« Anreize für Arbeiten im Alter (in Anlehnung an El-Dabbagh 2022)

Nutzen Sie das Potenzial dieser Maßnahmen und verhindern Sie in Zukunft, dass sich ältere Mitarbeiter:innen von ihrem Arbeitgeber und von (jüngeren) Kolleg:innen nicht verstanden, (zu) wenig wertgeschätzt und teils sogar abgehängt fühlen, besonders was ihre Weiterentwicklungs- und Aufstiegschancen betrifft. Denn vor allem der Erfahrungsschatz und der Weitblick der Best Ager ist so wertvoll für Unternehmen – vorausgesetzt, die Älteren und Erfahrenen werden richtig eingebunden und motiviert.

Ältere Mitarbeiter:innen haben ihre ganz eigene Intelligenz sowie spezifische Fähigkeiten, die unter anderem in der Erforschung und Erprobung innovativer Ansätze besonders wertvoll sind. Arbeitgeber sollten daher genau diese Erfahrungen und das Wissen honorieren und ältere Mitarbeiter:innen aktiv in sinnstiftende Projekte einbinden – statt in solche, die wie eine Warteschleife in Richtung Ruhestand wirken. Generationen- beziehungsweise zielgruppenfokussierte Maßnahmen steigern nicht nur die Arbeitszufriedenheit der älteren Mitarbeiter:innen, sondern bieten mittlerweile längst einen Wettbewerbsvorteil. Denn Arbeitgeber und Unternehmen, die die Erfahrungen und Kompetenzen älterer Mitarbeiter:innen schätzen und nutzen, leisten einen nachhaltigen Beitrag zu Diversität und Produktivität ihrer Teams.

Ältere Mitarbeiter:innen können von ihren Arbeitgebern auch als Multiplikator:innen eingesetzt werden, beispielsweise im Rahmen von Programmen, in denen Ältere ihr

Wissen an jüngere Kolleg:innen weitergeben. Zudem spielen Weiterbildung und -entwicklung ebenfalls eine entscheidende Rolle, um ältere Mitarbeiter:innen aktiv in Projekte einzubeziehen und ihre Arbeitsproduktivität zu steigern. Durch die proaktive Gestaltung von Karrierepfaden und die Förderung des unternehmensinternen Austauschs zwischen Jung und Alt in Teams können Unternehmen sicherstellen, dass ältere Mitarbeiter:innen motiviert bleiben und sich kontinuierlich weiterentwickeln wollen beziehungsweise können.

Fakt ist: Der bevorstehende Babyboomer-Tsunami wirft nicht nur im HR-Bereich, sondern auch im Management Fragen auf und bringt viele Aufgaben mit sich – nicht nur für die Babyboomer selbst, sondern auch für ihr Umfeld, für Arbeitgeber und Unternehmen sowie für die Gesellschaft. Die Herausforderungen des Neustarts und Weitermachens trotz Rentenalter beziehungsweise des Loslassens auf dem Weg in den Ruhestand sowie die Ängste vor einem beruflichen Abstellgleis oder die Hoffnung und Suche nach einer beruflichen Neuorientierung bewegen nicht nur die Älteren.

Unternehmen sollten ihren älteren Mitarbeiter:innen zeigen, dass die Zeit vor dem Ruhestand und der Übergang in den Ruhestand nicht nur ein Ende, sondern auch ein Anfang sein kann. Arbeitgeber können sich auf diesem Weg als Begleiter und Berater positionieren, die ihre älteren Mitarbeiter:innen beim Übergang in den Ruhestand und den entsprechenden Herausforderungen von unterschiedlichen Lebensphasen unterstützen. Die neue Lebensphase des Rentenalters (und des potenziellen Rentnerdaseins) kann seitens Arbeitgebern begleitet und aktiv mitgestaltet werden, um den Älteren das Beschreiten neuer beruflicher Wege beziehungsweise das Nicht-Verlassen der bisherigen beruflichen Laufbahn zu ermöglichen. Die konstruktive Botschaft: Der Ruhestand kann warten und das offizielle Renteneintrittsalter muss keinesfalls zu einem beruflichen Aus und zu Passivität verdammen.

Wichtig ist als Arbeitgeber zu erkennen, dass viele Tätigkeiten und Jobs mittlerweile nur noch bedingt auf ältere Arbeitnehmer:innen ausgerichtet sind und viele Ältere daher unsicher bezüglich ihrer Fähigkeiten und ihres Nutzens in einer sich immer schneller verändernden Arbeitswelt sind. Arbeitgeber sollten ihren erfahrenen Mitarbeiter:innen daher zur Seite stehen, wenn die Zeit des Ruhestands näherkommt und helfen, diese Phase als Chance zu sehen, um den eigenen Horizont auch im Alter zu erweitern. Das Ziel von Arbeitgebern sollte sein, ihre Arbeitnehmer:innen möglichst lange und sinnvoll aktiv im Job zu halten und ihre Tatkraft aufrechtzuerhalten. Das fördert ihre Energie und Lebenslust. Und so können die Älteren – zu einem hoffentlich selbst gewählten Zeitpunkt – anschließend ebenso aktiv in den Ruhestand gehen und auch in dieser disruptiven Lebensphase das Positive sehen, um weiterhin Neues zu entdecken und die seniorige Phase im wahrsten Sinne unternehmenslustig zu gestalten.

Viele ältere Mitarbeiter:innen gehören ganz offensichtlich nicht zum »alten Eisen«. Sie sind deutlich mehr und vor allem bieten sie beträchtlich mehr als nur Erfahrung. Als Senior Talents, Senior Experts oder Senior Professionals gehören sie nicht aufs Abstellgleis. Wer als Arbeitgeber die Erfahrung der Älteren im Unternehmen nicht nur schätzt, sondern auch nutzt und fördert, verfügt somit längst über einen strategischen Erfolgsfaktor und Wettbewerbsvorteil.

Wenn wir die Generation GOLD als Schatz und als Generation VORWÄRTS (an)erkennen, gestalten wir die Zukunft mit – und neu. Machen wir also die Augen weit auf, verbinden Menschen jeglichen Alters und all die Kompetenzen, die jede Generation so einzigartig machen.

Quellen

Ahlers, E.; Quispe Villalobos, V. (2022): Fachkräftemangel in Deutschland?, in: https://www.boeckler.de/de/faust-detail.htm?sync_id=HBS-008345, abgerufen am 14.12.2023.

Avantgarde Experts (2018): Flexible Arbeitszeiten, in: https://www.avantgarde-experts.de/de/magazin/flexible-arbeitszeit/, abgerufen am 14.12.2023.

Avantgarde Experts (2024): https://www.avantgarde-experts.de/de/magazin/new-work/#:~:text=Beim%20New%20Work%20sollen%20Menschen, abgerufen am 10.02.2024.

Bakkenbüll, A.-B.; Edelhoff, J. (2023): Studie: »Babyboomer« wollen immer früher in Rente, in: https://daserste.ndr.de/panorama/archiv/2023/Studie-Babyboomer-wollen-immer-frueher-in-Rente-,fruehrente104.html, abgerufen am 14.11.2023.

Boogaard, K. (2021): Unterschiede in der Mitarbeitermotivation von Babyboomern, Generation X, Millennials und Generation Z, in: https://www.wrike.com/de/blog/mitarbeitermotivation-babyboomer-x-millennials-generation-z/, abgerufen am 08.10.2023.

Bösel, K. (2024): Graue Haare, frische Ideen – Warum Unternehmen auf Altersdiversität setzen sollten, in: https://www.nottooold.de/leben/job/unternehmen-altersdiversitaet-jobchance-best-ager/, abgerufen am 20.12.2023.

BOSCH (2024): 50.000 Jahre Arbeitserfahrung, in: https://www.bosch.com/de/stories/seniorexperten-bei-bosch/, abgerufen am 22.02.2024.

Brunner, T. (2023): Fachkräftemangel: Wie viel Personal in Deutschland fehlt, in: https://www.br.de/nachrichten/wirtschaft/fachkraeftemangel-in-deutschland-wie-viel-personal-fehlt,TjEWKwG, abgerufen am 12.10.2023.

Brunsch, J. (2017): So ticken Babyboomer, in: https://editorial-blog.de/zielgruppe-babyboomer-allgemeine-merkmale-und-mediennutzungsverhalten/, abgerufen am 10.10.2023.

Bundesregierung (2023): Gründe für das Weiterarbeiten im Rentenalter, in: https://www.bundesregierung.de/breg-de/themen/arbeit-und-soziales/rund-um-die-rente/faq-flexirente-2215332, abgerufen am 09.10.2023.

Consense Communication (2024): Immer mehr Generationen im Job: Die Altersvielfalt erfordert eine differenzierte Ansprache, in: https://www.consense-communications.de/blog/immer-mehr-generationen-im-job-die-altersvielfalt-erfordert-eine-differenzierte-ansprache/, abgerufen am 06.10.2023.

Deutsche Bahn (2024): Diversity Dimensionen. Unser Verständnis von Vielfalt bei der DB, in: https://www.deutschebahn.com/en/group/People-Uniquely-different-/Diversity-dimensions-10465396, abgerufen am 07.12.2023.

Dindorf, R. (2023): Babyboomer – Warum sollten Unternehmen ältere Mitarbeiter:innen einstellen, in: https://www.generation-silberhaar.de/babyboomer-warum-sollten-unternehmen-aeltere-Mitarbeiter:innen-einstellen/, abgerufen am 08.11.2023.

Egba, V. (2023): Von den Babyboomern zur Generation Z: Erwartungen an den modernen Arbeitsplatz, in: https://totalent.eu/de/from-baby-boomers-to-gen-z-navigating-expectations-in-the-modern-workplace/, abgerufen am 25.11.2023.

El-Dabbagh, T. (2022): Personalarbeit 2030 – Willkommen in der Silver Society, in: https://www.hrjournal.de/personalarbeit-2030-silver-society/, abgerufen am 14.11.2023.

Everfi (2023): How to Avoid Age Discrimination in the Workplace, in: https://everfi.com/blog/workplace-training/how-to-avoid-age-discrimination-in-the-workplace/, abgerufen am 12.11.2023.

Eyalter (2024): Mercedes-Benz startet Demografie-Initiative in der Produktion, in: www.eyalter.com/de/pressemitteilungen/1186/, abgerufen am 22.10.2023.

FasterCapital (2024): Altersdiskriminierung Die Auswirkungen auf entmutigte aeltere Arbeitnehmer, in: https://fastercapital.com/de/inhalt/Altersdiskriminierung--Die-Auswirkungen-auf-entmutigte-aeltere-Arbeitnehmer.html, abgerufen am 12.04.2024.

Filges, T., Hoffower, H. (2022): Das Erbe der Babyboomer: Geld für sich selbst — und eine kaputte Wirtschaft für alle anderen, in: https://www.businessinsider.de/leben/das-erbe-der-babyboomer-geld-fuer-sich-und-eine-kaputte-wirtschaft-c/, abgerufen am 14.10.2023.

Five Teams (2024): Die 10 besten Employer Value Proposition Beispiele, in: Employer Value Proposition: Die 10 besten Beispiele (fiveteams.com), abgerufen am 14.11.2023.

FOCUS online (2023): Ältere Arbeitnehmer sehr gefragt. Rentner eröffnet Swingerclub: Wie unsere Senioren den Jobmarkt aufmischen, in: https://m.focus.de/finanzen/news/arbeit-im-alter-ich-war-alt-und-brauchte-das-geld_id_228486487.html, abgerufen am 20.11.2023.

FOCUS online (2024a): Arbeiten bis 72 Jahre? Aufstocker, Arbeitstiere, Einsame: So tickt die Million, die nicht in Rente geht, in: https://m.focus.de/finanzen/rente-warum-eine-million-deutsche-einfach-nicht-in-den-ruhestand-gehen_id_259884565.html, abgerufen am 24.06.2024.

FOCUS online (2024b): »Senior Professionals«. Ein Unternehmen holt Rentner aus dem Ruhestand zurück – und die kommen, in: https://m.focus.de/finanzen/senior-professionals-zf-holt-rentner-aus-dem-ruhestand-zurueck-und-die-kommen_id_259902393.html, abgerufen am 28.06.2024.

Fratzscher, M. (2022): Fachkräftemangel: Das größte Potenzial auf dem Arbeitsmarkt sind die Frauen, in: https://www.zeit.de/wirtschaft/2022-08/fachkraeftemangel-erwerbstaetigkeit-frauen-arbeitsmarkt-rente, abgerufen am 10.10.2023.

Gaßmann, A. (2023): Fachkräftemangel: Was wollen die Jüngeren eigentlich von uns Babyboomern?, in: https://www.gmbhchef.de/fachkraeftemangel-was-wollen-die-juengeren-eigentlich-von-uns-babyboomern/, abgerufen am 19.12.2023.

Gelowicz, S. (2023): »Viele Babyboomer sind an ihre Belastungsgrenzen gekommen«, in: https://www.wiwo.de/erfolg/management/generation-babyboomer-viele-babyboomer-sind-an-ihre-belastungsgrenzen-gekommen/28792358.html, abgerufen am 14.12.2023.

Gloger, B. (2024): Best Ager müssen nicht aufs Abstellgleis, in: https://www.cio.de/a/best-ager-muessen-nicht-aufs-abstellgleis,3698083, abgerufen am 10.04.2024.

Günthner, J. (2023): So halten Sie Babyboomer länger im Job, in: Warum es die älteren Mitarbeiter braucht: So halten Sie Babyboomer länger im Job – computerwoche.de, abgerufen am 14.11.2023.

Handelsblatt (2023): Was tun bei Altersdiskriminierung am Arbeitsplatz, in: https://www.handelsblatt.com/adv/firmen/altersdiskriminierung-am-arbeitsplatz.html#:~:text=Arbeitnehmer*innen%20haben%20im%20Fall,warum%20geltend%20gemacht%20werden%20sollen, abgerufen am 29.11.2023.

Handelsblatt (2024): Deutlich mehr Ältere sind im Job – auch wegen niedriger Rente?, in: https://www.handelsblatt.com/politik/deutschland/arbeitsmarkt-deutlich-mehr-aeltere-sind-im-job-auch-wegen-niedriger-rente-02/100016220.html, abgerufen am 20.05.2024.

Handelsblatt Research Institute & Roland Berger (2023): Handelsblatt: Ringen um Fachkräfte, in: https://research.handelsblatt.com/wp-content/uploads/2024/04/State_of_the-Nation_Transformation.pdf, abgerufen am 23.10.2024.

Harris, Y. (2023): Kommunikationsstile am Arbeitsplatz von Gen Z bis Boomers & darüber hinaus, in: https://powell-software.com/de/resources/blog/kommunikationsstile-am-arbeitsplatz-von-gen-z-bis-boomers-darueber-hinaus/, abgerufen am 10.10.2023.

Hölscher, C. (2019): Warum eine Weiterbildung auch für ältere Mitarbeiter sinnvoll ist, in: https://business-academy-ruhr.de/weiterbildungen-fuer-aeltere-mitarbeiter-sinnvoll/?nowprocket=1, abgerufen am 02.10.2023.

Honestly (2022): Mitarbeitermotivation – Das komplette Handbuch, in: https://www.honestly.de/mitarbeitermotivation/, abgerufen am 11.10.2023.

HR monkeys (2023): Mit Weisheit und Erfahrung: Babyboomer auf dem Arbeitsmarkt, in: https://hr-monkeys.de/babyboomer/, abgerufen am 20.12.2023.

Hufenreuther, G. (2023): Mitarbeiterbindung: Die besten Maßnahmen und Instrumente, in: https://blog.hubspot.de/marketing/mitarbeiterbindung, abgerufen am 04.10.2023.

Indeed Editorial Team (2023): Die Babyboomer-Generation am Arbeitsplatz, in: https://de.indeed.com/karriere-guide/karriereplanung/Babyboomer-generation-arbeitsplatz, abgerufen am 10.12.2023.

INEOS (2022): Verlockendes Asien – Mitarbeitende wechseln mit INEOS nach China und entdecken die vielen Überraschungen Shanghais, in: https://www.ineos.com/de/inch-magazine/articles/issue-26/verlockendes-asien/, abgerufen am 19.02.2024.

INQA (2024a): Die Generation 50plus rückt jetzt in den Fokus der Unternehmen, in: https://www.inqa.de/DE/themen/diversity/diversitaetsmanagement/elke-eller-fuehrungstipps-fuer-aeltere-mitarbeitende.html, abgerufen am 16.05.2024.

INQA (2024b): Diversitätsmanagement. Für Diversität in der Arbeitswelt: länger Wissen weitergeben, in: https://www.inqa.de/DE/themen/diversity/diversitaetsmanagement/uebersicht.html, abgerufen am 14.05.2024.

INQA (2024c): Alter nicht als Grenze sehen, sondern als Freiheit begreifen, in: https://www.inqa.de/DE/themen/diversity/diversitaetsmanagement/greta-silver-tipps-fuer-aeltere-beschaeftigte.html, abgerufen am 18.05.2024.

Ischler, U. (2023): Babyboomer – wie ticken sie?, in: https://wir-bestager.jetzt/Babyboomer/, abgerufen am 14.11.2023.

IWD (2023): Zuwanderung lindert den Fachkräftemangel in MINT-Berufen, in: https://www.iwd.de/artikel/zuwanderung-lindert-den-fachkraeftemangel-in-mint-berufen-574960/, abgerufen am 12.11.2024.

Jerzy, N. (2023): So wird das Bleibegespräch zum Erfolg, in: https://www.wiwo.de/erfolg/management/fachkraeftemangel-so-wird-das-bleibegespraech-zum-erfolg/28955388.html, abgerufen am 24.11.2023.

JETZT (2019): Babyboomer sind narzisstischer als Millennials, in: https://www.jetzt.de/kultur/studie-generation-Babyboomer-ist-narzisstischer-als-millennials, abgerufen am 04.12.2023.

Junges Herz (2024): Employer Value Proposition, in: https://www.agentur-jungesherz.de/hr-glossar/employer-value-proposition/#definition-employer-value-proposition, abgerufen am 14.12.2023.

Khan, S. (2022): Reverse mentoring: a cross-generational bridge for the workplace, in: https://www.mastercard.com/news/ap/en/perspectives/en/2022/reverse-mentoring-a-cross-generational-bridge-for-the-workplace/, abgerufen am 14.10.2023.

Kermarrec, F. (2023): Generation Babyboomer Marketing, in: https://www.spreadshop.com/de/blog/2023/01/06/generation-babyboomer-marketing/, abgerufen am 19.12.2023.

Knichel, J. (2023): Babyboomer: Was zeichnet die Generation der Nachkriegszeit aus?, in: https://www.woman.at/gesellschaft/Babyboomer, abgerufen am 14.12.2023.

Knospe, Q. (2024): Gericht entscheidet: Ältere Bewerber dürfen bei Bewerbung benachteiligt werden, in: https://m.focus.de/finanzen/karriere/urteil-in-erfurt-gericht-entscheidet-bei-bewerbungen-duerfen-aeltere-benachteiligt-werden_id_260085835.html, abgerufen am 12.07.2024.

KOFA (2022): Frauen als Fachkräfte gewinnen, in: https://www.kofa.de/mitarbeiter-finden/zielgruppen/frauen/, abgerufen am 03.10.2023.

KOFA (2024): Ältere Mitarbeitende, in: https://www.kofa.de/mitarbeiter-finden/zielgruppen/aeltere/, abgerufen am 24.06.2024.

Lebok, U., Ginzburg, P. (2023): Babyboomer weinen nicht!, in: https://ka-brandresearch.com/wp-content/uploads/Babyboomer-weinen-nicht.pdf, abgerufen am 13.12.2023.

Lenz, S. (2022): Vorsicht, Boomer: Warum diese Generation so hart ist, in: https://www.berliner-zeitung.de/kultur-vergnuegen/debatte/nachkriegseltern-vorsicht-boomer-warum-diese-generation-so-hart-ist-li.235037, abgerufen am 09.10.2023.

Leyhausen, F., Klute, A. (2023a): So gewinnen Sie Un-Ruheständler, in: https://www.haufe.de/personal/hr-management/babyboomer-arbeiten-trotz-rente/rentner-als-arbeitnehmer-zurueckgewinnen_80_591552.html, Personalmagazin Ausgabe 8/2022, abgerufen am 02.10.2023.

Leyhausen, F., Klute, A. (2023b): Talente in Rente: systematische Ruhestandsplanung, in: https://www.haufe.de/personal/hr-management/babyboomer-arbeiten-trotz-rente/talente-in-rente-systematische-ruhestandsplanung_80_582694.html, abgerufen am 03.10.2023.

Löcher, M. (2024): Ältere Arbeitnehmer wünschen sich mehr Flexibilität, in: https://www.personalwirtschaft.de/news/hr-organisation/arbeitnehmer-ueber-50-wollen-mehr-new-work-177244/, abgerufen am 08.07.2024.

Mai, J. (2024): Bleibegespräch führen: Mitarbeiter umstimmen & halten, in: https://karrierebibel.de/bleibegespraech/, abgerufen am 05.06.2024.

Melbinger, S. (2017): Von der Babyboomer Generation zur Gen Z – das Beste aus drei Welten, in: https://www.mysteryminds.com/knowledge-center/vom-der-Babyboomer-generation-zur-gen-z-das-beste-aus-drei-welten, abgerufen am 05.10.2023.

NEW WORK (2022): New Hiring Studie: Babyboomer erwarten beim Jobwechsel bessere Führung, Generationen Y und Z besseres Gehalt, in: https://www.new-work.se/de/newsroom/pressemitteilungen/New_Hiring_Studie_Xing_E-Recruiting, abgerufen am 02.11.2023.

Noll, D. (2023): »Stille Reserve« könnte die Lösung sein, in: https://www.zdf.de/nachrichten/wirtschaft/fachkraeftemangel-stille-reserve-100.htm, abgerufen am 14.12.2023.

Olk, J., Specht, F. (2023): Zwei Millionen Stellen in Deutschland bleiben unbesetzt, in: https://www.handelsblatt.com/politik/konjunktur/fachkraeftemangel-zwei-millionen-stellen-in-deutschland-bleiben-unbesetzt/28918854.html/, abgerufen am 13.02.2024.

Otte, R. (20.08.023): Deutschland ist wieder zum kranken Mann Europas geworden, urteilt der »Economist« – und spottet über spektakuläre Eigentore, https://www.businessinsider.de/wirtschaft/economist-deutschland-ist-wieder-der-kranke-mann-europas-titelgeschichte/, abgerufen am 22.08.2024.

Personio (2024): Personalentwicklung: Definition, Instrumente und Strategien, in: https://www.personio.de/hr-lexikon/personalentwicklung/, abgerufen am 15.05.2024.

Preuß, R. (2024): Immer mehr Ältere bleiben im Job, http://sz.de/1.6375942, abgerufen am 12.05.2024.

Prünte, T. (2023): Sind Arbeitnehmer im Rentenalter die Lösung für den Fachkräftemangel?, in: https://www.sr.de/sr/home/nachrichten/politik_wirtschaft/thementag_diversity-day-2023_altersdiversitaet_am_arbeitsmarkt_arbeiten_im_rentenalter_100.html#, abgerufen am 19.12.2023.

Rees, B. (2022): Diversity: »Karriere ist keine Frage des Alters«, in: https://www.rewe-group.com/de/presse-und-medien/newsroom/stories/diversity-karriere-ist-keine-frage-des-alters/, abgerufen am 24.10.2023.

Regniet, T. (2023): Wenn Unternehmen das Personal ausgeht – Ein Überblick zum Fachkräftemangel, in: https://www.wiwo.de/politik/deutschland/fachkraeftemangel-in-deutschland-wenn-unternehmen-das-personal-ausgeht-ein-ueberblick-zum-fachkraeftemangel/28936056.html#:~:text=In%20Deutschland%20sind%20derzeit%20zahlreiche,entspricht%2044%20Prozent%20aller%20Berufsgruppen, abgerufen am 04.12.2023.

Reintjes, D. (2023): Mit diesen Formulierungen vergraulen Firmen ältere Bewerber, in: https://www.wiwo.de/erfolg/management/wir-sind-ein-junges-team-mit-diesen-formulierungen-vergraulen-firmen-aeltere-bewerber/28642928.html, abgerufen am 18.12.2023.

Risius, P., Orange, F. (2024): Fachkräftemangel in Deutschland, in: https://www.iwkoeln.de/presse/iw-nachrichten/paula-risius-fachkraeftemangel-belastet-mehrheitlich-frauen.html, abgerufen am 02.06.2024.

Rummel, M. (2024): Jung führt Alt – wie geht das?, in: https://www.perso-net.de/rkw/Jung_f%C3%BChrt_Alt_-_wie_geht_das%3F, abgerufen am 14.05.2024.

Rusinek, H. (2023): Unternehmen Personalmangel Demografie, in: https://www.linkedin.com/posts/hansrusinek_personalmangel-demographie-intergenerativearbeit-activity-7097472055532474368-S6ur/?utm_source=share&utm_medium=member_android, abgerufen am 28.12.2023.

Sackmann, C. (2023): Frauen als Lösung für Fachkräftemangel: Was Staat und Unternehmen tun müssen, https://www.focus.de/finanzen/news/arbeitsmarkt/zu-wenig-kinderbetreuung-zu-viel-diskriminierung-frauen-als-loesung-fuer-den-fachkraeftemangel-was-staat-und-unternehmen-tun-muessen_id_199538439.html, abgerufen am 10.12.2023.

Schmitz, A. (2021): Die Boomer Generation: Fakten, Mythen, Ansätze, in: https://blog.hubspot.de/marketing/boomer-generation, abgerufen am 14.12.2023.

Schnabel, F. (2023): Wenn Babyboomer sichtbare Lücken reißen, in: Wenn Babyboomer sichtbare Lücken reißen | Personal | Haufe, https://www.haufe.de/personal/hr-management/babyboomer-arbeiten-trotz-rente/wenn-babyboomer-sichtbare-luecken-reissen_80_581484.html, abgerufen am 12.12.2023.

Scholle, K. (2023): Statistiken zur Generation Babyboomer, in: https://de.statista.com/themen/11619/Babyboomer/#topicOverview, abgerufen am 11.12.2023.

Seychell, R (2024): Employee Engagement – der unterschätzte Umsatzmotor, in: https://www.personio.de/hr-lexikon/employee-engagement/, abgerufen am 19.05.2024.

Spardel, L. (2021): Talent Management: Was dazu gehört und wie Sie es richtig machen, in: https://recruitee.com/de-artikel/talent-management, abgerufen am 04.10.2023.

Speck, A. (2022): Wie weiter ohne Babyboomer?, in: https://www.springerprofessional.de/fachkraeftemangel/wirtschaftsfoerderung/wie-weiter-ohne-babyboomer-/19953680, abgerufen am 05.10.2023.

Spiegel (2023): 70 Prozent der Unternehmen beschäftigen Rentner, in: https://www.spiegel.de/wirtschaft/fachkraeftemangel-70-prozent-der-unternehmen-beschaeftigen-laut-umfrage-rentner-a-8934fec5-f1e0-4420-865b-cc2db77da000, abgerufen am 19.12.2023.

Team Asana (2024): 19 Beispiele zum Vermeiden von Unconscious Bias für mehr Inklusivität, in: https://asana.com/de/resources/unconscious-bias-examples, abgerufen am 15.05.2024. ZAVVY

Thuma, T. (2024): Wir Boomer 1964, in: https://www.focus.de/magazin/archiv/generationen-wir-boomer-1964_id_260066996.html, abgerufen am 02.07.2024.

Völger, A. (2023): Fachkräftemangel: Arbeitsmarkt vor dem Kollaps und Lösungen für Unternehmen, in: https://deutsche-wirtschafts-nachrichten.de/706275/fachkraeftemangel-arbeitsmarkt-vor-dem-kollaps-und-loesungen-fuer-unternehmen, abgerufen am 05.01.2024.

Wahl, J.; Gehlsen, M. (2023): Auch mit 70 noch im Betrieb, in: https://www.tagesschau.de/wirtschaft/unternehmen/arbeitnehmer-altersdiskriminierung-fachkraeftemangel-100.html, abgerufen am 11.01.2024.

Wolking, S. (2023): Die Alten halten, in: https://www.absatzwirtschaft.de/die-alten-halten-253235/, abgerufen am 23.12.2024.

ZAVVY (2024): Unbewusste Vorurteile am Arbeitsplatz: Wie man sie erkennt + 12 praktische Möglichkeiten, sie zu bekämpfen, in: https://www.zavvy.io/de/blog/unbewusste-voreingenommenheit-am-arbeitsplatz, abgerufen am 29.05.2024.

Stichwortverzeichnis

PI1235 2637

8904627